DER ISOSPIN VON ATOMKERNEN

DER ISOSPIN VON ATOMKERNEN

Eine Sammlung von Aufsätzen
der sowjetischen Autoren

B. S. DZELEPOV, G. I. SELZER,
A. I. BAS u. J. A. SMORODINSKIJ

ausgewählt, eingeleitet
und in deutscher Sprache herausgegeben von

PROF. DR. PHIL. HABIL. JOSEF SCHINTLMEISTER
Dresden

Mit 67 Abbildungen und 7 Tabellen

AKADEMIE-VERLAG · BERLIN
1960

Б. С. ДЖЕЛЕПОВ,

Изобарные спины и подобные состояния атомных ядер.

Известия Академии Наук СССР, Серия Физическая, т. XVIII, № 5, стр. 523–562, 1954 г.

Г. И. ЗЕЛЬЦЕР,

Изобарический спин и гипотеза зарядовой независимости ядерных сил.

Успехи Физических Наук, т. LIII, вып. 4, стр. 455–500, Август 1954 г.

А. БАЗЬ и Я. СМОРОДИНСКИЙ,

Изотопический спин лёгких ядер.

Успехи Физических Наук, т. LV, вып. 2, стр. 215–264, февраль 1955 г.

Übersetzt von Dipl.-Phys. Karlheinz Müller, Prof. Dr. phil. habil Josef Schintlmeister
und Mercedes Alvarez-Otto

Erschienen im Akademie-Verlag GmbH, Berlin W 1, Leipziger Straße 3–4

Lizenz-Nr. 202 · 100/681/60

Gesamtherstellung: Druckhaus „Maxim Gorki“, Altenburg

Bestellnummer: 5311

Printed in Germany

ES 18 B 7

VORWORT

Die Quantenzahl, die als Isospin bezeichnet wird, ist für die Physik der Atomkerne experimentell und theoretisch von großer Bedeutung. Der Satz von der Erhaltung dieser Quantenzahl hat Übergangsverbote und Auswahlregeln zur Folge, die für den Experimentator von Interesse sind. Die Theorie dieser Quantenzahl ist so gut wie abgeschlossen und vermittelt ein vertieftes Verständnis für die Gesetzmäßigkeiten, die das Geschehen in den Atomkernen regeln.

In der deutschsprachigen Literatur fehlte bisher eine einführende Darstellung für den Begriff des Isospins. Der Herausgeber dieses Sammelbandes wollte daher ursprünglich eine kleine Monographie über dieses Gebiet schreiben. Beim Literaturstudium stieß er auf einige vorzüglich geschriebene zusammenfassende Arbeiten sowjetischer Wissenschaftler, die in Zeitschriften veröffentlicht sind. Der Unterzeichnete hat daraufhin verzichtet, selbst eine Monographie zu schreiben und statt dessen diese Aufsätze in deutscher Sprache herausgegeben. Die drei in der vorliegenden Sammlung vereinigten Aufsätze geben zusammen einen besseren Überblick über Begriff und Bedeutung des Isospins, als es ein vom Herausgeber neu verfaßter Artikel getan hätte.

Der erste Aufsatz von B. S. Dzelepov behandelt die experimentellen Tatsachen, die zur Einführung des Isospins führten und bringt auch eine anschauliche Deutung dieser Quantenzahl. Der zweite Aufsatz von G. I. Selzer entwickelt die Theorie und wendet sie auf die leichten Kerne an. Der dritte und letzte Aufsatz von A. I. Bas und J. A. Smorodinskij schließlich beschäftigt sich ausführlicher mit diesen Anwendungen und enthält eine besonders ansprechende Darstellung des Begriffes einer „guten" und „schlechten" Quantenzahl, ein Unterschied der besonders für die Theorie des Isospins wichtig ist. Diese Quantenzahl ist „gut" bei leichten Kernen, wird aber bereits bei mittleren Massenzahlen eine „schlechte" Quantenzahl, um schließlich mit steigender Massenzahl ihren Sinn zu verlieren.

So geben denn die drei Aufsätze zusammen genommen eine umfassende Darstellung unseres Themas. In experimentellen Einzelheiten entsprechen sie nicht immer dem neuesten Stand der Forschung. Hierin Korrekturen anzubringen schien aber dem Herausgeber nicht gerechtfertigt. Wo es nötig war, wurde durch Fußnoten auf neuere Ergebnisse hingewiesen. Es kommt im vorliegenden Falle auch nur darauf an, Begriff und Bedeutung des Isospins zu entwickeln und zu zeigen, wie man mit dieser Quantenzahl zu arbeiten hat. Es sei daher lediglich vermerkt, daß man die vorliegende Schrift nicht als Nachschlagewerk für die Niveauschematas der leichten Kerne benützen möge.

Nun noch eine Bemerkung zur Namensgebung. Der ursprüngliche Name für die neue Quantenzahl war *Isotopenspin*. Auch heute wird diese Bezeichnung noch oft verwendet. Mit einem Spin im eigentlichen Sinne, also einem mechanischen Drehimpuls, hat der Isotopenspin allerdings nichts zu tun. Der Name „Spin" wurde der neuen Quantenzahl deshalb gegeben, weil der mathematische Apparat der Theorie des Isospins identisch ist mit dem der PAULIschen Theorie des gewöhnlichen Spins. Eine solche Übereinstimmung der mathematischen Fassungen begegnet uns bekanntlich in der Theoretischen Physik öfter. Beispielsweise sind die mathematischen Ausdrücke in speziellen Teilen der Hydrodynamik und in speziellen Teilen der Theorie elektromagnetischer Felder identisch. Von einer solchen formalen Übereinstimmung der mathematischen Gleichungen kam die Bezeichnung „Spin" im Worte „Isotopenspin".

Der erste Bestandteil des Namens sollte andeuten, daß der neue Begriff etwas mit dem Bau der Atomkerne zu tun hat. Atomkerne wurden aber früher häufig als „Isotope" bezeichnet, siehe z. B. die Wortbildung „Isotopenkatalog". Diese Verwendung des Wortes hat allerdings mit dem Begriff der Isotopie nichts mehr gemein und ist heute auch wieder aufgegeben. Die Wortbildung „Isotopenspin" wurde daher bald als nicht gerade sehr glückliche Schöpfung angesehen und durch das Wort *Isobarenspin* ersetzt. Mit der neuen Quantenzahl ist nämlich der Begriff von „gleichartigen" angeregten Niveaus isobarer Kerne verbunden.

In jüngster Zeit setzt sich die kurze Bezeichnung „*Isospin*" immer mehr durch. Dieser Name wird insbesondere auch von W. HEISENBERG bevorzugt. Der erste Bestandteil dieser Neuschöpfung (griechisch: isos = gleich) hat überhaupt keinen Bezug mehr auf den Sinn der neuen Quantenzahl. Er ist der gemeinsame Bestandteil der Worte „Isotopenspin" und „Isobarenspin". Mit dem Ausdruck „Isospin" wird das Schwanken zwischen den Worten „Isotopenspin" und „Isobarenspin" vermieden und für eine ihrem Wesen nach der Anschauung schwer zugänglichen Quantenzahl ist damit ein Wort geprägt, mit dem man kaum noch anschauliche Vorstellungen verbinden kann. Das neue Wort ist für den Titel der Sammlung gewählt worden. In den einzelnen Aufsätzen wurden die alten Bezeichnungen, wie sie die Autoren verwendeten, beibehalten. Der Leser wird also, so wie es heute noch notwendig ist, an alle drei Bezeichnungen gewöhnt.

Die Arbeit von B. S. DZELEPOV hat der Unterzeichnete übersetzt und bearbeitet. Die beiden anderen Arbeiten der Sammlung übersetzte Dipl.-Phys. KARLHEINZ MÜLLER. Gemeinsam mit ihm hat dann der Unterzeichnete diese Übersetzungen bearbeitet. Ihm und Frau MERCEDES ALVAREZ-OTTO, welche bei den Übersetzungen half, möchte der Herausgeber herzlich danken.

Dresden, im Januar 1960 *J. Schintlmeister*

INHALTSVERZEICHNIS

Der Isobarenspin und die Hypothese der Ladungsunabhängigkeit der Kernkräfte

von G. I. Selzer

Der Isotopenspin leichter Kerne

von A. I. Bas und J. A. Smorodinskij

Isobarenspin und gleichartige Zustände von Atomkernen[1])

von

B. S. Dzelepov

I. Einführung

In den vergangenen zwei bis drei Jahren ist der Begriff des Isobarenspins[2]) fest in das Begriffssystem, mit welchem die Kernphysik operiert, eingegangen. Es gelang, sehr gut eine Reihe von früher unverständlichen Tatsachen mit dieser Vorstellung zu erklären. Es sind dies vor allem: Das Fehlen einiger Kernreaktionen, die unerwartet kleine Intensität einiger γ-Übergänge und die sonderbare Abhängigkeit des Querschnittes von Photoanregung und Photozerlegung einiger Kerne von der Energie der γ-Strahlen. Voraussichtlich wird sich in der Kernphysik das Gebiet, in dem der Begriff des Isobarenspins mit Vorteil verwendet werden kann, schnell erweitern. Daher ist es erforderlich, daß ein großer Kreis von Experimentalphysikern sich mit den physikalischen Grundlagen und den bereits erschlossenen Anwendungen dieses Begriffes bekannt macht. Für diesen Kreis von Lesern ist dieses Referat bestimmt. Die mathematische Theorie ist in ihm auf ein Minimum zusammengedrängt. Die Leser, die sich eingehender mit der Theorie befassen wollen, seien auf die Originalarbeiten und auf die Berichte von I. SCHAPIRO [3] und G. SELZER [4][3]) hingewiesen.

II. Vergleich der Kräfte, die zwischen den Nukleonen wirken

1. n—n-, n—p- und p—p-Kräfte

Im Jahre 1932 wurde die Vermutung geäußert [5], daß alle Atomkerne aus Protonen und Neutronen bestehen. Bald danach wurde das Proton—Neutron-Modell des Kernes allgemein anerkannt. Die große Anziehungskraft zwischen

---

[1]) Б. С. Джелепов, Известия Академии Наук СССР, Серия физическая (Izvest. Akad. Nauk SSSR, Ser. Fiz.) 18, 523—562 (1954).

[2]) Bis 1952 wurde in der Literatur die Bezeichnung „Isotopenspin" verwendet, die 1937 von WIGNER [1] eingeführt wurde. Als sich herausstellte, daß die Werte dieser Größe mit der Zahl von gleichartigen Zuständen von isobaren Kernen in Verbindung stehen, wurde sie im Jahre 1952 in „Isobarenspin" umbenannt. Mit dieser neuen Bezeichnung erklärte sich auch WIGNER (siehe [2]) einverstanden. (*Anm. d. Herausg.*: Zu dieser Frage vergleiche auch das Vorwort dieses Sammelbandes.)

[3]) Die Arbeit von G. SELZER ist im vorliegenden Sammelband enthalten. (*Anm. d. Herausg.*)

Protonen und Neutronen ist Ursache für die bemerkenswert große Bindungsenergie. Zwischen diesen Teilchen können drei Kräftetypen wirken, nämlich $n-n$-, $n-p$-, $p-p$-Kräfte. Es erhebt sich selbstverständlich die Frage, welche von diesen Kräften bei gleichem Abstand und gleicher gegenseitiger Orientierung der Spins dieser Teilchen die größte ist. Eine qualitative Antwort auf diese Frage gibt die Untersuchung der Isotopentabelle. Es zeigt sich, daß fast im gesamten Periodischen System die Kerne eine annähernde gleiche Anzahl von Protonen und Neutronen enthalten. Nur gegen das Ende des Periodischen Systems der Elemente zu finden wir etwa 60% mehr Neutronen als Protonen.

Wenn die $p-p$-Kräfte bedeutend größer als die anderen wären, so müßten die Kerne mit mehr Protonen als Neutronen dichter gepackt sein und sich folglich als beständiger erweisen. Das ist aber nicht der Fall. Wenn die $n-n$-Kräfte sehr viel größer als die anderen wären, müßte man analog erwarten, daß die stabilen Kerne sehr viel mehr Neutronen als Protonen enthalten. Auch das entspricht nicht der Erfahrung.

Wenn schließlich die $n-p$-Kräfte außerordentlich groß wären, dann müßten Isobare mit gleicher oder fast gleicher Zahl von Protonen und Neutronen viel dichter gepackt sein und hätten daher auch eine viel größere Bindungsenergie als die Nachbarisobaren mit größerem Unterschied in der Protonen- und Neutronenzahl. Auch das entspricht nicht den Tatsachen. Das geht deutlich aus Tabelle 1 hervor, in der als Beispiel die Bindungsenergien von Isobaren mit der Massenzahl 200 angeführt sind.

Tabelle 1. *Bindungsenergie von Isobaren mit* $A = 200$ *nach* KRAVZOV [6]

Isobare	Atommasse	Gesamte Bindungsenergie des Kernes in MeV
$_{79}Au^{200}$	200,0335	1579,7
$_{80}Hg^{200}$	200,0309	1581,4
$_{81}Tl^{200}$	200,0328	1578,8
$_{82}Pb^{200}$	200,0340	1576,9
$_{83}Bi^{200}$	200,0404	1553,5
$_{84}Po^{200}$	200,0438	1566,2

Diese qualitativen Überlegungen zeigen, daß unter den Verhältnissen, wie sie im Kern gegeben sind, keine von der $n-n$-, $p-p$- und $n-p$-Wechselwirkung bedeutend stärker als die andere ist. Wir müssen annehmen, daß diese Kräfte annähernd gleich groß, möglicherweise sogar völlig gleich sind, wenn die elektrischen und magnetischen Wechselwirkungskräfte außer acht gelassen werden, die selbstverständlich verschieden sind.

Wir sind somit zur Hypothese von der Gleichheit der Kernkräfte, die in den Paaren $n-n$, $p-p$ und $n-p$ wirken, oder, wie man jetzt zu sagen pflegt, zur Hypothese der „Ladungsunabhängigkeit“ (charge independence) der Kernkräfte gekommen. Sie wurde 1932 von HEISENBERG [7], kurz nach der Entdeckung des Neutrons, ausgesprochen. Etwas klarer wurde dieser Gedanke in den Jahren 1935—1937 von YOUNG [8], WIGNER [1, 9] und anderen [10] formuliert. In den Jahren, die seitdem vergangen sind, wurden viele Tatsachen und Begründungen gefunden, die dafür sprechen, daß die Kernkräfte, die in den Paaren $n—n$, $p—p$ und $n—p$ wirken, fast gleich sind und möglicherweise unter bestimmten Bedingungen völlig gleich sein können. Wir werden im folgenden vier Gruppen dieser Tatsachen betrachten.

2. Kernkräfte, die bei der $n—p$- und $p—p$-Streuung auftreten

Von den drei aufgezählten Arten der Wechselwirkung ($n—n$, $n—p$ und $p—p$) können zwei Arten, und zwar $n—p$ und $p—p$ unmittelbar experimentell durch Streuung von Neutronen an Protonen und Protonen an Protonen studiert werden. Dies ist der direkteste Weg zum Vergleich der wirkenden Kräfte. Es ist jedoch darauf hinzuweisen, daß er eine innere Begrenzung enthält. Als Folge der Identität der Teilchen sind bei der Streuung von Protonen an Protonen mit geradem l Zustände mit parallelem Spin nicht möglich. Diese Zustände sind durch das PAULI-Prinzip verboten. Daher kann die Untersuchung der $p—p$-Streuung nur über die Wechselwirkung von Protonen mit antiparallelem Spin Auskunft geben. Bei der Streuung von Neutronen an Protonen gibt es eine solche Begrenzung nicht. Wenn wir die Resultate der $n—p$- und $p—p$-Streuung vergleichen wollen, müssen wir daher bei der $n—p$-Streuung den Anteil herausgreifen, der von der Streuung von Teilchen mit entgegengesetzten Spin herrührt, d. h. die „Singulett-Streuung". Der Teil der $n—p$-Streuung, bei dem die Teilchen parallelen Spin besitzen, hat keine Analogie bei der $p—p$-Streuung.

Der Vergleich der Streuung muß bei gleicher Energie der gestreuten Teilchen erfolgen. Will man das geeignetste Energiegebiet zum Vergleich der $n—p$- und $p—p$-Kräfte aufsuchen, so muß folgendes beachtet werden: Die Energie muß genügend groß sein, damit die COULOMB-Kräfte, die bei der Streuung von $p—p$ wirken, nicht überwiegen. Die Protonen müssen sich also einander genügend nähern können, damit tatsächlich die Kernkräfte wirken.

Uns interessieren andererseits die $n—p$- und $p—p$-Kräfte, die zwischen diesen Teilchen im Kerninneren wirken. Vernünftigerweise muß man also den Vergleich bei Energien durchführen, welche die mittlere kinetische Energie von Teilchen im Kerninneren nicht übersteigen. Ein Bereich von 2 bis 20 MeV scheint dafür, wie man sieht, am passendsten zu sein.

Bis 1949 bearbeitete man die Versuchsangaben über die $n—p$- oder $p—p$-Streuung meist nach folgendem Verfahren: Es wurde eine Annahme gemacht, wie die gegenseitige potentielle Energie der Stoßpartner vom Abstand abhängt, d. h. man wählte eine bestimmte „Form des Potentialtopfes". Die beiden Parameter, die den Topf bestimmen, wurden so gewählt, daß die berechneten Streukurven am besten mit den experimentellen übereinstimmten.

In vielen Arbeiten wurden untersucht: a) der rechteckige Potentialtopf mit der Breite R und der Tiefe U_0, b) der Exponentialtopf vom Typ $U(r) = \alpha e^{-\beta r}$, c) das GAUSS-Potential $U(r) = \alpha e^{-\beta r^2}$, d) das YUKAWA-Potential $U(r) = \frac{\alpha}{r} e^{-\beta r}$ und andere.

Der Vergleich dieser Arbeiten zeigt, daß bei geeigneter Wahl der Parameter die experimentellen Angaben mit allen diesen Potentialtypen erklärt werden können. Will man nur die $n-p$- und $p-p$-Kräfte vergleichen, so ist es belanglos, welche Form des Potentialtopfes gewählt wird. Es genügt, die entsprechenden Parameter-Paare zu vergleichen. Als Beispiel kann man die Angaben im Buche von FERMI [11] anführen. Wenn die Wechselwirkung durch einen rechteckigen Potentialtopf mit einem Radius gleich dem klassischen Elektronenradius ($2{,}8 \cdot 10^{-13}$ cm) charakterisiert wird, so beträgt die Topftiefe bei der $n-p$-Singulett-Streuung 11,5 MeV und bei der $p-p$-Singulett-Streuung 10,5 MeV. Der kleine Unterschied zwischen den Topftiefen verschwindet fast völlig, wenn man eine Korrektur in bezug auf die COULOMBschen und magnetischen Kräfte einführt, die innerhalb des Potentialtopfes wirken.

Die Willkür in der Wahl der Form des Potentialtopfes ist ein Mangel der vorstehend genannten Methode zur Analyse der $n-p$- und $p-p$-Streuungskurven. Wie schon erwähnt, kann mit verschiedenen Formen des Potentialtopfes gute Übereinstimmung mit den Versuchsergebnissen erreicht werden, wenn man jeweils zwei Konstante geeignet wählt. Daher geben Versuche über die Neutronen- oder Protonenstreuung mit einer Energie kleiner als 10 MeV keine Auskunft über die Abhängigkeit der Kernkräfte vom Abstand. Die eingeführten Parameter (R und U_0 oder α und β) besitzen somit nur formalen Charakter.

L. LANDAU und J. SMORODINSKIJ [12, 13], SCHWINGER [14], BETHE [15], BLATT und JACKSON [16] und andere [17 bis 19] haben ein anderes System der beiden Parameter ausgearbeitet. Die Streuung wird charakterisiert durch die Streulänge a und die effektive Reichweite r_0. Bestimmt man der Reihe nach für alle vorstehend angeführten Potentialformen die Konstanten, die mit den Versuchen am besten übereinstimmen, und berechnet sodann die Streulänge a und die effektive Reichweite r_0, so sieht man, daß diese Parameter beinahe ein- und denselben Wert bei allen Potentialformen haben. Folglich sind diese beiden Größen wenig abhängig von den Einzelheiten des Potentialverlaufs und weniger „formal" als die vorhergehenden. Sie sind bequem zum Vergleich der $n-p$- und $p-p$-Kräfte. In Tabelle 2 sind die Mittelwerte von a und r_0, für die Singulett-Streuung von $n-p$ und $p-p$ nach den Angaben der letzten Jahre angeführt.

Die Unterschiede in den Werten von a und r_0, für die $n-p$- und $p-p$-Wechselwirkung sind nicht groß, obwohl sie über der Fehlergrenze liegen. Man könnte diese Abweichungen als Anzeichen werten, daß die Hypothese von der Gleichheit der $n-p$- und $p-p$-Kräfte nicht genau zutrifft. SCHWINGER [25] zeigte jedoch, daß die Berücksichtigung der magnetischen Wechselwirkung bei der $n-p$- und $p-p$-Streuung die Unterschiede verringert. Daher bleibt die Frage über die Realität der Abweichungen offen.

Tabelle 2. *Streulänge a und effektive Reichweite r_0, des Kernpotentials bei der Streuung von Nukleonen mit entgegengesetztem Spin (in Einheiten 10^{-13} cm)*

Parameter	$n-p$	$p-p$
a	23,69 ± 0,06 [20]	17,3 ± 1,0*)
r_0,	2,34 ± 0,17**)	2,66 ± 0,07***)

*) Mittel der Werte aus zwei Formen des Potentials [20].
**) Mittel der Werte bei verschiedenen Neutronenenergien (E_n = 4,57 MeV [21]; E_n = 14 MeV [22] und E_n < 5 MeV [23]) und aus drei Formen des Potentials.
***) Mittel der Ergebnisse der Bearbeitung der $p-p$-Streuung unter 3,6 MeV aus vier Formen des Potentials nach [24].

Die angeführten Vergleiche beziehen sich auf die Streuung von Nukleonen mit antiparallelem Spin. Berücksichtigt man, daß die $n-p$- und $p-p$-Streuung bei parallelen Spins völlig unterschiedlich sind, so kommt man zu dem Schluß, daß die Streuversuche nur qualitative Aussagen über die Ladungsunabhängigkeit der Kernkräfte zulassen.

3. Bindungsenergie von Spiegelkernen

In den Spiegelkernen erster Ordnung hat man außer einer gleichen Anzahl von Protonen und Neutronen noch ein überschüssiges Proton oder Neutron. Im ersten Teil der Tabelle 3 sind die zur Zeit (*1954; Anm. d. Herausg.*) bekannten Spiegelkerne erster Ordnung angeführt.

Wir wollen nicht die Frage untersuchen, wie groß der Anteil der Wechselwirkung zwischen benachbarten Nukleonen an der Bindungsenergie ist und wieviel die Wechselwirkungen zwischen Nukleonen mit größeren Abständen dazu beiträgt. Wir stellen lediglich fest, daß in den Spiegelkernen vom Typ M^{2Z+1}_{Z} und M^{2Z+1}_{Z+1} jeweils $Z\ (Z+1)$ Paare $n-p$ in Wechselwirkung stehen, aber eine verschiedene Zahl von $n-n$- und $p-p$-Paaren.[1]) Im ersten Kern sind Z $n-n$-Paare und im zweiten sind Z $p-p$-Paare mehr enthalten. Wir können vermuten, daß diese Ungleichheit der Zahl der $n-n$- und $p-p$-Paare beim Vergleich der Bindungsenergien von Spiegelkernen sich irgendwie äußert, wenn die Wechselwirkungsenergie dieser Paare verschieden ist.

In Tabelle 3 sind die Massen von Spiegelkernen und die Gesamtbindungsenergien dieser Kerne angeführt.

Die Gesamtbindungsenergie hängt allerdings nicht nur von den Kernkräften ab, welche die Nukleonen aneinander binden, sondern auch von den COULOMB-Kräften, die zwischen den Protonen abstoßend wirken. Daher ist es bei der Be-

[1]) Es wird also angenommen, daß jedes Nukleon mit jedem anderen, nur nicht mit sich selbst in Wechselwirkung steht. (*Anm. d. Herausg.*)

stimmung der Größe der Kernkräfte aus den experimentell bekannten Gesamtbindungsenergien der Kerne erforderlich, die elektrostatische Energie der Kerne hinzuzufügen. Das kann nur annähernd geschehen, da die wirkliche Verteilung der Ladungen in den Kernen nicht genau bekannt ist.

Tabelle 3. *Bindungsenergie von Spiegelkernen*

Massenzahl	Atommasse	Gesamte Bindungsenergie in MeV	Elektrostatische Energie in MeV	„Kern"-Bindungsenergie in MeV
1	2	3	4	5
	Spiegelkerne erster Ordnung			
3	$_1H^3$ = 3,017002 [26, 27]	8,486	0	8,486
	$_2He^3$ = 3,016983	7,723	0,829	8,552
7	$_3Li^7$ = 7,018225	39,251	1,876	41,127
	$_4Be^7$ = 7,019153	37,606	3,751	41,357
11	$_5B^{11}$ = 11,012796	76,209	5,378	81,587
	$_6C^{11}$ = 11,014931	73,441	8,066	81,507
13	$_6C^{13}$ = 13,007488	97,103	7,631	104,734
	$_7N^{13}$ = 13,009877	94,097	10,683	104,770
15	$_7N^{15}$ = 15,004877	115,49	10,19	125,68
	$_8O^{15}$ = 15,007782	112,00	13,58	125,58
17	$_8O^{17}$ = 17,004536	131,76	13,03	144,79
	$_9F^{17}$ = 17,007508 [28,29]	128,21	16,75	144,96
19	$_9F^{19}$ = 19,004454	147,78	16,14	163,92
	$_{10}Ne^{19}$ = 19,007953 [30]	143,74	20,17	163,91
21	$_{10}Ne^{21}$ = 21,000525	167,39	19,51	186,90
	$_{11}Na^{21}$ = 21,004305	163,06	23,84	186,93
23	$_{11}Na^{23}$ = 22,997094	186,54	23,13	209,67
	$_{12}Mg^{23}$ = 23,00149 [31]	181,67	27,75	209,42
27	$_{13}Al^{27}$ = 26,990088	224,97	31,10	256,07
	$_{14}Si^{27}$ = 26,99504	219,57	36,28	255,85
29	$_{14}Si^{29}$ = 28,985682	245,02	35,43	280,45
	$_{15}P^{29}$ = 28,99102 [32]	239,27	40,88	280,15
31	$_{15}P^{31}$ = 30,983588	262,92	39,98	302,90
	$_{16}S^{32}$ = 30,98887	257,22	45,69	302,91
33	$_{16}S^{33}$ = 32,981921	280,43	44,74	325,17
	$_{17}Cl^{33}$ = 32,98753	274,42	50,70	325,12
37	$_{18}Ar^{37}$ = 36,97844	315,57	54,92	370,49
	$_{19}K^{37}$ = 36,98445	309,19	61,38	370,57
39	$_{19}K^{39}$ = 38,97600	333,79	60,31	394,10
	$_{20}Ca^{39}$ = 38,98260	326,87	67,01	393,88
41	$_{20}Ca^{41}$ = 40,97516	350,53	65,91	416,44
	$_{21}Sc^{41}$ = 40,98156	343,79	72,84	416,63

Massenzahl	Atommasse	Gesamte Bindungsenergie in MeV	Elektrostatische Energie in MeV	„Kern“-Bindungsenergie in MeV
1	2	3	4	5
	Spiegelkerne zweiter Ordnung			
8	${}_3Li^8$ = 8,025026 [33]	41,28	1,79	43,07
	${}_5B^8$ = 8,027 [34]	37,90	5,98	43,88
10	${}_4Be^{10}$ = 10,016717 [33]	64,97	3,33	68,30
	${}_6C^{10}$ = 10,02034 [33]	60,04	8,33	68,37
12	${}_5B^{12}$ = 12,018172 [33]	179,57	5,23	84,80
	${}_7N^{12}$ = 12,02280 [33]	173,70	10,97	84,67
14	${}_6C^{14}$ = 14,007698 [33]	205,27	7,44	112,71
	${}_8O^{14}$ = 14,01305 [33, 35]	198,73	13,90	112,63
18	${}_8O^{18}$ = 18,004888 [33]	139,79	12,78	152,57
	${}_{10}Ne^{18}$ = 18,0112 [36]	132,35	20,53	152,88
20	${}_9F^{20}$ = 20,006365 [28]	154,37	15,86	170,23
	${}_{11}Na^{20}$ = 20,0152 [34]	144,58	24,24	168,82
24	${}_{11}Na^{24}$ = 23,998608 [33]	193,50	22,81	216,31
	${}_{13}Al^{24}$ = 24,0075 [33]	183,65	32,35	216,00
28	${}_{13}Al^{28}$ = 27,990786 [33]	232,68	30,72	263,40
	${}_{15}P^{28}$ = 27,9994 [38, 39]	223,10	41,35	264,45
32	${}_{15}P^{32}$ = 31,984056 [33]	270,85	39,55	310,40
	${}_{17}Cl^{32}$ = 31,9955 [38, 39]	258,64	51,23	309,87
40	${}_{19}K^{40}$ = 39,97672 [33]	341,49	59,80	401,29
	${}_{21}Sc^{40}$ = 39,98604 [39]	331,25	73,44	404,69

Anmerkungen zur Tabelle 3: 1. Die Massen der stabilen Atome sind nach der Tabelle der Arbeit [33] angegeben. 2. Die Massen der radioaktiven Isotope sind dort, wo keine Hinweise sind, nach der Tabelle 1 und 2 der Arbeit [40] angeführt. In den Fällen, in denen es neue experimentelle Angaben gibt (publiziert nach dem 1. März 1952), ist ein Hinweiszeichen angebracht. Der angegebene Wert ist in diesen Fällen der gewogene Mittelwert aus allen Angaben. 3. Bei der Berechnung der Bindungsenergie wurde verwendet: $n = 1{,}0089849$; $p = 1{,}0081460$ Masseneinheiten [33].

Wenn man annimmt, daß die Protonen über das ganze Kernvolumen gleichmäßig verteilt sind, so gilt für den Betrag der COULOMB-Energie bei einem Kernradius $r_0 = 1{,}45 \cdot 10^{-13} A^{1/3}$ cm nach [40] die Formel

$$E_{\text{coul.}} = 0{,}643 \cdot 10^{-3} \frac{Z(Z-1)}{A^{1/3}} \text{ ME} = 0{,}598 \frac{Z(Z-1)}{A^{1/3}} \text{ MeV}. \qquad (1)$$

Die entsprechenden Werte sind in Spalte 4 der Tabelle 3 angeführt. Zu bemerken ist, daß dieselbe COULOMB-Energie auch unter anderen Voraussetzungen der Ladungsverteilung in den Kernen erhalten werden kann (z. B. bei exponentiell abnehmender Ladungsdichte, bei einer Ladungsdichte, die bis zu einem gewissen r konstant ist und darauf exponentiell oder nach einer GAUSSschen Funktion abnimmt [41, 42] usw.). Alle diese Annahmen führen bei entsprechender Wahl der Parameter zur Formel (1). Ihre Richtigkeit folgt unmittelbar aus den Versuchsergebnissen, die in der Arbeit [40] angeführt sind.

In Spalte 5 der Tabelle 3 sind die Werte der eigentlichen „Kern"-Bindungsenergie angeführt. Die paarweise genommenen Werte dieser Größe für die Spiegelkerne zeigen durch die ganze Tabelle 3 außerordentlich kleine Unterschiede. Die Differenz ist nirgends größer als 1% und im allgemeinen beträgt sie Zehntel Prozente.

Fast die gleiche Übereinstimmung der Werte der eigentlichen „Kern"-Bindungsenergie erhält man für Paare von Spiegelkernen zweiter Ordnung [43] (Kerne vom Typ M^{2Z}_{Z-1} und M^{2Z}_{Z+1}), die im zweiten Teil der Tabelle 3 angeführt sind. Auch in diesen Kernen ist die Zahl der in Wechselwirkung stehenden $n-p$-Paare gleich, aber die Zahl der in Wechselwirkung stehenden $n-n$- und $p-p$-Paare verschieden.

Es ist unbestreitbar, daß das Zusammenfallen der „Kern"-Bindungsenergie bei Spiegelkernen die fast völlige Gleichheit der $n-n$- und $p-p$-Wechselwirkungskräfte bestätigt. Jedoch können quantitative Schlüsse daraus nur mit großer Vorsicht gezogen werden. Die Zahl der in Wechselwirkung stehenden Paare steht nicht in unmittelbarer Beziehung zur Bindungsenergie. Die Kernkräfte hängen stark vom Abstand ab. Benachbarte Nukleonen und Nukleonen, zwischen denen ein größerer Abstand liegt, sind aneinander verschieden gebunden. Daher kann man solange keine quantitativen Ableitungen bezüglich der $n-n$- und $p-p$-Kräfte mittels der Spiegelkerne machen, solange die Kernstruktur nicht gründlicher geklärt ist.

4. Bindungsenergie gleichartiger Zustände von He^6-Li^{6*}, $Be^{10}-B^{10*}-C^{10}$ und $C^{14}-N^{14*}-O^{14}$

Die Gegenüberstellung von „Kern"-Bindungsenergien ist bei Kernen mit gleichartigen Zuständen besonderes interessant, da solche Kerne eine verschiedene Zahl von $n-n$-, $n-p$- und $p-p$-Wechselwirkungen besitzen. Die entsprechenden Werte der Bindungsenergie sind in Tabelle 4 angeführt.

Tabelle 4. *„Kern"-Bindungsenergie von Kernen, die sich in gleichartigen Zuständen befinden*

Massenzahl	Atommasse *)	Gesamte Bindungsenergie in MeV	Elektrostatische Energie in MeV	„Kern"-Bindungsenergie in MeV
1	2	3	4	5
6	He^6 = 6,02082	29,25	0,66	29,91
	3,572 MeV Li^6 **) = 6,020864	28,43	1,98	30,41
10	Be^{10} = 10,016717	64,97	3,33	68,30
	1,74 MeV B^{10} **) = 10,017986	63,01	5,52	68,52
	C^{10} = 10,02034	60,04	8,33	68,37
14	C^{14} = 14,007698	105,27	7,44	112,71
	2,31 MeV N^{14} **) = 14,010012	102,34	10,42	112,76
	O^{14} = 14,01305	98,73	13,90	112,63

*) Bezüglich der Quellen siehe die Anmerkung zur Tabelle 3.

**) Im weiteren Text werden wir die angeregten Zustände der Atomkerne ebenso kennzeichnen, indem wir die Anregungsenergie vor das Symbol des Kernes schreiben.

Da Li^6, B^{10} und N^{14} angeregte Zustände mit gleichem Quantencharakter wie die Grundzustände von He^6, Be^{10} und C^{14} besitzen, kann man die Übereinstimmung der Kernbindungsenergie als Begründung für die angenäherte Gleichheit der n—n-, n—p- und p—p-Kräfte ansehen. Doch kann sie aus den gleichen Gründen wie nach Punkt 3 nur als qualitative Bestätigung der Gleichheit der Kräfte gelten.

5. n—n-Kräfte

Auskunft über die n—n-Wechselwirkungskräfte erhält man aus der Analyse des Gamma-Spektrums bei der Anlagerungsreaktion von langsamen π^--Mesonen an Deuterium: $\pi^- + d = n + n + \gamma$.

Wenn sich als Ergebnis dieser Anlagerung ein System einander gebundener Teilchen, das „Bineutron" bilden könnte, so wären die Gamma-Strahlen monochromatisch. Fliegen die Neutronen auseinander wie nicht aufeinander wirkende Teilchen, so wäre das Gamma-Spektrum kontinuierlich. Das Vorhandensein einer Wechselwirkung zwischen den Neutronen ergibt eine Zwischenform des Spektrums. Aus einem kontinuierlichen Untergrund erhebt sich eine Linie, deren relative Intensität vom Charakter der n—n-Kräfte abhängt. Die Analyse [44, 45] des γ-Spektrums, das von PANOFSKY, AAMODT und HADLEY [46] erhalten wurde, führt zu der Schlußfolgerung, daß die n—n- und p—p-Kräfte größenordnungsmäßig gleich sind.

Wenn wir die Angaben dieses Abschnittes zusammenfassen, so können wir feststellen, daß es eine Reihe qualitativer Argumente für die völlige oder annähernde Gleichheit der n—n-, n—p- und p—p-Kräfte gibt, daß aber die bestehenden Kenntnisse zur Abschätzung des Unterschiedes oder der oberen Grenze der Differenz dieser Kräfte ungenügend sind. Die annähernde Gleichheit der Kräfte ist eine physikalische Voraussetzung für den Begriff des Isobarenspins, der in den folgenden Abschnitten behandelt wird.

III. Der Begriff des Isobarenspins

Wir nehmen an, daß alle n—n-, n—p- und p—p-Kräfte genau gleich groß sind und daß die Neutron- und Protonmasse völlig übereinstimmt. Dann wird ein System aus Neutronen und Protonen identisch mit einem System völlig gleichartiger Teilchen, bei dem die einen Teilchen ein bestimmtes Kennzeichen tragen, die anderen ein anderes. Wir werden sie im folgenden weiße und schwarze Teilchen nennen. In der klassischen Physik hängen die Eigenschaften solcher Systeme nicht von der Zahl der weißen und schwarzen Teilchen ab, sondern nur von ihrer Summe.

In der Quantenmechanik ist dies anders. Wegen des PAULI-Prinzips müssen wir weiße und schwarze Teilchen unterscheiden, auch wenn alle übrigen Teilcheneigenschaften völlig gleich sind. Das PAULI-Prinzip muß auf Teilchen jeder

Farbe getrennt angewendet werden. Wenn weiße und schwarze Teilchen den Spin $^1/_2$ besitzen, so gehorchen sie der FERMI-DIRAC-Statistik. Daher wird es nicht möglich sein, ein Energieniveau mit mehr als zwei weißen Teilchen zu besetzen, aber wir können zwei weiße und zwei schwarze darauf unterbringen.

Es ist nicht schwierig, sich davon zu überzeugen, daß die Zahl der Zustände, die wegen des PAULI-Prinzipes verboten sind, von dem Verhältnis der Zahl der weißen und schwarzen Teilchen zueinander abhängen wird. Die Zahl der verbotenen Zustände ist am größten, wenn alle Teilchen die gleiche Farbe haben, am kleinsten, wenn die Anzahl der weißen und schwarzen Teilchen gleich ist.

Betrachten wir als Beispiel ein hypothetisches System aus vier Teilchen, die sich auf zwei Niveaus verteilen können. Alle möglichen Verteilungen sind in Abb. 1 dargestellt. Sind alle vier Teilchen gleich, so besteht die einzige Verteilung, die wegen des PAULI-Prinzipes überhaupt möglich ist, darin, daß zwei Teilchen auf dem unteren und zwei Teilchen auf dem oberen Niveau sitzen. Dies ist der einzige Zustand in den Spalten, die mit „$4n$" und „$4p$" überschrieben sind. Der gesamte Spin des Systems ist 0. (Der Wert des Spin ist in der ersten Spalte der Abb. 1 angegeben.)

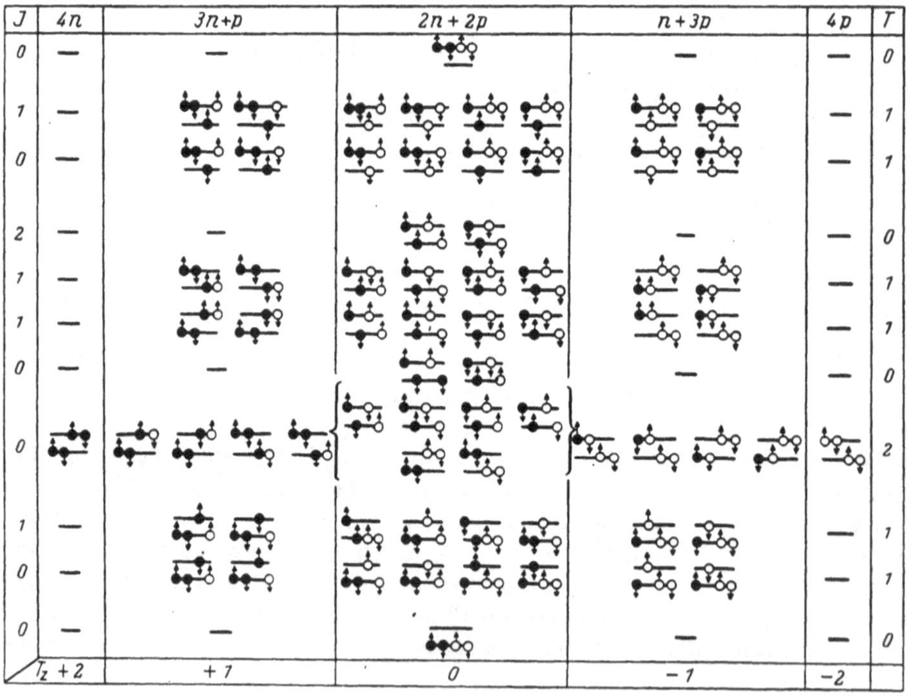

Abb. 1
Verteilung von vier Nukleonen auf zwei Energieniveaus. Die hellen Kreise bedeuten Protonen, die schwarzen Neutronen.

Sind drei Teilchen gleich und ist das vierte verschieden davon (Spalten „$3n + p$" und „$n + 3p$"), dann wird die Zahl der möglichen Zustände bedeutend größer.

Wir haben in Abb. 1 sämtliche möglichen Verteilungen von Teilchen dargestellt. In Wirklichkeit fallen einige davon zweifellos energetisch zusammen, aber das ist jetzt nicht wesentlich. Zunächst wollen wir uns den Zuständen zuwenden, bei denen sich auf dem unteren Niveau drei Teilchen befinden: Wir können erwarten, daß diese Zustände energetisch tiefer liegen als die Zustände der Systeme $4n$ und $4p$. Sie sind daher weiter unten eingezeichnet. Bei diesen neuen Zuständen gibt es zwei Typen, solche mit einem Spin 0 oder mit dem Spin 1. Die Zustände mit kleinerem Spin („ausgeglichenere" Zustände) zeichnen wir tiefer ein. Bei den Systemen $3n + p$ und $n + 3p$ sind selbstverständlich auch Zustände möglich, bei denen zwei Teilchen das untere Niveau und zwei Teilchen das obere Niveau besetzen. Auch dabei gibt es noch Unterschiede. Bei dem einen Zustand befinden sich verschiedene Teilchen auf dem niedrigen Niveau, bei anderen auf dem oberen. Jedoch haben alle diese Zustände ein gemeinsames Charakteristikum: Die Spinsumme auf jedem Niveau ist gleich 0. In Wirklichkeit können sich diese Zustände energetisch ein wenig unterscheiden, und eine Feinstruktur des Zustandes bilden. Es ist aber nicht bekannt, welcher Zustand höher liegt, daher haben wir alle auf gleicher Höhe eingezeichnet.

Die Systeme $3n + p$ und $n + 3p$ können sich auch in Zuständen befinden, bei denen zwar je zwei Teilchen auf jedem Niveau liegen, wovon jedoch der Spin auf einem der beiden Niveaus nicht kompensiert ist. Zu diesen Zuständen mit dem Spin 1 gibt es keine gleichartigen Zustände im System mit vier gleichen Teilchen. Wahrscheinlich noch höher liegen zwei Gruppen von Verteilungen mit einem Teilchen auf dem unteren Niveau und drei auf dem oberen. Eine dieser Gruppen hat den Spin 0, die andere den Spin 1. Man kann also in den Systemen $n + 3p$ insgesamt 7 Gruppen von Zuständen unterscheiden, wogegen die Systeme $4n$ und $4p$ nur einen Zustand aufweisen.

Noch mehr Zustände hat das System, das zwei Teilchen von jeder Sorte enthält (Spalte „$2n + 2p$" der Abb. 1). Es besitzt einen Zustand, der bisher nicht vorkam und der tiefer liegt als alle anderen. Bei ihm liegen alle vier Teilchen auf dem unteren Niveau. Es gibt außerdem einen Zustand mit dem Spin 2, der vorher nicht auftrat. Schließlich kommt noch ein Zustand vor, der energetisch am höchsten liegt. Bei ihm befinden sich alle vier Teilchen auf dem oberen Niveau. Das untere bleibt unbesetzt.

Die verschiedenen Spalten in Tabelle 1 beziehen sich auf Systeme mit der gleichen Gesamtzahl von Teilchen, d. h. auf isobare Kerne, wenn man unter Teilchen Neutronen und Protonen versteht. Somit sehen wir folgendes: Sind die Wechselwirkungskräfte zwischen allen Kernteilchen genau gleich groß, haben alle Teilchen gleiche Masse und sind die Protonen und Neutronen für das PAULI-Prinzip nicht identisch, so gilt:

1. Bei Isobaren müssen gleichartige Zustände vorkommen, die energetisch zusammenfallen.

2. Je mehr sich bei Isobaren die Zahl der Protonen und Neutronen einander nähert, um so tiefer liegt der Grundzustand.
3. Je mehr sich bei Isobaren die Zahl der Protonen und Neutronen einander nähert, desto mehr neue Niveaus finden sich, die bei weniger symmetrischen Systemen nicht auftraten.

Bei der Entwicklung des Aufbaus der Abb. 1 haben wir uns willkürlich auf vier Teilchen und zwei Niveaus beschränkt. Wenn wir eine größere Zahl von Teilchen oder Niveaus vorausgesetzt hätten, wäre auch die Zahl verschiedener Verteilungen größer geworden. Die aufgezählten allgemeinen Schlußfolgerungen bleiben jedoch auch dann gültig.

Wir kehren zu dem Zustand zurück, der in Abb. 1 bei allen 5 Isobaren zu finden ist. Wenn die Kräfte zwischen allen Teilchen und die Teilchenmassen gleich sind, so sind diese 5 Zustände der isobaren Kerne nicht unterscheidbar. Sie unterscheiden sich nur dann, wenn man Kräfte berücksichtigt, die von der Zusammensetzung des Zustandes abhängen.

Es liegt der Gedanke nahe, diese Zustände als 5 Unterzustände oder 5 verschiedene Formen von ein- und demselben Zustand aufzufassen, die durch eine bestimmte Verteilung der Teilchen auf die Niveaus und durch bestimmte Orientierung der Spins charakterisiert werden.

Nicht alle Zustände, die in der Abb. 1 dargestellt sind, haben 5 Unterzustände. Nicht alle kommen in 5 Spalten vor. Einige kommen offensichtlich nur in 3 Spalten vor und es gibt auch solche, die nur in einer vorkommen, nämlich in der mittleren Spalte.

Wir führen nun eine neue Charakteristik der Zustände ein, und zwar eine Zahl, die angibt, bei wieviel isobaren Kernen, d. h. in wieviel Spalten der Abb. 1, der betreffende Zustand vorkommt. Da gleichartige Zustände in Abb. 1 bei einem, drei oder fünf, d. h. bei einer ungeraden Zahl von Isobaren vorkommen, so ist es passend, jeden Zustand durch eine Zahl T zu charakterisieren, wobei $2T + 1$ die Zahl der Isobaren ist, bei denen dieser Zustand auftritt. Die Größe T wird Isobarenspin genannt. Diese Bezeichnung soll die Analogie zum gewöhnlichen Spin andeuten.

In der Quantenmechanik wird bewiesen, daß jedes beliebige abgeschlossene System von Ladungen einen bestimmten Wert des Gesamtdrehimpulses J hat, welcher zeitlich konstant bleibt, wenn auf das System keine äußeren Kräfte wirken. Wir haben dabei $2J + 1$ Unterzustände mit gleicher Energie, die sich nicht unterscheiden, solange es keine äußeren Einwirkungen gibt. Wenn aber bereits ein schwaches Magnetfeld wirkt, äußern sich die Unterschiede der Unterzustände sofort. Alle bekommen eine verschiedene zusätzliche Energie im Magnetfeld. Um diese Zustände zu unterscheiden, führt man eine zusätzliche Quantenzahl, die magnetische Quantenzahl m ein, die $2J + 1$ Werte haben kann, mit einem Bereich von $+J$ bis $-J$ über die Einheit.

Den Isobarenspin T können wir sofort für alle Zustände von Abb. 1 bestimmen. Dazu genügt es nachzusehen, bei wieviel Isobaren der betrachtete

Zustand vorkommt. So erhalten wir Werte von $T = 0$, 1 und 2. Sie sind für jede Zeile in der rechten Randspalte angegeben.

In Abb. 1 sind die möglichen Zustände eines Systems aus vier Teilchen dargestellt. Solche Abbildungen hätten wir für Systeme mit beliebiger Anzahl von Teilchen entwerfen können. Ein System aus A-Teilchen kann $A + 1$ Isobare haben. Bei einem solchen System reichen die möglichen Werte des Isobarenspins T von 0 bis $A/2$, wenn A geradzahlig ist und von $^1/_2$ bis $A/2$, wenn A ungerade ist. Im Grenzfall $A = 1$ hat man nur ein Nukleon, das sich in zwei isobaren Zuständen befinden kann, d. h. es kann ein Neutron oder ein Proton sein. Davon ausgehend müssen wir für Neutron und Proton $T = {}^1/_2$ ansetzen.

In Abb. 1 hat man nur einen einzigen Zustand mit $T = 2$, und zwar den, der bei allen 5 Isobaren vorkommt. Wenn wir irgendwie die 5 Unterzustände unterscheiden wollen, welche diesen Isobaren entsprechen, so müssen wir sie numerieren, d. h. eine neue Größe einführen, die 5 Werte oder im allgemeinen Falle $2T + 1$ Werte annehmen kann. Analog zur magnetischen Quantenzahl, kann man den Zuständen, die sich auf einer Zeile der Abb. 1 befinden, die Zahlen T, $T-1$ bis $-T$ zuordnen. (Die Richtung der Numerierung wird nach Vereinbarung gewählt.) Diese neue Größe wird gewöhnlich mit T_z oder T_3 bezeichnet und manchmal wird sie dritte Komponente des Isobarenspins genannt.

Es ist leicht zu sehen, daß alle Zustände, die sich in der Mittelspalte der Abb. 1 befinden, das sind also Isobare mit gleicher Zahl von Protonen und Neutronen, $T_z = 0$ haben. Für alle Zustände der Isobaren $3n + p$ und $n + 3p$ ist $T_z = +1$ und $T_z = -1$. Schließlich ist bei den Isobaren $4n$ und $4p$ der Wert von $T_z = +2$ und $T_z = -2$. Dementsprechend wird bei $A = 1$, d. h. bei Neutron und Proton

$$T_z = + {}^1/_2 \quad \text{und} \quad T_z = - {}^1/_2 .$$

Im allgemeinen Falle, wenn die Summe der Teilchen des Isobars gleich A ist, gilt für das Isobar mit Z Protonen und $N = A - Z$ Neutronen

$$T_z = \frac{N - Z}{2} .$$

Wenn daher irgendein beliebiger Kern M_A^Z vorgegeben wird, so können wir sofort T_z für alle Zustände dieses Kernes angeben. Wenn wir T_z kennen, so ist damit weiterhin die untere Grenze der möglichen Werte von T für diesen Kern bestimmt. So ist z. B. für den Kern ${}_{16}S^{36}$ der Wert von $T_z = \dfrac{20-16}{2} = 2$ und folglich ist bei allen Zuständen dieses Kernes $T \geqslant 2$ und kann also weder 0 noch 1 sein.

Den Grundzuständen und den nicht stark angeregten Zuständen der leichten Kerne kommen kleine Werte für T und T_z zu. Auf $T = 2$ treffen wir zuerst bei ${}_{16}S^{36}$. Die schweren Kerne am Schluß des Periodischen Systems der Elemente enthalten eine bedeutend größere Anzahl Neutronen als Protonen und somit ist für sie T_z und folglich T bedeutend größer als 2. So wird z. B. bei Blei $_{82}Pb^{208}$ $T_z = 22$ und $T \geqslant 22$. Abschließend wollen wir bemerken, daß die Ähnlichkeit zwischen dem Isobarenspin T und dem gewöhnlichen Spin J nicht überschätzt werden darf. Der Drehimpuls ist ein quantenmechanischer Vektor und der Isobarenspin ist nach der im vorstehenden gegebenen Definition eine dimensionslose Zahl, die mit keinem Raumvektor verbunden ist. Man kann die magnetische Quantenzahl als Projektion J in der Richtung des Magnetfeldes auffassen, T_z dagegen ist ebenfalls eine dimensionslose Zahl.

IV. Auswahlregeln

Die Voraussetzungen der Ladungsunabhängigkeit der Kernkräfte und der Gleichheit der Neutronen- und Protonenmasse stellen eine Idealisierung dar. Sie kann vorgenommen werden, auch wenn die Neutronen und Protonen Teilchen sind, die sich ihrem Wesen nach unterscheiden. Es ist jedoch auch ein anderer Standpunkt möglich. Man kann annehmen, daß Neutron und Proton zwei Zustände ein und desselben Teilchens (Nukleon) sind, die sich lediglich durch verschiedene Werte der zusätzlichen Koordinate T_z unterscheiden. (Beim Neutron ist $T_z = +\,^1/_2$, $T = ^1/_2$, beim Proton ist $T_z = -\,^1/_2$, $T = ^1/_2$.)

Der tatsächlich fast gleiche Wert der Neutronen- und Protonenmasse, der gleiche Spin und die gleiche Statistik, die Umwandlung eines Neutrons in ein Proton oder eines Protons in ein Neutron beim β-Zerfall und schließlich die unmittelbare β-Umwandlung des Neutrons in ein Proton, alle diese Tatsachen, obwohl sie nicht als Beweise gelten können, stützen die Hypothese, daß diese beiden Teilchen zwei Zustände des Nukleons sind.

Diese Aussage können wir sofort mathematisch formulieren.

Früher beschrieb man das Verhalten der Neutronen und Protonen mit Wellenfunktionen $\psi_n(r, \sigma)$ und $\psi_p(r, \sigma)$, wobei r die räumlichen Koordinaten und σ die Spinkoordinate bedeuten. Jetzt beschreibt man das Verhalten jedes dieser Teilchen mit Wellenfunktionen $\psi(r, \sigma, t)$, wobei t die Isobarenkoordinate T_z ist, deren verschiedener Wert ($+\,^1/_2$ oder $-\,^1/_2$) angibt, ob sich das Nukleon im Neutronen- oder im Protonenzustande befindet. Die Variablen σ und t, die nur zwei Werte ($+\,^1/_2$ und $-\,^1/_2$) annehmen können, sind einander sehr ähnlich. Das erleichtert erheblich die Untersuchung der Symmetrie und anderer Eigenschaften dieser Wellenfunktionen. Durch das Studium ihrer Eigenschaften unter den Voraussetzungen der Gleichheit der Kräfte und der Massen, gelang es, zwei wichtige Schlüsse betreffend die Erhaltung oder die etwaigen Veränderungen des Isobarenspins bei den verschiedenen Prozessen zu ziehen.

Der erste besteht darin, daß der Isobarenspin genau wie der gewöhnliche Spin bei allen inneren Bewegungen und auch Umwandlungen, die durch ladungsunabhängige Kräfte hervorgerufen werden, beibehalten wird. Er ist, mathematisch ausgedrückt, ein Bewegungsintegral.

Die zweite Schlußfolgerung besteht darin, daß bei Kernreaktionen, beim β-Zerfall, bei α-Strahlung und bei Photoanregung der Kerne bestimmte *Auswahlregeln für den Isobarenspin* wirken, deren Verletzung zu einer starken Verminderung der Wahrscheinlichkeit der Prozesse führt. Diese Auswahlregeln, die als Ergebnis einer Reihe von Arbeiten aufgestellt wurden und deren Ableitung nicht zur Aufgabe dieses Berichtes gehört, sind in Tabelle 5 zusammengefaßt.

Die erste Auswahlregel ist das Gesetz der Erhaltung des Isobarenspins bei Reaktionen zwischen schweren Teilchen. Sie wurde von ADAIR [47] aufgestellt.

Bei der Vereinigung von Kernsystemen addieren sich die Isobarenspins quantenmechanisch, und zwar in gleicher Weise wie die Drehimpulse. Aber bei der Addition von mechanischen Drehimpulsen eines zusammenstoßenden Systems ist es erforderlich, nicht nur die Eigendrehimpulse, sondern auch die Bahndrehimpulse zu berücksichtigen, daher hängt auch der resultierende Drehimpuls von der Charakteristik der Relativbewegung im System ab, d. h. von der Geschwindigkeit und dem Stoßparameter. Bei der Addition des Isobarenspins gibt es keine Analogie zum Bahndrehimpuls und das verringert den Rahmen der möglichen Werte der Summe der Isobarenspins. Wenn die Teilchen, welche zusammenstoßen, die Isobarenspins T_1 und T_2 haben, wobei $T_1 > T_2$ ist, so kann der Isobarenspin des Gesamtsystems einen der $2T_2 + 1$ Werte von $T_1 + T_2,\ T_1 + T_2 - 1, \cdots, T_1 - T_2$ annehmen.

Tabelle 5. *Die Auswahlregeln für den Isobarenspin*

1. Kernreaktionen und α-Zerfall		
$\sum_{\text{quant. mechan.}} T_i = \text{const}$		
2. β-Zerfall		
In Varianten mit der Auswahlregel von	FERMI ($\Delta J = 0$)	GAMOW-TELLER ($\Delta J = 0, \pm 1$ außer $0 \to 0$)
gilt als Auswahlregel für den Isobarenspin	$\Delta T = 0$	$\Delta T = 0, \pm 1$
3. γ-Strahlung		
$\Delta T = 0, \pm 1,$		
abgesehen vom Fall $T_z = 0$ und $E1$, bei dem nur $\Delta T = \pm 1$ erlaubt ist. Wenn in diesem Falle $\Delta T = 0$ ist, so ist die Wahrscheinlichkeit der γ-Strahlung von der Größe der Wahrscheinlichkeit einer $M2$-Strahlung.		

So können z. B. bei beliebiger Vereinigung zweier α-Teilchen ($T = 0$) nur Zustände von Be^8 mit $T = 0$ auftreten. Bei der Streuung von Deuteronen an

Helium können nur Zustände von Li^6 mit $T = 0$ auftreten, weil T für α-Teilchen und auch für das Deuteron gleich Null ist. Beim Einfang von Neutronen durch H^2 und Li^6 können sich nur Zustände mit $T = {}^1/_2$ bilden. Beim Einfang von Neutronen durch ${}_8O^{18}$ $(T = 1)$ können nur Zustände mit T gleich ${}^1/_2$ und ${}^3/_2$ vorkommen.

Schon aus diesen Beispielen ist ersichtlich, daß die Additionsregel des Isobarenspins bei der Vereinigung von Teilchen sehr nützlich zur Feststellung des Isobarenspins von komplizierten Kernen sein kann.

Die Additionsregel des Isobarenspins kann umgekehrt auch beim Zerfall eines Systems in zwei oder mehrere schwere Teilchen angewendet werden. So können z. B. nur solche Zustände von Be^8 oder Li^6 in $\alpha + \alpha$ oder $\alpha + d$ zerfallen, bei denen $T = 0$ ist. Der Zustand von Li^6 mit einer Anregungsenergie von 3,58 MeV besitzt $T = 1$ und eine Energie, die zur Teilung in $\alpha + d$ ausreicht, aber dieser Prozeß ist durch die Erhaltungsregel des Isobarenspins verboten. Viele solcher Beispiele sind bereits bekannt.

Die Additionsregel des Isobarenspins kann unabhängig davon angewendet werden, wie beständig das gebildete System ist oder welche Lebensdauer es hat. Sie ist auch auf die Bildung und den nachfolgenden Zerfall von Zwischenkernen (Compound-Kernen) bei Kernreaktionen anwendbar. Wir können dabei die Additionsregel des Isobarenspins unmittelbar auf Ausgangs- und Endsystem anwenden und das Stadium des Zwischenzustandes unberücksichtigt lassen. So ist z. B. ersichtlich, daß bei Reaktionen vom Typ (α, d) und (d, α) oder bei der unelastischen Streuung (d, d') und (α, α') der Isobarenspin von Anfangskern und Endkern gleich ist. Bei den Reaktionen (α, n), (α, p), (n, α), (p, α), (n, d), (d, n), (p, d), (d, p) unterscheiden sich die Isobarenspins von Anfangs- und Endkern um ${}^1/_2$, und bei den Reaktionen (p, n) und (n, p), (p, p') und (n, n') kann der Isobarenspin entweder unverändert bleiben oder sich um Eins ändern.

Die Auswahlregeln beim β-Zerfall wurden von WIGNER [9, 27, 48] aufgestellt.

In denjenigen Varianten der Theorie des β-Zerfalls, bei denen die Auswahlregel $\Delta J = 0, \pm 1$ wirksam ist, d. h. bei erlaubten Übergängen, gilt $\Delta T = 0, \pm 1$. Diese Isobaren-Auswahlregel ist relativ „frei“, sie verbietet praktisch nichts. Bei allen Kernen mit geraden $A < 30$ besitzen nämlich alle niedrigen Niveaus $T = 0$ oder $T = 1$ und β-Umwandlungen zwischen ihnen sind also erlaubt. Bei ungeradem A besitzen die Zustände $T = {}^1/_2$ und $T = {}^3/_2$ und wiederum sind daher alle β-Umwandlungen erlaubt. Dieser Umstand führt dazu, daß es schwierig ist, die Wirksamkeit dieser Auswahlregel zu prüfen.

In denjenigen Varianten der Theorie, bei denen die FERMI-Auswahlregel $\Delta J = 0$ wirkt, muß der Isobarenspin bei erlaubtem β-Zerfall erhalten bleiben, also $\Delta T = 0$ sein. Alle bis jetzt bekannten „reinen FERMI-Übergänge“ betreffen den Typ $+0 \rightarrow +0$. Das sind die Übergänge $C^{10} \rightarrow$ 1,74 MeV B^{10}, $O^{14} \rightarrow$ 2,31 MeV N^{14} und $Cl^{34} \rightarrow S^{34}$. Dies alles sind Übergänge zwischen gleichartigen Zuständen [40]. Da gleichartige Zustände gleichen Isobarenspin besitzen, so ist also bei diesen Zerfällen $\Delta T = 0$ und die Isobaren-Auswahlregel ist automatisch erfüllt.

Die Isobaren-Auswahlregeln für γ-Strahlung wurden von TRIANOR [49] und RADICATI [50] aufgestellt. Bei Kernen, die eine ungleiche Anzahl von Neutronen und Protonen haben ($T_z \neq 0$), muß bei der γ-Strahlung $\Delta T = 0, \pm 1$ sein. Wird diese Bedingung verletzt, so kommt es zu einer sehr bedeutenden Verringerung der Wahrscheinlichkeit der Strahlung. Bei sämtlichen leichten Kernen ($A < 30$) unterscheiden sich die Werte von T bei allen niedrigen Niveaus um nicht mehr als Eins. (T ist immer 0 oder 1 bei gradzahligem A und $^1/_2$ oder $^3/_2$ bei ungradzahligem A.) Daher bringt die Isobarenauswahlregel für γ-Übergänge bei diesen Kernen nichts Neues, sie verbietet keinen Übergang.

Bei Kernen mit gleicher Anzahl von Neutronen und Protonen ($T_z = 0$) gilt für die Übergänge aller Typen, außer für die elektrische Dipolstrahlung die Auswahlregel von vorhin. Bei Übergängen vom Typ $E1$ muß $\Delta T = \pm 1$ sein. Bei $\Delta T = 0$ ist der Übergang des Types $E1$ verboten und seine Wahrscheinlichkeit vermindert sich tausend- bis zehntausendmal (beispielsweise bis zur Wahrscheinlichkeit des Überganges vom Typ $M2$). Da bei Kernen mit $T_z = 0$ viele tiefe Niveaus den Wert $T = 0$ besitzen, liegt hier ein ausgedehntes Feld für die Wirksamkeit dieser letztgenannten Auswahlregel vor. Beispiele dafür sind in Abschnitt VIII angeführt.

TRIANOR [49] stellte auch fest, daß bei Kernen mit gleicher Anzahl Neutronen und Protonen Übergänge vom Typ $E1$ zwischen Zuständen mit dem Isobarenspin T und $T \pm 2k$ verboten sind, wobei k eine beliebige ganze Zahl oder Null ist. Diese Regel stimmt für $k = 0$ mit der in Tabelle 5 angeführten Regel überein. Für $k > 0$ hat sie keine praktische Bedeutung, da bis jetzt Zustände, die sich im Isobarenspin um zwei oder mehr Einheiten unterscheiden, noch bei keinem Kern aufgefunden wurden.

V. Niveauverschiebung bei isobaren Kernen infolge der COULOMB-Energie und des Massenunterschiedes zwischen Neutron und Proton

Die Annahme von Gleichheit der n—n-, n—p- und p—p-Kräfte und der Gleichheit der Masse von n und p führte zur Vorstellung von gleichartigen Zuständen isobarer Kerne, die ein „Multiplett" bilden [1, 51], das durch einen gleichen Wert des Isobarenspins T, durch gleiche Energie E, gleichen Spin J und gleiche Parität charakterisiert wird.

Ein „idealisiertes" Niveauschema ist in Abb. 1 dargestellt. Abb. 2 zeigt an einem Beispiel ein solches Niveauschema in üblicher Art. Jedes beliebige Niveau, das bei Isobaren am Rande der Abbildungen vorkommt, tritt auch bei den übrigen auf, und zwar in derselben Höhe. Je näher aber das Isobar der Mitte der Abbildung liegt, um so reichhaltiger ist das Sortiment an Niveaus.

Wenn die Voraussetzungen, von denen wir ausgingen, nicht exakt erfüllt sind, so können auch die Folgerungen nur annähernd zutreffen. Es gilt daher: 1. die verschiedenen Niveaus der Multipletts verschieben sich relativ zueinander in bezug auf die Energie, 2. den Niveaus kann nicht mehr streng ein bestimmter Wert von T zugeordnet werden.

So muß z. B. die Berücksichtigung der Ungleichheit der Neutronen- und Protonenmasse dazu führen, daß jede Spalte der Abb. 1 und 2 gegenüber der

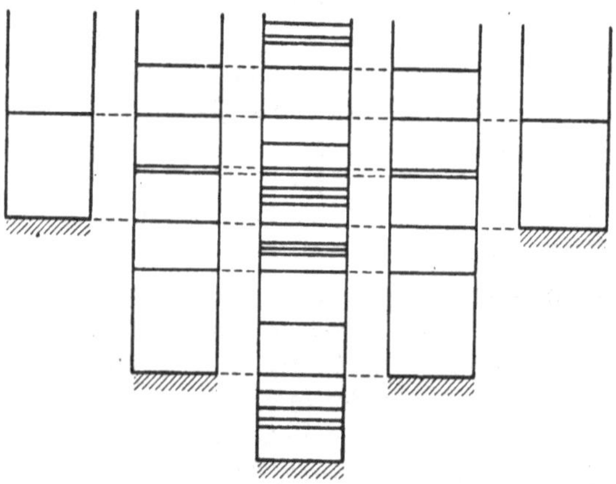

Abb. 2.
Idealisiertes Schema der Niveaus von isobaren Kernen.

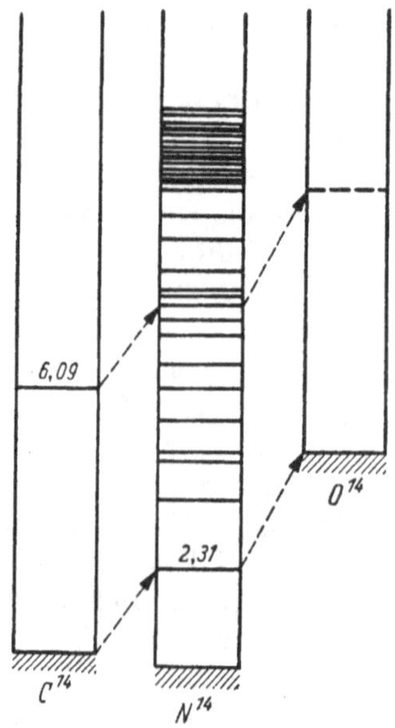

Abb. 3.
Beispiel der Verschiebung der Niveaus von isobaren Kernen infolge der elektrostatischen Wechselwirkung und der Ungleichheit der Massen von n und p.

links liegenden, benachbarten Spalte um die Größe $n - p$ nach unten verschoben wird. Umgekehrt nimmt die zusätzliche elektrostatische Energie in Abb. 1 und 2 von links nach rechts zu. Ab $A = 4$ ist die elektrostatische Verschiebung größer als der Unterschied $n-p$, es verschieben sich daher bei $A > 4$ die Niveaus, die zu einem Multiplett gehören, bei Vergrößerungen von Z nach oben. Die Verschiebung $\Delta E_{\text{Coul.}}$ vergrößert sich mit wachsendem Z. In der Arbeit [43] ist für die Grundzustände von Spiegelkernen angegeben

$$\Delta E_{\text{Coul.}} = 1{,}196 \frac{Z-1}{A^{1/3}} \text{MeV}^{1)}, \tag{2}$$

1) Man erhält diese Beziehung leicht aus Gleichung (1), Seite 7. (*Anm. d. Herausg.*)

und die gesamte Verschiebung beträgt

$$\Delta E = \Delta E_{\text{Coul.}} - (n - p) = \left((1{,}196 \frac{Z-1}{A^{1/3}} - 0{,}781\right) \text{MeV}. \quad (3)$$

Wegen dieser Verschiebungen ist die Verteilung der Niveaus bei einem Isobarenmultiplett nicht mehr symmetrisch zu dem mittleren Isobar M^{2Z}_{Z}.

Die tatsächliche Verschiebung der Niveaus ist aus Abb. 3 zu ersehen.

Die Verschiebung ΔE ist linear in Z[1]), wie man aus Gleichung (3) sieht.

Wenn bei sehr genauen Messungen eine gesetzmäßige Abweichung von dieser Linearität festgestellt wird, so kann das entweder von der nicht exakten Gleichheit der Kernkräfte, die zwischen den Nukleonen wirken, herrühren oder von dem Vorhandensein von Gliedern der elektrostatischen Kernenergie, die nicht proportional zu $Z(Z-1)$ sind (Austauschenergie, Änderung der Ladungsverteilung mit Z usw.).

Andere Folgen der COULOMB-Kräfte und der Ungleichheit der Massen von n und p werden in Abschnitt VII besprochen.

VI. Isobarenspin einiger Kerne

In Abb. 1 sind die Zustände unter Berücksichtigung ihrer Strukturen, wie sie sich aus allgemein üblichen Gesichtspunkten des Kernbaues ergeben, aufgestellt und angeordnet. Wir stützten uns beim Entwurf der Abb. 1 auf bestimmte Vorstellungen über die Struktur der Zustände, konnten diese dann in Zeilen anordnen und ihnen sodann diesen oder jenen Isobarenspin zuschreiben. Gehen wir zu angeregten Zuständen real existierender Kerne über, so verlieren wir diesen Leitfaden, denn da wir die Struktur der Zustände nicht kennen, so ist es unmöglich deren Isobarenspins vorauszusagen.

1. Deuteron

Geht man von den üblichen quantenmechanischen Veränderlichen, dem Gesamtdrehimpuls und der Parität aus, so kann der Isobarenspin nur für das einfachste System, das aus zwei Nukleonen besteht, berechnet werden. In Zuständen vom Typ S_0 (die Spins der Nukleonen sind entgegengerichtet, der gesamte Spin ist 0) gilt $T = 1$ für Zustände mit gerader Parität und $T = 0$ für solche mit ungerader Parität. Bei Zuständen vom Typ S_1 (die Spins der Nukleonen stehen parallel, der gesamte Spin ist 1) ist $T = 0$ für gerade und $T = 1$ für ungerade Parität.

Der Grundzustand des Deuterons hat also den Isobarenspin 0. Würde der Singulettzustand des Deuterons existieren, so hätte er den Isobarenspin 1.

2. Alpha-Teilchen

Der Isobarenspin des α-Teilchens kann theoretisch nicht berechnet werden. Gründe, die auf dem Schema der Abb. 1 beruhen, sprechen dafür, daß er gleich 0

[1]) Bei konstant gehaltenem A. (*Anm. d. Herausg.*)

ist. Zweifellos gibt die Anordnung beider Neutronen und beider Protonen auf einem niedrigen Niveau mit entgegengerichteten Spins die dichteste Packung und das bedeutet, daß $T = 0$ ist. Sicherlich kann eine solche Anordnung bei H^4 oder Li^4 icht existieren.

Experimenntelle Tatsachen beweisen, daß der Isobarenspin der α-Teilchen gleich 0 ist. Haben die Zustände A und B verschiedenen Isobarenspin, so wird nämlich die Reaktion A (d, α) B nicht beobachtet. Daraus folgt, daß der Isobarenspin der α-Teilchen gleich 0 ist. Wäre er nämlich gleich 1, 2 oder größer als 2, würde die Auswahlregel für den Isobarenspin die angegebene Reaktion nicht verbieten. Ein Beispiel soll dies zeigen: Die Reaktion O^{16} (d, α) 2,31 MeV N^{14} wird nicht beobachtet, da bei O^{16} $T = 0$ und bei 2,31 MeV N^{14} $T = 1$ ist, was aus dem Fehlen dieses Zustandes bei N^{14} (d,d') N^{14*} hervorgeht.

3. Höhere Kerne

Für komplizierter zusammengesetzte Systeme als das Deuteron kann der Isobarenspin nicht berechnet werden, wenn man nur die Energie, die Parität, den Bahndrehimpuls und den Gesamtdrehimpuls des Zustandes kennt. Man würde hierzu mehr ins einzelne gehende Einsichten in die Struktur des Zustandes benötigen. Diese haben wir zur Zeit nicht.

Es gibt jedoch drei experimentelle Wege zu Bestimmungen des Isobarenspins. Der erste Weg ist die Beobachtung der Kernreaktionen, der zweite die Untersuchung der *ft*-Werte, die den β-Zerfall charakterisieren, und der dritte die Suche nach gleichartigen Zuständen bei Atomkernen. Wir werden diese Wege nacheinander betrachten.

a) *Informationen aus Kernreaktionen*

Die Grundlagen zur Bestimmung von Isobarenspins gibt die Anwendung der Additionsregel des Isobarenspins bei Kernreaktionen. Wird davon ausgegangen, daß das Deuteron und das α-Teilchen $T = 0$ haben, und wird diese Regel angewendet, so kann man die Isobarenspins der Grundzustände aller leichten Kerne und viele ihrer angeregten Zustände bestimmen.

1. Grundzustände von Kernen mit $A < 20$

Als Beispiel dafür, wie nacheinander der Isobarenspin der Grundzustände von Kernen mit $A < 20$ bestimmt werden kann, behandeln wir zunächst die Kerne vom Typ M_Z^{2Z}. Die Reaktionen¹), die zu Grundniveaus führen, sind:

$$Li^6\,(d, \alpha)\,\alpha;\ Be^8 \rightarrow 2\alpha;\ B^{10}\,(d, \alpha)\,Be^8;$$
$$C^{12}\,(d, \alpha)\,B^{10};\ N^{14}\,(d, \alpha)\,C^{12};\ O^{16}\,(d, \alpha)\,N^{14}.$$

Aus dieser Aufeinanderfolge geht klar hervor, daß bei ${}_3Li^6$, ${}_4Be^8$, ${}_5B^{10}$, ${}_6C^{12}$, ${}_7N^{14}$ und ${}_8O^{16}$ $T = 0$ ist.

¹) Alle Angaben über Kernreaktionen, die in diesem Abschnitt genannt werden, sind in dem Übersichtsartikel von AJZENBERG und LAURITSEN [52] zu finden.

Bei O^{16} reißt die Kette von (d, α)-Reaktionen ab, da die Reaktion O^{16} (d, α) F^{18} nicht untersucht ist. Der Isobarenspin von ${}_9F^{18}$ kann jedoch auf indirektem Wege bestimmt werden. Das Niveau 5,61 MeV F^{18} erhält man bei der Resonanzreaktion $N^{14} + \alpha(E_\alpha = 1{,}7\ \text{MeV})$ und daher hat es $T = 0$. Andererseits wird dieses Niveau auch erhalten durch die Reaktion ${}_{10}Ne^{20}$ (d, α), woraus folgt, daß ${}_{10}Ne^{20}$ ebenfalls $T = 0$ besitzt. Da andererseits die Reaktion ${}_{10}Ne^{20}$ (d, α) auch zum Grundniveau von F^{18} führt, so hat dieses ebenfalls $T = 0$.

Wir wenden uns nun den Kernen vom Typ M_Z^{2Z+1} zu. Die Reaktionen, die zum Grundniveau führen, sind:

$$\begin{gathered}
Li^6\,(d, p)\,Li^7;\ B^{10}\,(n, \alpha)\,Li^7;\ Li^7\,(d, t)\,Li^6;\ Li^6\,(d, n)\,Be^7;\\
B^{10}\,(p, \alpha)\,Be^7;\ Be^9\,(d, \alpha)\,Li^7;\ B^{11}\,(d, \alpha)\,Be^9;\ N^{14}\,(n, \alpha)\,B^{11};\\
B^{10}\,(d, p)\,B^{11};\ B^{10}\,(d, n)\,C^{11};\ N^{14}\,(p, \alpha)\,C^{11};\ C^{13}\,(d, \alpha)\,B^{11};\\
O^{16}\,(n, \alpha)\,C^{13};\ B^{10}\,(\alpha, p)\,C^{13};\ C^{12}\,(d, p)\,C^{13};\ C^{12}\,(\alpha, p)\,N^{15};\\
C^{12}\,(\alpha, n)\,O^{15};\ N^{14}\,(d, n)\,O^{15};\ N^{14}\,(\alpha, p)\,O^{17};\ F^{19}\,(d, \alpha)\,O^{17};\\
N^{14}\,(\alpha, n)\,F^{17};\ O^{16}\,(d, n)\,F^{17};\ O^{16}\,(\alpha, p)\,F^{19};\ O^{16}\,(\alpha, n)\,Ne^{19}.
\end{gathered}$$

Aus ihnen ist unmittelbar ersichtlich, daß die Isobarenspins von Li^7, H^3, Be^9, B^{11}, C^{11}, C^{13}, N^{14}, N^{15}, O^{15}, O^{17}, F^{17}, F^{19} und Ne^{19} gleich $^1/_2$ sind.

Der Isobarenspin der Kerne vom Typ M_Z^{2Z+2}: He^6, Li^8, Be^{10}, B^{12}, C^{14}, N^{16}, O^{18}, F^{20} kann folgendermaßen aufgeklärt werden. Bei diesen Kernen ist $T_z = 1$ und daher $T \geqslant 1$. Experimentell wurden an Reaktionen, die zum Grundniveau führen, beobachtet:

$$\begin{gathered}
Be^9\,(n, \alpha)\,He^6;\ Li^6\,(n, p)\,He^6;\ Li^6\,(t, p)\,Li^8;\ B^{11}\,(n, \alpha)\,Li^8;\\
Li^7\,(d, p)\,Li^8;\ B^{10}\,(n, p)\,Be^{10};\ C^{13}\,(n, \alpha)\,Be^{10};\ Be^9\,(d, p)\,Be^{10};\\
Be^9\,(\alpha, p)\,B^{12};\ B^{11}\,(d, p)\,B^{12};\ C^{14}\,(d, \alpha)\,B^{12};\ C^{12}\,(t, p)\,C^{14};\\
B^{11}\,(\alpha, p)\,C^{14};\ N^{14}\,(n, p)\,C^{14};\ C^{13}\,(d, p)\,C^{14};\ N^{15}\,(d, p)\,N^{16};\\
O^{18}\,(p, \alpha)\,N^{15};\ O^{18}\,(p, n)\,F^{18};\ F^{19}\,(d, p)\,F^{20}.
\end{gathered}$$

Die quantenmechanische Addition könnte $T = 0$ oder 1 geben, aber wegen der vorstehend aufgeführten Ungleichheit fällt $T = 0$ aus, und es bleibt eindeutig $T = 1$.

Wenig ist über leichte Kerne vom Typ M_Z^{2Z+3} bekannt. Es sind dies Li^9, C^{15}, N^{17}, O^{19}. Für sie ist $T_z = {}^3/_2$ und folglich $T \geqslant {}^3/_2$. Aber aus den beobachteten Reaktionen: $Be^9(d, 2p)Li^9$; $C^{14}(d, p)C^{15}$; $C^{14}(\alpha, p)N^{17}$; $O^{17}(n, p)N^{17}$; $F^{19}(n, p)O^{19}$ folgt, daß bei allen diesen Kernen T nicht größer als $^3/_2$ sein kann und folglich gleich $^3/_2$ ist.

Zusammenfassend kann man feststellen, *daß bei allen leichten Kernen mit* $A < 20$ *der Grundzustand den kleinstmöglichen Isobarenspin hat*: $T = T_z$.

Es besteht jedoch kein Grund, damit zu rechnen, daß diese Situation auch bei $A > 20$ immer gegeben ist.

Man muß bei den Spiegelkernen erster Ordnung infolge ihrer Symmetrie $T = {}^1/_2$ und bei den Spiegelkernen zweiter Ordnung aus demselben Grund $T = 1$ erwarten. Alle Kerne vom Typ gerade—gerade sind in den Grundzuständen dicht gepackt. Diese Zustände gehören in allen untersuchten Fällen zum Typ $+0$. Man kann erwarten, daß bei Kernen dieses Typs der Isobarenspin des Grundzustandes immer den Minimalwert haben wird. Bei Kernen von anderem Typ gibt es keine ähnlichen Argumente.

Es ist möglich, daß $_{17}Cl^{34}$ das erste Beispiel eines Kernes darstellt, bei dem im Grundzustand $T = 1$ ist und nicht 0, wie zu erwarten wäre, wenn man berücksichtigt, daß dieser Kern die gleiche Anzahl von Protonen und Neutronen besitzt ($T_z = 0$).

Das Zerfallsschema von Cl^{34} ist in Abb. 4 dargestellt.

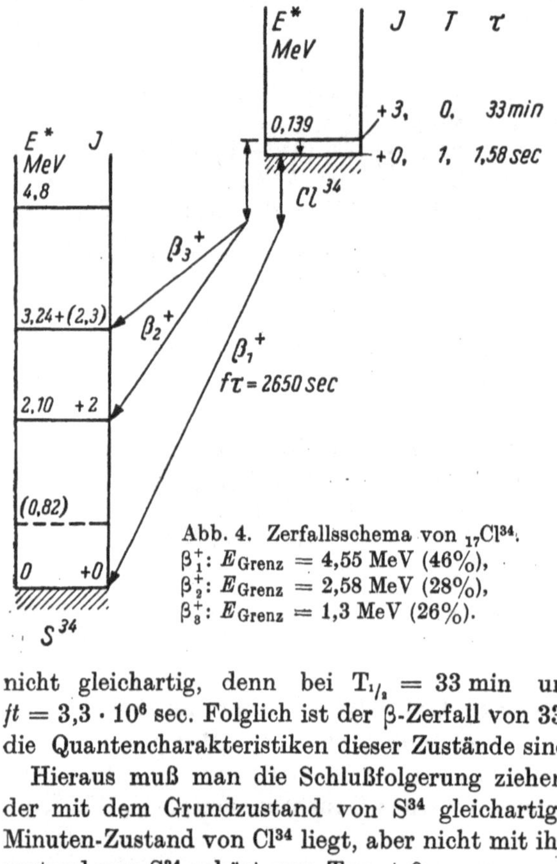

Abb. 4. Zerfallsschema von $_{17}Cl^{34}$.
β_1^+: $E_{\text{Grenz}} = 4{,}55$ MeV (46%),
β_2^+: $E_{\text{Grenz}} = 2{,}58$ MeV (28%),
β_3^+: $E_{\text{Grenz}} = 1{,}3$ MeV (26%).

Lange Zeit galt als feststehend, daß der Grundzustand von Cl^{34} ein Zustand mit einer Halbwertszeit von 33,2 min [54] ist, der auf dem Wege der Emission von β^+-Teilchen mit Grenzenergie-Komponenten 1,3; 2,58 und 4,55 MeV [54] und von γ-Strahlen mit Energien von 0,145; 1,16; 2,10 und 3,22 MeV [54] zerfällt. Für die Kerne $Cl^{34}-S^{34}$ beträgt die Verschiebung $\Delta E_{\text{Coul.}} - n + p = 5{,}13$ MeV. Diese Größe kommt der Energie nahe, die beim Zerfall des 33-Minuten-Zustandes von Cl^{34} ($4{,}55 + 2 m_0 c^2 \approx 5{,}55$ MeV) frei wird. Der 33-Minuten-Zustand von Cl^{34} ist jedoch dem Grundzustand von S^{34} nicht gleichartig, denn bei $T_{1/2} = 33$ min und $E_{\text{Grenz}} = 4{,}55$ MeV wird $ft = 3{,}3 \cdot 10^6$ sec. Folglich ist der β-Zerfall von 33 min $Cl^{34} \to S^{34}$ verboten und die Quantencharakteristiken dieser Zustände sind verschieden.

Hieraus muß man die Schlußfolgerung ziehen, daß der Zustand von Cl^{34}, der mit dem Grundzustand von S^{34} gleichartig ist, irgendwo nahe dem 33-Minuten-Zustand von Cl^{34} liegt, aber nicht mit ihm übereinstimmt. Der Grundzustand von S^{34} gehört zum Typ $+0$.

Im Jahre 1953 lösten Arber und Stähelin [55] dieses Rätsel. Sie entdeckten, daß bei der Reaktion $Cl^{35}(\gamma, n)Cl^{34}$ außer der 33 Minuten noch eine andere Aktivität mit einer Halbwertszeit von $1{,}58 \pm 0{,}05$ sec und einer Grenze des Positronspektrums von $E_{\text{Grenz}} = 4{,}55$ MeV entsteht.

Der ft-Wert für den β-Zerfall dieses Zustandes ist gleich 2650 sec, d. h. er entspricht dem erlaubten begünstigten (übererlaubten) β-Zerfall [40]. Gerade diese Größe des ft-Wertes ist zu erwarten, wenn der neue Zustand vom Typ $+0$ und der β-Übergang vom Typ $+0 \to +0$ ist.

Nach dem neuen Zerfallsschema von Cl^{34} ist sein 33-Minuten-Zustand der erste angeregte Zustand. Er hat eine Anregungsenergie von 139 keV und zerfällt teils direkt zu S^{34}, teils (~50%) auf dem Wege des isomeren Überganges (γ und e^-) in den Grundzustand von Cl^{34}.

Der Konversionskoeffizient des isomeren Überganges wurde von ARBER und STÄHELIN gemessen. Seine Größe entspricht einem Übergang vom Typ $M3$. Das beweist, daß der 33-Minuten-Zustand gerade ist und den Spin 3 hat. Der große Unterschied im Drehimpuls erklärt das starke Verbot für den 139 keV-Übergang und die große Lebensdauer des ersten angeregten Zustandes von Cl^{34}.

Nach dem Schema der Abb. 4 sind die Grundzustände von Cl^{34} und S^{34} gleichartig und müssen daher den gleichen Isobarenspin haben. Das folgt aus der Auswahlregel für den β-Zerfall (siehe Tabelle 5), nach der die Übergänge $+0 \rightarrow +0$ nur zwischen Zuständen mit gleichen T vor sich gehen können. Da bei S^{34} $T_z = 1$ ist, so ist $T \geqslant 1$. Hieraus folgt, daß im Grundzustand Cl^{34} einen Isobarenspin $T > 0$ besitzt, der also größer ist als der zulässige minimale Wert $T = T_z$.

Es ist ohne weiteres möglich, daß es im Bereiche $20 < A < 34$ Fälle gibt, bei denen analog wie bei Cl^{34} der Grundzustand des Kernes $T > T_z$ ist. Man kann vermuten, daß das bei Al^{26} ($T_{1/2} = 6{,}7$ sec) der Fall ist. Die Differenz Al^{26}—Mg^{26} entspricht fast genau der Verschiebung ΔE, aber man findet $ft = 2700$ sec. Das führt zum Gedanken, daß im Grundzustand von Al^{26} $T = 1$ sein könnte.

2. Angeregte Zustände von Kernen mit geradem A

Zur Bestimmung des Isobarenspins von angeregten Zuständen der Kerne können mit Erfolg Daten über die Streuung von Deuteronen, α-Teilchen, Protonen und Neutronen herangezogen werden. Bei der unelastischen Streuung von Deuteronen und α-Teilchen kann man nur solche Zustände anregen, die denselben Isobarenspin wie der Ausgangskern haben. Bei der unelastischen Streuung von Protonen und Neutronen können entweder angeregte Zustände mit dem Isobarenspin des Ausgangskernes oder Zustände mit einem um 1 davon verschiedenen Isobarenspin erhalten werden.

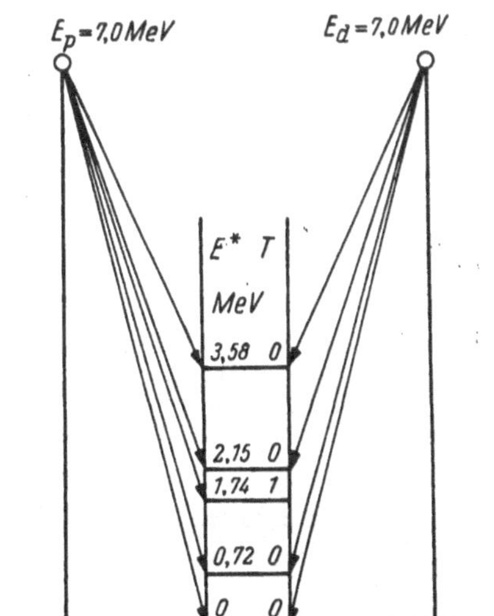

Abb. 5. Analyse der Isobarenspins angeregter Zustände von B^{10} mit Hilfe der Reaktionen (p, p') und (d, d').

Als Beispiel ist in Abb. 5 eine Analyse der Isobarenspins der angeregten Zustände von B^{10} dargestellt. Alle Zustände bis auf einen werden bei der (d, d')-Streuung erhalten. Daher ist es klar, daß sie $T = 0$ haben. Einen der Zustände mit einer Anregungsenergie von 1,74 MeV, der bei der (d, d')-Streuung nicht erhalten wird, tritt bei der (p, p')-Streuung auf. Es ist ersichtlich, daß dieser Zustand $T = 1$ besitzt.

In Abb. 6 ist eine Analyse der Isobarenspins der angeregten Zustände des Kernes N^{14} dargestellt. Den Grundzustand und zwei der ersten angeregten Zustände dieses Kernes (2,31 und 3,95 MeV) erhält man durch die Reaktion

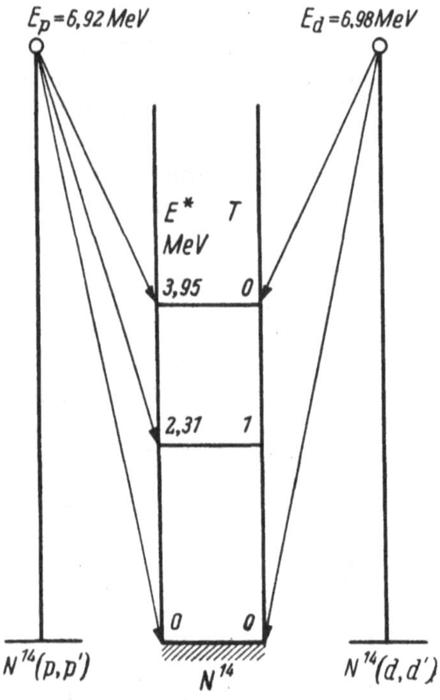

Abb. 6. Analyse der Isobarenspins angeregter Zustände von N^{14} mit Hilfe der Reaktionen (p, p') und (d, d').

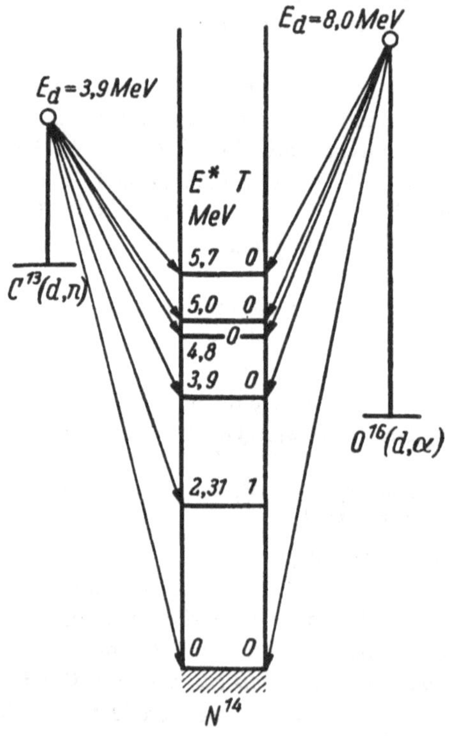

Abb. 7. Analyse der Isobarenspins angeregter Zustände von N^{14} mit Hilfe der Reaktionen (d, n) und (d, α).

$N^{14}(p, p')N^{14*}$, aber nur den Grundzustand und den zweiten angeregten Zustand liefert auch die Reaktion $N^{14}(d, d')N^{14*}$. Es ist ersichtlich, daß der Zustand 2,31 MeV N^{14} den Isobarenspin $T = 1$ besitzt.

Die Bestimmung von Isobarenspins angeregter Kernzustände kann nicht nur mit Hilfe der unelastischen Streuung, sondern auch auf dem Wege der Analyse von Kernreaktionen durchgeführt werden.

In Abb. 7 sind die Reaktionen (d, n) und (d, α) dargestellt, die zu den angeregten Zuständen von N^{14} führen. Dieses Beispiel wurde schon auf Seite 20 erwähnt. Den Zustand 2,31 MeV von N^{14} erhält man durch die Reaktion

$C^{13}(d, n)$, aber nicht durch die Reaktion $O^{16}(d, \alpha)$ [56—58], und zwar deshalb, weil der Zustand 2,31 MeV N^{14} den Isobarenspin $T = 1$ hat.

Auf Seite 20 wurde dieses Beispiel zusammen mit der Tatsache des Fehlens eben dieses Zustandes bei der Reaktion $N^{14}(d, d')N^{14*}$ als Beweis dafür angeführt, daß der Isobarenspin der α-Teilchen gleich 0 ist. Wenn das jedoch so ist, so können andere analoge Beispiele dazu dienen, um Isobarenspins einzelner Zustände zu bestimmen.

3. Angeregte Zustände von Kernen mit ungeradem *A*

Die Spiegelkerne stellen an sich gute Beispiele von Kernen dar, bei denen die Analyse der Kernreaktionen es erlaubt, die Isobarenspins angeregter Zustände festzulegen. In den meisten Fällen gelingt es, die Analyse durch die Reaktionen (d, p) und (d, n) durchzuführen. Diese Reaktionen geben bei ein und demselben Ausgangskern, der gewöhnlich $T = 0$ hat, gleichartige Zustände

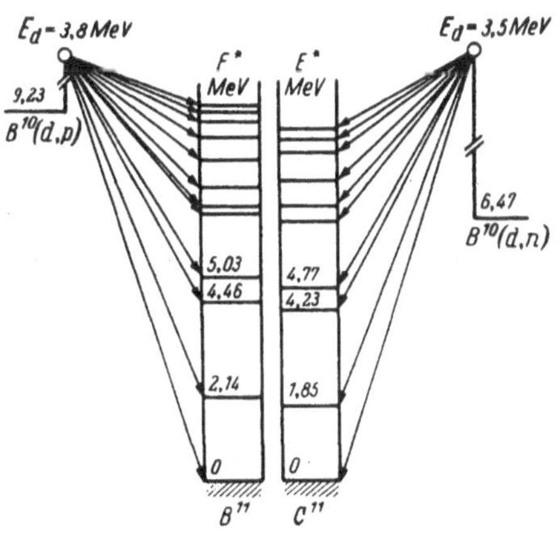

Abb. 8. Beispiel der Ermittlung von Isobarenspins für die zwei Spiegelkerne $B^{11} - C^{11}$.

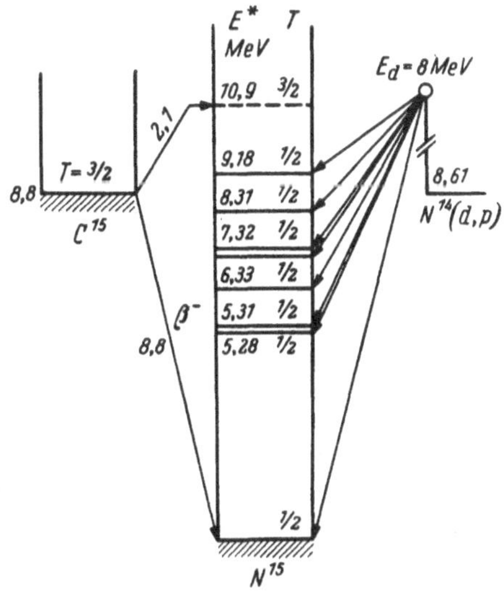

Abb. 9. Analyse der Isobarenspins angeregter Zustände von N^{15}.

der Spiegelkerne mit $T = {}^1/_2$. Als Beispiel ist in Abb. 8 das Spiegelpaar $B^{11} - C^{11}$ dargestellt. Bei allen untersuchten angeregten Zuständen von B^{11} und C^{11} ist $T = {}^1/_2$.

Erinnern wir uns, daß die Reaktionen (d, p) und (d, n) mit einem Kern, der $T = 0$ hat, nur Zustände mit $T = {}^1/_2$ ergeben. Um Zustände mit $T = {}^3/_2$ zu erhalten, müssen also Reaktionen vom Typ $C^{13}(p, n)N^{13*}$ untersucht werden. (Der Grundzustand von C^{13} hat $T = {}^1/_2$.)

Die Entdeckung eines ersten Zustandes mit $T = {}^3/_2$ bei den Spiegelkernen M^{2Z+1}_{Z} und M^{2Z+1}_{Z+1} würde die Masse der Isobaren M^{2Z+1}_{Z-1} und M^{2Z+1}_{Z+2}

in ihren Grundzuständen ergeben: zum Beispiel von $_1H^5$ und $_4Be^5$; $_2He^7$ und $_5B^7$; $_3Li^9$ und $_6C^9$; $_4Be^{11}$ und $_7N^{11}$; $_5B^{13}$ und $_8O^{13}$; $_6C^{15}$ und $_9F^{15}$; $_7N^{17}$ und $_{10}Ne^{17}$ usw. Unter den aufgezählten Isotopen sind nur Li^9, C^{15} und N^{17} bekannt [52].[1]) Die experimentellen Werte der Massen von Li^9, C^{15} und N^{17} zeigen, daß die ersten angeregten Niveaus mit $T = {}^3/_2$ bei den Spiegelpaaren (Be^9, B^9), (N^{15}, O^{15}) und(O^{17}, F^{17}) die Energien 15,0, 10,9 und 11,3 MeV besitzen (siehe Abb. 9).

4. Über Zustände mit hohen Werten von T

Experimentelle Untersuchungen von Kernreaktionen werden immer unter Bedingungen durchgeführt, bei denen die bombardierenden und die herausfliegenden Teilchen entweder einen Isobarenspin von 0 (α-Teilchen, Deuteronen) oder von $^1/_2$ (Protonen, Neutronen, Tritonen, He^3) haben. Bei solchen Reaktionen kann sich der Isobarenspin höchstens um Eins ändern.

Wenn leichte Kerne Zustände mit großen Werten von T hätten, so könnten sie nicht bei gewöhnlichen Kernreaktionen entstehen. Da die meisten Kernzustände als Ergebnis von Kernreaktionen zustande kommen, kann die Befürchtung entstehen, daß unsere Kenntnisse über die angeregten Zustände begrenzt sind und daß es viele unzugängliche Zustände mit großen T gibt. Diese Befürchtung ist jedoch kaum begründet. Bei den Reaktionen $(n, 2n)$, (n, p), (p, n), $(p, 2n)$ müssen Kernzustände mit verschiedenen Anregungsstufen und mit Werten der Isobarenspins entstehen, die sich voneinander um Eins unterscheiden, z. B. mit den Werten T und $T + 1$. Da die Auswahlregel für γ-Strahlen die Änderung von $\Delta T = 0, \pm 1$ zuläßt, so müßte die Abstrahlung von γ-Quanten zu Zuständen mit Isobarenspins $T - 1$, T, $T + 1$ und $T + 2$ führen. Bei Kaskaden von γ-Strahlen könnten Zustände mit noch größerem Unterschiede der Isobarenspins gebildet werden.

5. Die Reaktionen (γ, n) und (γ, t)

In den vorhergehenden Punkten war von Kernreaktionen die Rede, bei denen nur schwere Teilchen mitwirken. Die Bestimmung der Isobarenspins angeregter Zustände einiger Kerne kann auch durch den Vergleich von (γ, n) und (γ, t) Reaktionen durchgeführt werden. Diese Frage ist in Abschnitt IX eingehender behandelt.

b) Informationen aus ft-Werten

WIGNER und FEENBERG [59] und danach KOFOED-HANSEN [60] deckten folgende Eigenschaft der Matrixelemente des β-Zerfalls auf.

Bei reinen FERMI-Übergängen (vom Typ $+0 \rightarrow +0$) hängt das Matrixelement des Überganges nicht von den Varianten der Theorie des β-Zerfalls und von dem Kernmodell ab. Wenn die Annahme der Ladungsunabhängigkeit der Kernkräfte zutreffend ist und die COULOMBschen und magnetischen Kräfte sowie die Differenz $(n-p)$ vernachlässigt werden, anders

[1]) Inzwischen wurde auch B^{13} hergestellt. (*Anm. d. Herausg.*)

gesagt, wenn der Isobarenspin eine „gute Quantenzahl" darstellt, so muß das Quadrat dieses Matrixelements gleich

$$T(T+1) - T_{z1}T_{z2}$$

sein, wobei T der für beide Zustände gleiche Isobarenspin ist und T_{z1} und T_{z2} seine Komponenten in diesen Zuständen. Bei zwei Zuständen benachbarter Isobaren, zwischen denen eine β-Umwandlung vor sich geht, kann T nicht gleich Null sein, daher ist das Matrixelement immer größer als Null.

Für alle Übergänge zwischen zwei Zuständen mit $T = 1$ ist das Quadrat des Matrixelementes gleich 2, und für Übergänge mit $T = 2$ ist es gleich 6, wenn wenigstens einer der Kerne $T_z = 0$ hat. Diese Schlußfolgerung kann überprüft werden, da Gleichheit der Matrixelemente Gleichheit der ft-Werte bedeutet.

Es sind drei β-Zerfälle vom Typ $+0 \rightarrow +0$ bekannt: $C^{10} \rightarrow B^{10*}$, $O^{14} \rightarrow N^{14*}$ und $Cl^{34} \rightarrow S^{34}$. In den ersten beiden Fällen steht außer Zweifel, daß bei beiden Zuständen $T = 1$ ist, beim letztgenannten ist es wahrscheinlich auch so.

Die ft-Werte dieser Umwandlungen sind [52] 6000 ± 3000, 3000 ± 900 und 2650 ± 200 sec.

Wegen der großen Fehlergrenzen kann man leider nicht mit Sicherheit behaupten, daß diese Werte einander gleich sind. Die ft-Werte stehen jedoch auch nicht im Widerspruch zur Annahme, daß sie von gleicher Größe seien und etwa bei 2400 bis 2900 sec liegen. Wenn bei Cl^{34} und S^{34} $T = 2$ wäre, so müßte der ft-Wert für Cl^{34} etwa 3mal kleiner als die beiden anderen sein. Dies ist offensichtlich nicht so, und folglich haben auch die Zustände von Cl^{34} und S^{34}, die mit dem β-Zerfall verbunden sind, $T = 1$.

Selbstverständlich kann diese Methode zur Bestimmung des Isobarenspins erst dann genügende Überzeugungskraft haben, wenn die ft-Werte genauer bestimmt werden und die Zahl der untersuchten Umwandlungen vom Typ $+0 \rightarrow +0$ bedeutend ansteigt. Zur Zeit kann man sie nur als eine gewisse Perspektive ansehen. Die Methode hat jedoch ihre positive Seite. Sie ist nicht mit einer aufeinanderfolgenden Kette von Reaktionen verbunden und erlaubt die Werte von T für ein isoliertes Kernpaar zu bestimmen.

Die Untersuchung der Umwandlungen vom Typ $+0 \rightarrow +0$, $T = 1$, $\Delta T = 0$ hat zweifellos großes Interesse. Das Isotop Ar^{34} ist bis jetzt nicht entdeckt, aber es ist so gut wie sicher, daß sein Grundzustand dem Grundzustand von S^{34} gleichartig ist, da dieser der Spiegelkern zweiter Ordnung dazu ist. Der Zerfall $Ar^{34} \rightarrow Cl^{34}$ gehört dann zu dem besprochenen Typ.

Man kann auch erwarten, daß der Zerfall von Al^{26} ($T_{1/2} = 6{,}7$ sec, $ft = 2700$ sec) (siehe Seite 23) zu diesem Typ gehört.

Es ist möglich, daß der Zerfall vom Typ $+0 \rightarrow +0$ bei den kürzlich entdeckten Isotopen vom Typ M_Z^{2Z} stattfindet. Dazu gehören: ${}_{23}V^{46}$ ($T_{1/2} = 0{,}40$ sec), ${}_{25}Mn^{50}$ ($T_{1/2} = 0{,}28$ sec) und ${}_{27}Co^{54}$ ($T_{1/2} = 0{,}18$ sec) [61]. Wenn für diese Kerne nach Gleichung (3) (Seite 19) die gesamte Verschiebung ΔE und danach die Grenze des β^+-Spektrums berechnet wird, so erhält man hierfür Werte, die mit den angeführten Halbwertszeiten ft-Werte liefern, die nahe bei 2700 sec liegen.

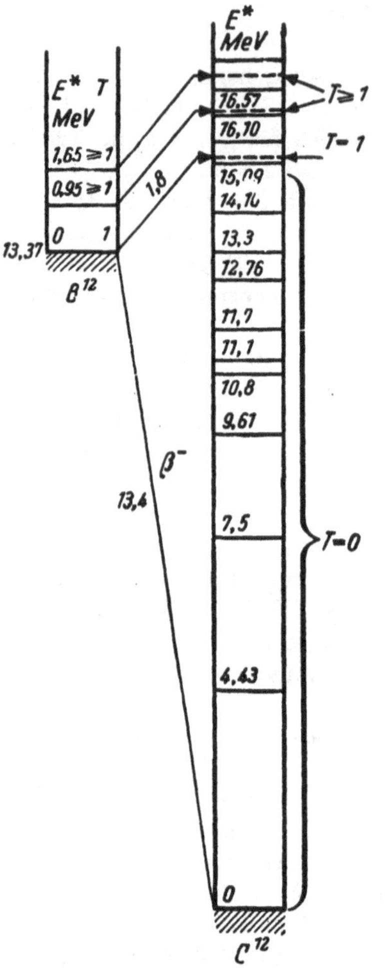

Abb. 10. Analyse der Isobarenspins angeregter Zustände von C^{12}.

c) Informationen aus gleichartigen Zuständen

Die Vorstellung, daß isobare Kerne gleichartige Zustände besitzen, kann auf zwei Wegen zur Klärung der Isobarenspins verwendet werden.

A. Wenn bei irgendeinem Kern die Lage des Zustandes bekannt ist; der dem Grundzustand eines benachbarten, weniger symmetrischen Isobar entspricht und wenn dieser Zustand den Isobarenspin T_1 hat, so haben alle niedriger liegenden Niveaus dieses Kerns einen Isobarenspin $T < T_1$.

Beispiel: Wir betrachten Abb. 10. Der Zustand 15,09 MeV C^{12} ist, wie ersichtlich, gleichartig dem Grundzustand von B^{12} und besitzt $T = 1$. Alle niedrigeren Zustände von C^{12} haben somit $T = 0$, da es keine B^{12}-Zustände geben kann, die ihnen gleichartig wären.

In Tabelle 6 ist die Lage der ersten Niveaus angeführt, die einen Isobarenspin haben, der um 1 größer ist als der Isobarenspin des Grundzustandes.

B. Wenn benachbarte Isobare gleichartige Zustände haben [34], d. h. Niveaus die gegeneinander um den Betrag $\Delta E_{\mathrm{Coul.}} - (n-p)$ verschoben sind und die außerdem gleiche physikalische Charakteristiken (Spin, Parität) besitzen, so kann man annehmen, daß diese Zustände gleichen Isobarenspin haben. In keinem Falle widerspricht diese Vermutung der Erfahrung. Wenn es nun, ausgehend von irgendwelchen anderen Überlegungen (z. B. von Kernreaktionen) gelingt, den Isobarenspin eines dieser Zustände festzustellen, so ist damit der Wert von T für alle diese gleichartigen Zustände bekannt.

Beispiel 1: $He^6 - Li^6$

Betrachten wir den angeregten Zustand 3,572 MeV Li^6 (Abb. 11). Er wird durch die Reaktionen Be^9 (p, α) und Li^7 (p, d) erreicht. Da Be^9 und Li^7 den

Tabelle 6. *Anregungsenergie (in MeV) der ersten Niveaus leichter Kerne, deren Isobarenspins um 1 größer ist als der Isobarenspin des Grundzustandes*

„Symmetrische" Kerne M_Z^{2Z} (Grundzustand $T = 0$)		Spiegelkerne M_Z^{2Z+1} (Grundzustand $T = 1/2$)
„Deuteronen"-Kerne	„Alpha-Teilchen"-Kerne	
Zustände mit $T = 1$	Zustände mit $T = 1$	Zustände mit $T = \frac{3}{2}$
Li^6: 3,572, (5,28)*)	Be^8: 16,9, (19,18)*)	Be^9 und B^9: 15,0
B^{10}: 1,72, 5,11 oder 5,17	C^{12}: 15,09, 16,10	O^{15} und N^{15}: 10,9
N^{14}: 2,31, 8,06	O^{16}: 12,51, 13,09	O^{17} und F^{17}: 11,3
F^{18}: (1,20)*)	Ne^{20}: (10,22, 10,9)*)	

*) In Klammern sind vermutete Werte angegeben.

Wert $T = 1/2$ haben, so besitzt dieser Zustand entweder $T = 0$ oder $T = 1$. Dieser Zustand ist dem Grundzustand von He^6 gleichartig. Die Addition der Größe $\Delta E_{\text{Coul.}} - (n-p)$ zur Masse von He^6 führt zu einer Anregung für Li^6 von 4,04 MeV. Der Unterschied zwischen der berechneten und der beobachteten Anregung ist zwar ziemlich groß, er kann jedoch der Ungenauigkeit in der Berechnung der COULOMB-Energie und der stets beobachteten, zur Zeit nicht aufgeklärten Verschiebung gleichartiger Zustände nach unten bei Isobaren mit größerem Z zugeschrieben werden. Li^6 hat keine anderen Anregungsniveaus im Intervall 3 bis 5 MeV, daher kann der Schluß auf die Ähnlichkeit der Zustände 0 MeV He^6 und 3,572 MeV Li^6 nicht angezweifelt werden. Wenn bei He^6 der Isobarenspin gleich 1 ist (siehe Seite 21), so haben wir diesen Wert des Isobarenspins auch dem Zustand 3,572 MeV Li^6 zuzuordnen.

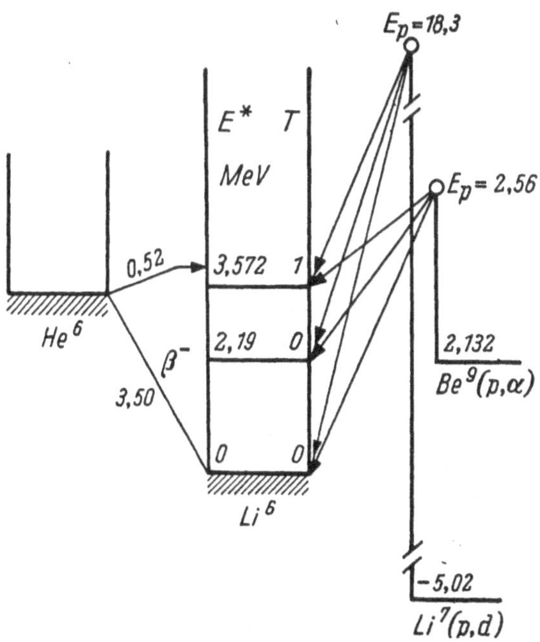

Abb. 11. Verwendung der gleichartigen Zustände 0 MeV He^6 und 3,572 MeV Li^6 für die Ermittlung der Isobarenspins des Zustandes 3,572 MeV Li^6.

Beispiel 2: *Zustände mit* $T \geqslant 1$

Die Zustände von Be^8 mit einer Anregungsenergie von 17,0 und 19,18 MeV müssen den Grund- und Anregungszuständen von 0 MeV und 2,28 MeV Li^8 gleichartig sein. In diesem Anregungsintervall liegen beim Be^8 die Niveaus sehr dicht und Kernreaktionen, die es erlauben würden, Isobarenspins festzustellen, sind nicht untersucht. Daher hängt die Suche nach Zuständen von Be^8, die den Zuständen von Li^8 gleichartig sind, von der Möglichkeit der Gegenüberstellung der Quantencharakteristiken der betrachteten Niveaus von Li^8 und Be^8 ab.

Der angeregte Zustand 3,37 MeV Be^{10} muß einem der Zustände 5,11 oder 5,17 MeV von B^{10} gleichartig sein. Die Zustände 0, 0,947 und 1,65 MeV B^{12} sind wahrscheinlich den Zuständen 15,09, 16,10 und 16,8 MeV C^{12} gleichartig. Der Zustand 6,10 MeV C^{14} ist wahrscheinlich gleichartig dem Zustand 8,06 MeV von N^{14}. Die Zustände 0 und 1,6 MeV N^{16} sind wahrscheinlich gleichartig den Zuständen 12,51 und 13,09 MeV von O^{16} usw.

In allen diesen Fällen gehören die Zustände, die an erster Stelle genannt werden, zu Kernen vom Typ M_Z^{2Z+2}, deren Zustände alle ein $T \geqslant 1$ besitzen. Folglich haben die Kernzustände, die an zweiter Stelle genannt wurden, ebenfalls $T \geqslant 1$. Der endgültige Beweis der Gleichartigkeit und somit die Festlegung der Isobarenspins kann jedoch in allen diesen Fällen nicht durch eine Bestimmung derMassenunterschiede allein erreicht werden. Die Unsicherheiten in der Bestimmung der COULOMB-Energien und in der Verschiebung der Niveaus bei Kernen mit größerem Z erreichen manchmal hunderte von keV. In diesem Intervall befinden sich jedoch bei den symmetrischer aufgebauten Kernen stets mehrere Niveaus. Daher kann nur eine sorgfältige Untersuchung der Parität und des Spins Sicherheit über die Gleichartigkeit der Niveaus und damit Aufklärung über den Isobarenspin der angeregten Zustände von Be^8, B^{10}, C^{12}, N^{14}, O^{16} usw. geben.

Beispiel 3: *Die Spiegelkerne $Li^7 - Be^7$*

Bekanntlich sind bei Spiegelkernen sowohl die Grundzustände wie die angeregten Zustände einander gleichartig. Wahrscheinlich sind die Isobarenspins dieser Zustände ebenfalls paarweise gleich. In vielen Fällen zeigt sich das unmittelbar aus der Analyse von Kernreaktionen (siehe z. B. Abb. 8 für das Paar $B^{11} - C^{11}$). In anderen Fällen sind die experimentellen Angaben nicht ausreichend. In diesen Fällen kann man den unbekannten Isobarenspin in der Weise erhalten, daß man sich auf das Ähnlichkeitsprinzip stützt. So haben z. B. die Niveaus 0, 0,478, 4,61 und 7,46 MeV Li^7 den Isobarenspin $T = {}^1/_2$, da die drei ersten Niveaus durch die Reaktionen Li^6 (d, p) und Li^7 (d, d') erhalten werden und das letzte durch die Reaktionen Li^6 (n, γ) und Be^9 (d, n). Für das Niveaus 6,56 MeV Li^7 gibt es keine Angaben.

Die Zustände von Be^7 mit den Anregungsenergien 0 und 0,430 MeV besitzen $T = {}^1/_2$, da sie durch die Reaktion Li^6 (d, n) erhalten werden. Die Zustände 4,6 und 7,16 MeV Be^7 haben $T = {}^1/_2$, da sie Zwischenprodukte in der Reaktion $Li^6 + p \rightarrow Be^7 \rightarrow He^3 + \alpha$ sind. Über den Zustand 6,4 MeV Be^7 ist nichts bekannt. Wenn man alle Angaben gegenüberstellt, können wir paarweise

Gleichheit der Isobarenspins für die Zustände 0 MeV Li^7—0 MeV Be^7; 0,478 MeV Li^7—0,430 MeV Be^7; 4,61 MeV Li^7—4,6 MeV Be^7; 7,46 MeV Li^7—7,16 MeV Be^7 feststellen und die Voraussage hinzufügen, daß die Zustände 6,56 MeV Li^7 und 6,4 MeV Be^7 gleichen Isobarenspin haben.

VII. Eindeutigkeit des Isobarenspins

1. „Strenge" der Auswahlregeln

Aus den vorhergehenden Abschnitten folgt, daß der Isobarenspin ein Bewegungsintegral oder, wie man in der Quantenmechanik sagt, eine „gute Quantenzahl" ist, wenn die n—n-, n—p- und p—p-Kräfte genau gleich und auch die Massen von n und p gleich sind. Unter diesen Bedingungen besteht eine Analogie zum Gesamtdrehimpuls J.

In Wirklichkeit ist die Voraussetzung der Gleichheit der Kernkräfte, die zwischen den Nukleonen wirken, wahrscheinlich nur annähernd erfüllt, die Massen von n und p sind nicht gleich und auch die elektrostatischen und magnetischen Kräfte verletzen zweifelsohne die aufgestellten Bedingungen.

Eine Folge davon ist, daß der Isobarenspin nicht mehr als gute Quantenzahl angesehen werden kann: In der Wellenfunktion des Systems erscheinen Komponenten mit verschiedenen Werten von T (aber selbstverständlich mit demselben Wert des Spins und der Parität). Es ergibt sich eine Lage wie bei dem Bahndrehimpuls des Kernes. Weil die Kernkräfte nicht exakte Zentralkräfte sind, ist der Bahndrehimpuls keine genaue Quantenzahl. Die Wellenfunktion des Kernes enthält deshalb Komponenten mit verschiedenen Werten von L aber mit gleichem Wert der Parität und des Gesamtdrehimpulses. So enthält z. B. der Grundzustand des Deuterons, der einen Spin von 1 hat, eine Funktion mit $L = 0$ (S_1-Zustand) und mit $L = 2$ (D_1-Zustand) ($L = 1$ ist durch das Gesetz der Erhaltung der Parität ausgeschlossen). Man sagt verabredungsgemäß, daß das Deuteron sich zu 96% der Zeit im S_1-Zustand und 4% im D_1-Zustand befindet.

In den leichten Kernen ist die Rolle der nichtzentralen Kräfte klein, daher ist eine der Komponenten der Wellenfunktion, die einem gewissen Werte von L entspricht, bedeutend größer als die anderen.

Genauso sind in den leichten Kernen die Abweichungen von der Ladungsunabhängigkeit nicht groß und einer der T-Werte ist ein Hauptwert.

Die Mehrdeutigkeit von T muß darin zum Ausdruck kommen, daß die Auswahlregeln „nicht streng" gültig sind. Wenn die Auswahlregeln, die in Tabelle 5 angeführt sind, Reaktionen oder Umwandlungen beim Hauptwert von T verbieten, so können sie diese für die zusätzlichen Zustände mit anderen Werten von T erlauben. Die Reaktionen oder Umwandlungen, die für den Hauptwert von T völlig verboten sind, werden deshalb mit verringerter Intensität dennoch vorkommen.

Um quantitativ die Beimischung der verschiedenen Zustände zu beschreiben, stellt man die Wellenfunktion als Reihe dar:

$$\psi = \psi(T) + \sum_{T'} \alpha(T')\psi(T'),$$

wobei $\psi(T)$ die Komponente ist, die dem Hauptwert des Isobarenspins T entspricht, $\psi(T')$ die Komponente für den Isobarenspin T' und $\alpha(T')$ der Koeffizient, der die Amplitude der Beimischung des Zustandes mit T' mißt. Wenn irgendein Prozeß beim Hauptwert von T verboten, aber beim Wert von T' gestattet ist, so bestimmt die Größe $\alpha^2(T')$ die tatsächliche Wahrscheinlichkeit des Prozesses.

Die Koeffizienten $\alpha(T')$ können unter bestimmten Voraussetzungen über die wirkenden Kräfte und die Kernstruktur berechnet oder aus den experimentellen Angaben abgeleitet werden.

2. Theoretische Abschätzungen

Die Zusammensetzung der Funktion aus Gliedern mit verschiedenen T ergibt sich aus mehreren Gründen: Wegen der nicht exakt erfüllten Bedingung der Unabhängigkeit der Kernkräfte von der Ladung, wegen der elektrostatischen Kraft, sowie wegen der Verschiedenheit von Protonen- und Neutronenmasse.

In der Literatur findet sich nur für zwei Sonderfälle eine theoretische Abschätzung der Größe $\alpha(T')$, die auf die COULOMB-Felder zurückgeht. Als erstes Beispiel behandelte RADICATI [62] die möglichen Beimischungen zum Grundzustand der symmetrischen Kerne mit $T_z = 0$, bei denen es eine abgeschlossene Schale und außerhalb davon zwei Nukleonen gibt, d. h. Kerne vom Typ Li^6, N^{14} und F^{18}.

Der Grundzustand dieser Kerne hat $T = 0$, $J = 1$, $S = 1$, $L = 0$. Es wurde die Beimischung eines Zustandes mit $T = 1$, $J = 1$, $S = 1$, $L = 0$ untersucht, der durch die Einwirkung des COULOMB-Feldes der Schale auf die beiden äußere Nukleonen hervorgerufen wird. Zustände mit $T = 1, J = 1$ aber mit anderem S und L geben keine Beimischungen. Die Energie des ersten angeregten Zustandes mit $T = J = S = 1$, $L = 0$ wurde für einen rechteckigen Potentialtopf berechnet. Für N^{14} erhält man dafür 40 MeV, was wahrscheinlich ein zu großer Wert ist. Durch Berechnung des Matrixelementes, das diesen Zustand mit dem Grundzustand verbindet, erhielt RADICATI $\alpha^2(1) \doteq 2{,}5 \cdot 10^{-3}$.

Das zweite Beispiel betrifft den Fall, daß außer der abgeschlossenen Schale noch vier Nukleonen vorhanden sind (wie bei den Kernen Be^8 und Ne^{20}) oder daß die abgeschlossene Schale vier Löcher besitzt (wie bei den Kernen C^{12} wenn Ar^{36}). Die Grundzustände dieser Kerne haben $T = 0$, $J = 0$, $S = 0$, $L = 0$. Man kann eine Beimischung von Zuständen mit $T = 1$, $J = 0$, $S = 0$, $L = 0$ und $T = 2$, $J = 0$, $S = 0$, $L = 0$ erwarten. Die ungefähren Abschätzungen von RADICATI zeigen, daß bei C^{12} solche Niveaus auf der Höhe von ~ 15 MeV liegen müssen. Damit wird

$$\alpha^2(1) \approx 5 \cdot 10^{-5} \quad \text{und} \quad \alpha^2(2) = 4 \cdot 10^{-6}.$$

Alle angeführten Zahlen sind selbstverständlich nicht mehr als nur orientierende Abschätzungen, die sich auf sehr spezielle Fälle beziehen.

Dennoch kann man sehen, daß die COULOMB-Wechselwirkung der Schale mit den Nukleonen außerhalb der Schale keine bemerkenswerte Mischung der Zustände hervorruft.

Wenn es sich herausstellt, daß tatsächlich die Kernzustände hinsichtlich des Isobarenspins sehr „rein" sind, so bedeutet dies, daß auch andere Gründe für eine Mischung von Zuständen nicht vorliegen und daß folglich die Kernkräfte nicht von der Ladung abhängen.

Die von RADICATI durchgeführten Abschätzungen betreffen die Grundzustände der Kerne. Die Größen von $\alpha(T')$ wachsen, wenn sich die Abstände zwischen den Niveaus T und T' verringern. Je höher nun die Anregung des Kernes ist, desto kleiner ist der mittlere Abstand zwischen den Niveaus. Daher strebt bei Vergrößerung der Anregung α gegen 1, und die Eindeutigkeit des Isobarenspins verschwindet.

3. Experimentelle Ergebnisse

Die experimentelle Bestimmung von Beimischungen anderer Zustände kann, wie schon erwähnt wurde, durch die Beobachtung der Verletzung der Auswahlregeln vorgenommen werden. Die Auswahlregeln, die sich auf die Kernreaktionen beziehen, sind am strengsten.

So ist z. B. die Reaktion $O^{16}(d, \alpha)$ 2,31 MeV N^{14} völlig verboten. Wenn sie dennoch in gewissem Grade auftritt, so wird ihre Intensität durch die Beimischung eines Zustandes mit $T = 0$ zum Niveau 2,31 MeV N^{14} $(T = 1)$ bestimmt.

Die exaktesten Resultate für zwei Sonderfälle wurden von der Gruppe BUECHNERs erhalten, die schon viele Jahre sorgfältige Untersuchungen der Spektren von geladenen Sekundärteilchen bei Kernreaktionen durchführt. In den Arbeiten dieser Gruppe werden die Protonen und Deuteronen mit einem elektrostatischen Generator beschleunigt, danach wird aus dem Bündel ein Teil abgesondert, das in hohem Grade monochromatisch ist und auf einen sehr dünnen Auffänger gerichtet. Die Sekundärteilchen, die unter einem Winkel von 90° zum ursprünglichen Bündel herausfliegen, werden mit Hilfe eines magnetischen Spektrometers analysiert.

In Abb. 12 sind Ergebnisse der Untersuchung [63] des Spektrums der an den Kernen von B^{10} unelastisch gestreuten Protonen (a) und Deuteronen (b) dargestellt. Die Maßstäbe der Ordinatenachsen sind so gewählt, daß es bequem wird, die Linien zu vergleichen, die sich auf dasselbe Niveau beziehen. Auf der oberen Kurve (a) sind deutlich Spitzen zu sehen, die von elastisch gestreuten

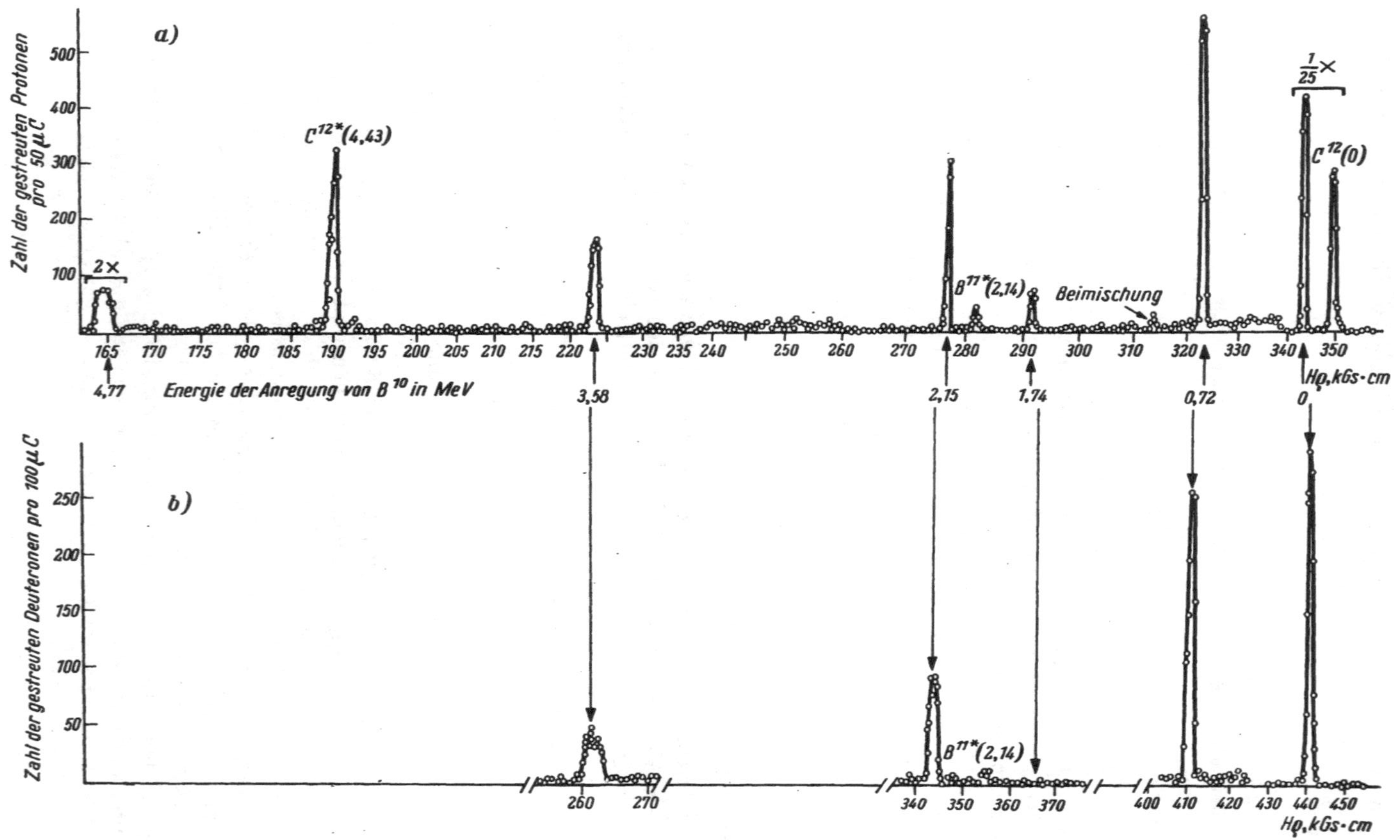

Abb. 12. Gruppen von Protonen (a) und Deuteronen (b), die unelastisch an B^{10} unter dem Winkel $\vartheta = 90°$ gestreut wurden, nach [63]. Energie der einfallenden Protonen 6,92 MeV, Energie der einfallenden Deuteronen 6,98 MeV. Bei der Streuung der Protonen entstehen angeregte Zustände des B^{10} von 0,72, 1,74, 2,15, 3,58 MeV; bei der Streuung von Deuteronen entstehen dieselben Zustände mit Ausnahme von 1,74 MeV B^{10}, dessen Auftreten durch das Gesetz der Erhaltung des Isobarenspins verboten ist.

(0 MeV) und an den Niveaus 0,72, 1,74, 2,15, 3,58 und 4,77 MeV von B^{10} unelastisch gestreuten Protonen herrühren.

Auf der unteren Kurve für Deuteronen (b) kann man Spitzen sehen, die allen aufgezählten Niveaus entsprechen, ausgenommen dem Niveaus 1,74 MeV B^{10}, das $T = 1$ besitzt, wie schon auf Seite 23 und durch Abb. 5 dargelegt wurde. In dem Bereich, in dem die Spitze des Niveaus 1,74 MeV B^{10} sein sollte, beobachtet man nur einen schwachen verschmierten Untergrund, der sich gleichmäßig über ein weites Energieintervall erstreckt.

Das Verhältnis der Intensitäten ist in Tabelle 7 angeführt.

Tabelle 7. *Relative Intensitäten der Gruppen der an den Kernen* B^{10} *und* N^{14} *unelastisch gestreuten Protonen und Deuteronen* ($E_{p,d} \approx 7$ *MeV*)

Niveaus von B^{10}	Protonen	Deuteronen	Niveaus von N^{14}	Protonen	Deuteronen
0	100	100	0	100	100
0,72	6	9	2,31	5	$<0,5$
1,74	1	$<0,15$	3,95	10	10
2,15	5	4			
3,58	5	4			

Die Auswahlregeln lassen die Reaktion $B^{10}(d, d')$ nur für Zustände mit $T = 0$ zu. Um aus den Angaben von Tabelle 7 eine obere Grenze für $\alpha^2(0)$ zu erhalten, müßte man wissen, um wieviel die Gruppe, die dem Niveau 1,74 MeV B^{10} entspricht, geschwächt ist. Um dies festzustellen, müßte man berechnen können, wie stark sie auftreten würde, gäbe es kein Verbot wegen des Isobarenspins. Dies kann aber zur Zeit nicht festgestellt werden, da keine genügend ausgearbeitete Theorie vorliegt. Es ist somit nicht möglich, die Abhängigkeit der relativen Intensitäten der einzelnen Linien von dem Streuwinkel der gestreuten Teilchen und deren Energie sowie dem Spin und der Parität des gebildeten Zustandes zu berechnen.

Daher bleibt nur ein Näherungsweg offen. Wir stellen fest, daß sich die relativen Intensitäten der Teilchengruppen bei den Reaktionen (p, p') und (d, d') „parallel" verändern. Sie unterscheiden sich nie um mehr als das 1,5fache Wir nehmen daher an, daß die hypothetische Gruppe von Deuteronen, die das Niveau 1,74 MeV B^{10} anregen könnte, die Intensität $1 \pm 0,5$ hat.

Damit wird $\alpha^2(0) < \frac{0,15}{0,5} = 0,3$ und folglich $\alpha(0) < 0,55$.

Analoge Ergebnisse wurden von der BUECHNER-Gruppe auch bei den Reaktionen $N^{14}(p, p')$ und $N^{14}(d, d')$ erhalten (Abb. 13). Die relativen Intensitäten der Teilchen sind in Tabelle 7 angeführt. Wenn man wie bei B^{10} rechnet, so findet man, daß $\alpha^2(0) < \frac{0,5}{2,5}$ und folglich $\alpha(0) < 0,45$ ist.

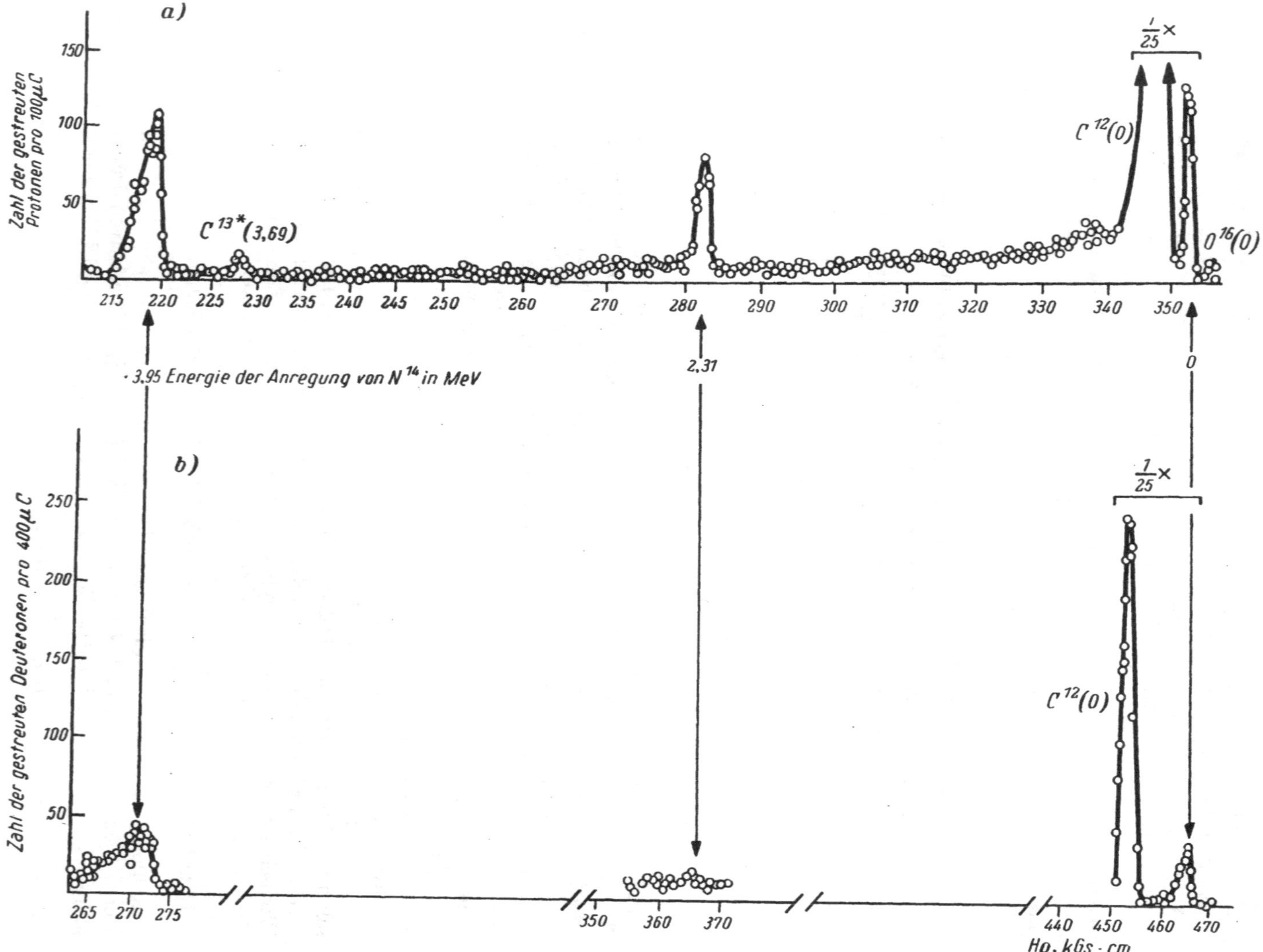

Abb. 13. Wie Abb. 12, aber für die Streuung an N^{14}. Bei der Streuung von Protonen entstehen angeregte Zustände mit den Energien 2,31 MeV und 3,95 MeV N^{14}. Bei der Streuung von Deuteronen entsteht der Zustand 2,31 MeV N^{14} nicht, da er durch das Gesetz der

Diese experimentelle obere Grenze ist zur Zeit noch sehr hoch.[1])

Wie schon gesagt wurde, folgt aus den theoretischen Abschätzungen von RADICATI [62], daß die COULOMB-Kräfte nur zu kleinen Beimischungen $\alpha_1(0)$ führen können. Es ist noch unklar, welche Werte von $\alpha_1(0)$ durch eine etwaige Ladungsabhängigkeit der Kernkräfte zustande kommen. Zur Zeit kann man nur aussagen, daß $\alpha_1(0) < 0{,}45$ ist.

In Abb. 14 sind die Ergebnisse der Untersuchungen [58] des Spektrums der α-Teilchen bei der Reaktion O^{16} (d, α) N^{14} dargestellt. Während die Gruppe der α-Teilchen, die N^{14} im Grundzustand verlassen, sehr gut zu sehen ist, kann die Gruppe, die mit dem Zustand 2,31 MeV N^{14} zusammenhängt, nicht beobachtet werden. Sie müßte die Energien 1,82 MeV (oder etwas weniger infolge der Bremsung im Auffänger) haben und an der Stelle des Pfeiles liegen, der in der Abb. 14 eingezeichnet ist. Die Verfasser [58] geben an, daß sie eine Gruppe, die 50mal schwächer als die Hauptgruppe ist, hätten bemerken müssen.

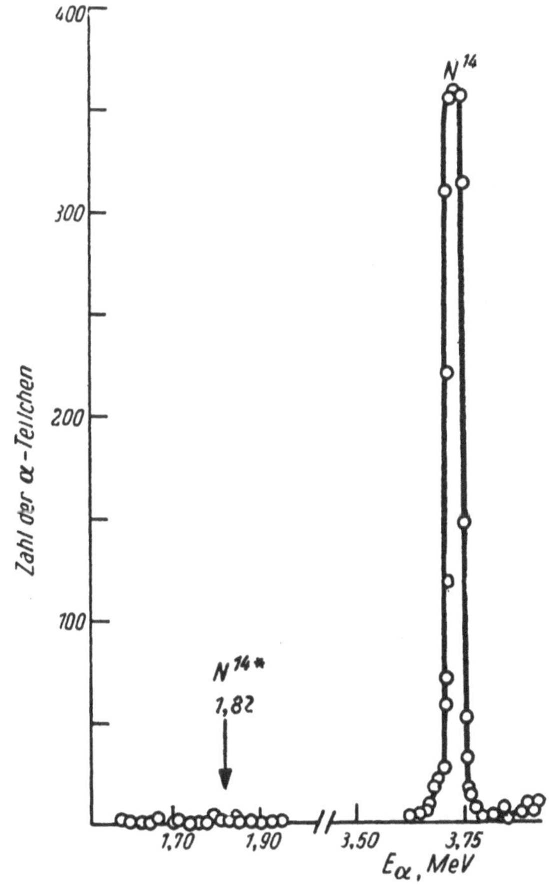

Abb. 14. Spektrum der α-Teilchen, die bei der Reaktion O^{16} (d, α) N^{14} entstehen. Die Gruppe der α-Teilchen, die mit dem Zustand 2,31 MeV N^{14} verbunden ist, wird nicht beobachtet. Sie sollte eine Energie von 1,82 MeV haben.

In der Literatur gibt es, abgesehen von den angeführten Beispielen, noch für einige Zustände von Be^{10}, B^{10}, C^{12} und O^{16} [48, 64—66] Abschätzungen, in wieweit deren Isobarenspin nicht eindeutig ist. In den meisten Fällen sind jedoch die experimentellen Angaben zu unvollständig, als daß diese Abschätzungen genügende Überzeugungskraft hätten.

[1]) Die Verfasser [63] sind der Meinung, daß die angegebenen Werte der oberen Grenze etwas erniedrigt werden können: $\alpha^2(0) < 0{,}04$ für 1,74 MeV B^{10} und $\alpha^2(0) < 0{,}1$ für 2,31 MeV N^{14}.

VIII. Isobarenspin und γ-Strahlung

1. Allgemeines

Die Auswahlregel für die γ-Strahlung $\Delta T = 0, \pm 1$ ist so frei, daß sie praktisch nichts verbietet, denn bei keinem der Kerne sind zur Zeit Niveaus bekannt, deren Isobarenspin sich um mehr als Eins vom Isobarenspin des Grundzustandes unterscheidet.

Stärker ist die Regel bei Kernen mit gleicher Zahl von Protonen und Neutronen ($T_z = 0$). Bei diesen Kernen sind für die elektrische Dipolstrahlung (Typ $E1$) nur Übergänge mit $\Delta T = \pm 1$ möglich.[1])

Bei $\Delta T = 0$ verringert sich die Wahrscheinlichkeit annähernd um den Faktor $(\lambda/R)^4$, wobei λ die Wellenlänge der γ-Strahlen und R den Kernradius [67] bedeuten. Bei $A = 20$ ($R = 6{,}3 \cdot 10^{-13}$ cm) und $h\nu = 1$ MeV ($\lambda = 1{,}24 \cdot 10^{-10}$ cm) führt dies näherungsweise zu einer Verringerung um den Faktor $200^4 = 1{,}6 \cdot 10^9$.

Einige Beispiele eines solchen Verbotes sind experimentell gefunden worden. Das Verbot zeigt sich als Abnahme der Intensität der entsprechenden γ-Linien. In der Regel verschwinden die γ-Linien nicht ganz. Es ist nicht bekannt, ob die verbleibende Intensität mit dem unvollständigen Verbot von Übergängen vom Typ $E1$ oder mit der nicht genauen Eindeutigkeit des Isobarenspins der Zustände zusammenhängt.

2. N^{14}

Der Zustand 8,06 MeV N^{14} (Abb. 15) gehört offensichtlich zum Typ -1. Er wird beim Strahlungseinfang C^{13} (p, γ) N^{14} bei einer Protonenergie von 554 keV erhalten [68]. Die große Breite der Protonenresonanz, etwa 32 keV [69], und die Isotropie der γ-Strahlung [70] weisen auf die Absorption des Protons mit $l = 0$ hin und folglich darauf, daß der Zustand 8,06 MeV N^{14} vom Typ -0 oder -1 ist. (Der Grundzustand von C^{13} ist vom Typ $-{}^1/_2$.) Wenn auch ein schwacher γ-Übergang zum Niveau 2,31 MeV N^{14} beobachtet wird, das zum Typ $+0$ gehört, so schließt dieser Übergang doch -0 für das Niveau 8,06 MeV N^{14} aus, und es bleibt -1.

Der Zustand 8,06 MeV N^{14} ist gleichartig dem angeregten Zustand 6,093 MeV C^{14}. Er müßte auf der Höhe $2{,}31 + 6{,}093 = 8{,}40$ MeV liegen, aber bei Kernen mit größerem Z haben gleichartige Zustände in der Regel eine etwas verringerte Energie; andere Zustände im Intervall 8,14 bis 7,69 MeV hat N^{14} nicht. Wenn die Zustände 8,06 MeV N^{14} und 6,093 MeV C^{14} gleichartig sind, so muß der erstgenannte $T = 1$ besitzen, da der zweite unbestreitbar $T = 1$ hat [$T = 1$ erhält man aus der Reaktion C^{13} (d, p) C^{14}]. Das Niveau 8,06 MeV N^{14} zerfällt durch γ-Strahlung, wobei die γ-Linien $h\nu_1 = 8{,}03 \pm 0{,}08$ MeV, $h\nu_2 = 5{,}81 \pm 0{,}25$ MeV,

[1]) Wir erinnern daran, daß bei Übergängen vom Typ $E1$ (elektrischer Dipolübergang) sich der Spin um 0 oder 1 ändert und die Parität des Zustandes wechselt: Übergänge von $0 \to 0$ sind dabei ausgeschlossen.

$h\nu_3 = 4{,}1$ MeV, $h\nu_4 = 2{,}3 \pm 0{,}4$ MeV und $h\nu_5 = 1{,}6$ MeV [68, 71, 72] auftreten, die beim direkten Übergang und bei Kaskadenübergängen zum Grundniveau entstehen (siehe Abb. 15).

Die Übergänge 8,06 MeV $N^{14} \to$ 0 MeV N^{14}, 8,06 MeV $N^{14} \to$ 2,31 MeV N^{14} und 8,06 MeV $N^{14} \to$ 3,9 MeV N^{14} sind vom Typ $E1$, aber der erste und der dritte gehen zwischen Niveaus mit $T = 1$ und $T = 0$ vor sich und sind nicht verboten. Der zweite erfolgt dagegen zwischen Niveaus mit $T = 1$. Die Isobarenauswahlregeln verbieten diesen Übergang. In Wirklichkeit kommt er so selten vor, daß er bei der letzten veröffentlichten Arbeit [72] überhaupt nicht gefunden wurde, obwohl die γ-Linien mit $h\nu = 8{,}03$ MeV und 4,1 MeV gut beobachtet werden konnten.

Wir vermerken, daß beim Kern C^{14} ein Übergang zwischen dem Zustand 6,093 MeV C^{14} und dem Grundzustand von C^{14} vorkommt. Diese Zustände sind gleichartig den Niveaus 8,06 MeV N^{14} und 2,31 MeV N^{14}. Bei C^{14} geht der Übergang auch zwischen Zuständen mit $T = 1$ vor sich. Es ist ein elektrischer Dipolübergang. Da jedoch der Kern C^{14} eine ungleiche Zahl von Protonen und Neutronen enthält, ist die γ-Strahlung, die beim Kern N^{14} verboten war, beim Kern C^{14} nicht verboten. THOMAS und LAURITSEN [73] sowie BAGGETT und BAME [74] beobachteten ihn. THOMAS und LAURITSEN haben auch die Elektronen der inneren Konversion für diesen Übergang untersucht. Sie fanden, daß ihre Häufigkeit gut mit der Annahme übereinstimmt, daß ein Übergang von Typ $E1$ vorliegt, obwohl die Typen $E2$ und $M1$ nicht völlig ausgeschlossen werden können.

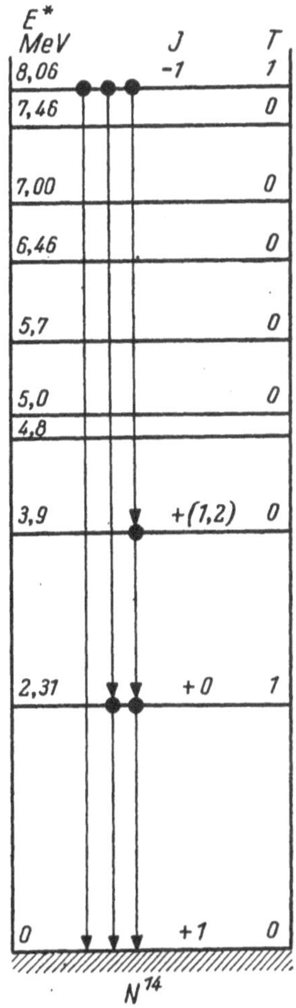

Abb. 15. Gamma-Übergänge bei dem Zerfall des angeregten Zustandes 8,06 MeV N^{14}.

3. O^{16}

Die Energie und die Quantencharakteristik des Grundzustandes und der ersten vier angeregten Zustände von O^{16} sind in Abb. 16 dargestellt. Sie sind der Zusammenstellung von AJZENBERG und LAURITSEN [52] entnommen. Für alle diese Zustände ist $T = 0$. Erstmalig trifft man bei O^{16} ein Niveau mit $T = 1$ bei 12,51 MeV [48]. (Es ist dem Grundzustand von N^{16} gleichartig.)

Alle angeregten Zustände können allein durch Messungen der γ-Strahlung und der Koeffizienten der inneren Konversion aufgeklärt werden.

Wir betrachten den höchsten der in Abb. 16 eingezeichneten Zustände von O^{16} mit einer Anregungsenergie von 7,116 MeV. Er ist ein gut bekannter Zustand, der durch die Reaktion $F^{19}(p, \alpha) O^{16}$ [75] und durch β^--Zerfall von $N^{16} \rightarrow O^{16}$ [76, 77] erhalten wird.

Er kann als Quelle von vier γ-Linien dienen:

$$\begin{aligned}
\gamma_1&: \ h\nu_1 = 7{,}116 \text{ MeV}, \quad -1 \rightarrow +0, \quad E\,1,\\
\gamma_2&: \ h\nu_2 = 1{,}061 \text{ MeV}, \quad -1 \rightarrow +0, \quad E\,1,\\
\gamma_3&: \ h\nu_3 = 0{,}979 \text{ MeV}, \quad -1 \rightarrow -3, \quad E\,2,\\
\gamma_4&: \ h\nu_4 = 0{,}203 \text{ MeV}, \quad -1 \rightarrow +2, \quad E\,1.
\end{aligned}$$

Die erste Linie ist gut bekannt [78], die letzte hat eine kleine Energie und wahrscheinlich relativ kleine Intensität.

Wir setzen voraus, daß auf irgendeine Art der Zustand 7,116 MeV O^{16} angeregt wurde. Wäre die Isobarenauswahlregel ganz streng, so wären die drei Linien γ_1, γ_2 und γ_4 völlig verboten, und die gesamte Emission würde über eine Kaskade gehen, die mit γ_3 beginnt. Die Messung des Verhältnisses der Intensitäten γ_1/γ_3, γ_2/γ_3 oder γ_4/γ_3 kann aufzeigen, wie streng das Isobarenverbot wirkt.

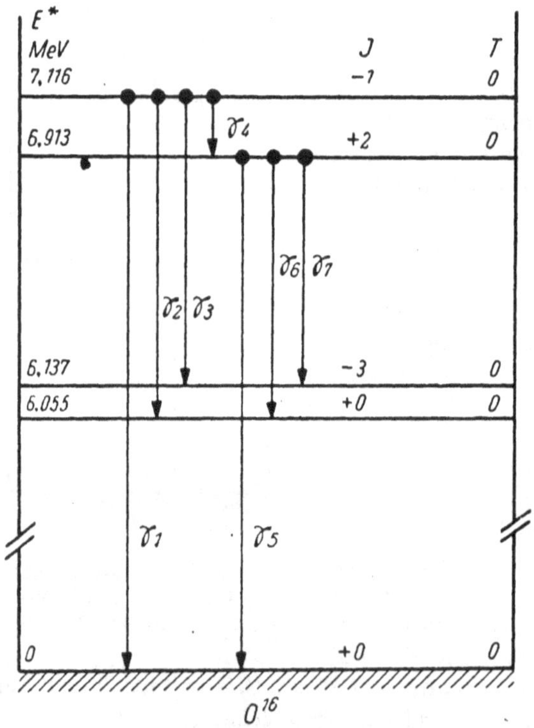

Abb. 16. Gamma-Übergänge zwischen den unteren angeregten Zuständen von O^{16}.

WILKINSON und JONES [79] regten das Niveau 7,116 MeV von O^{16} durch Resonanz bei der Reaktion $F^{19}(p, \alpha)$ 7,116 MeV O^{16} an und untersuchten mit Hilfe eines luminiszierenden NaJ (Tl)-Kristalles das Spektrum der dabei entstehenden γ-Strahlen. Sie fanden, daß die verbotene Linie γ_1 gut zu beobachten ist. Die Verfasser konnten außerdem die erlaubte Linie γ_3 nicht finden, und, ausgehend von der Empfindlichkeit der Methode, folgerten sie, daß $\gamma_1/\gamma_3 > 120$ ist.

Nimmt man eine Abschätzung der relativen Wahrscheinlichkeiten der Linien γ_1 und γ_3 auf Grund des Einteilchen-Modells nach der Formel von WEISSKOPF vor, so erhält man

$$\gamma_1/\gamma_3 = 2{,}4 \cdot 10^7.$$

Daraus folgt, daß das Isobarenverbot der Linie γ_1 deren Intensität nicht mehr als um den Faktor $\frac{2,4 \cdot 10^7}{120} = 2 \cdot 10^5$ zu schwächen vermag.

Wenn man die beobachtete Intensität der Linie γ_1 der Beimischung eines Zustandes mit $T = 1$ zuschreibt, für den kein Verbot besteht, so wird die Größe von $\alpha(1)$, die zur Erklärung ausreicht, gleich $(2 \cdot 10^5)^{-1/2} \sim 0,2\%$. Man muß sich jedoch auch erinnern, daß die Isobarenauswahlregeln E1-Übergänge nicht völlig verbieten.

Wir betrachten jetzt den Zustand 6,913 MeV von O^{16}. Bei seinem Zerfall können die γ-Linien entstehen:

$$\begin{aligned} \gamma_5: \quad & h\nu_5 = 6{,}913\ \text{MeV}, \quad +2 \to +0, \quad E\,2, \\ \gamma_6: \quad & h\nu_6 = 0{,}858\ \text{MeV}, \quad +2 \to +0, \quad E\,2, \\ \gamma_7: \quad & h\nu_7 = 0{,}776\ \text{MeV}, \quad +2 \to -3, \quad E\,1. \end{aligned}$$

Die Isobarenauswahlregel verbietet nur die Linie γ_7. Die Versuche von WILKINSON und JONES [79] zeigten, daß $\gamma_5/\gamma_7 > 200$ ist.

Beim Fehlen eines Isobarenverbots müßte die Linie γ_5 sechsmal weniger intensiv sein als γ_7. Somit verringert das Isobarenverbot die Intensität der Linie $\gamma_7(E\,1)$ um mehr als das 1200fache. Zugleich bedeutet dies, daß die Amplitude einer Beimischung von Zuständen mit $T = 1$, für die es kein Verbot gäbe, bei beiden Zuständen von O^{16} die Größe von $1200^{-1/2} \sim 3\%$ nicht überschreitet.

IX. Isobarenspin und Anregung von Kernen durch γ-Strahlen

1. Allgemeines

Die Prozesse der Emission von γ-Strahlen und der Anregung von Kernen durch γ-Strahlen besitzen einen inneren Zusammenhang.

Wenn die γ-Strahlung verboten ist, so ist auch die entsprechende Anregung verboten. Die Isobarenauswahlregeln für die γ-Strahlung leichter Kerne treten nur bei Kernen vom Typ M_Z^{2Z} in Erscheinung. Dementsprechend wirken sie sich bei Photoanregung nur bei Kernen von diesem Typ aus. Wir werden daher in diesem Abschnitt nur Kerne vom Typ M_Z^{2Z} behandeln, bei denen eine „Isobaren-Anomalie" erwartet werden kann.

Die Grundzustände der leichten Kerne ($A < 20$) vom Typ M_Z^{2Z} haben $T = 0$. Werden Kerne von diesem Typ mit γ-Strahlen einer Energie $h\nu$ bestrahlt, so können jene Zustände angeregt werden, die eine Anregungsenergie kleiner als $h\nu$ haben. Wenn die Bestrahlung mit einem kontinuierlichen Spektrum durchgeführt wird, so erfolgt die Anregung durch einen schmalen Spektralstreifen. Dessen Breite entspricht der Partialbreite des Niveaus für die Ausstrahlung von γ-Quanten derselben Energie nach der Anregung.

Die elektrische Dipolstrahlung ist die „schnellste". Ihre Strahlungszeit ist die kleinste, ihre Strahlungsbreite die größte. Daher ist die Anregungswahrscheinlichkeit mit einem kontinuierlichen Spektrum der γ-Strahlen dann am größten, wenn Übergänge vom Typ $E\,1$ möglich sind. Wenn aber bei Kernen vom Typ M_Z^{2Z} unter den Niveaus mit $T = 0$ und einer Anregungsenergie $E < h\nu$ auch diese oder jene Zustände sind, für die der Übergang zum Grundzustand dem Typ $E\,1$ angehört, so können nicht alle diese Zustände infolge des Isobarenverbotes intensiv angeregt werden. (Die Anregungswahrscheinlichkeit vermindert sich annähernd im Verhältnis der Intensität der $E\,1$- zur $M\,2$-Strahlung.)

Somit wird, wenn die Energie $h\nu$ zur Anregung des ersten Niveaus mit $T = 1$ nicht ausreicht, die Anregung des Kernes in Übereinstimmung mit den Wahrscheinlichkeiten der Übergänge vom Typ $E\,2$, $M\,1$, $M\,2$ usw. vor sich gehen (abhängig davon, welche Quantencharakteristiken die Niveaus mit $E^* < h\nu$ haben).

Wird die Grenze des kontinuierlichen Spektrums der γ-Strahlen hinausgerückt, so wird schließlich das erste Niveau mit $T = 1$ erreicht. Wenn dessen Spin und Parität einen Übergang zum Grundzustand vom Typ $E\,1$ zulassen, so muß von da ab ein plötzliches Anwachsen der Anregungswahrscheinlichkeit beobachtet werden (in Abhängigkeit von der Form des kontinuierlichen γ-Spektrums nahe seiner Grenze).

Wenn Spin und Parität des ersten Zustandes mit $T = 1$ eine Anregung vom Typ $E\,1$ verbieten, so wird je nach dem Übergangstyp die Anregung weniger intensiv sein. So wird es weitergehen, bis schließlich ein Niveau mit $T = 1$ erreicht wird, das einen Übergang vom Typ $E\,1$ zu niedrigeren Niveaus zuläßt. Ab hier beginnt die Anregungsintensität sehr schnell zu wachsen.

Als Beispiel betrachten wir den Kern N^{14}. Er hat einen Grundzustand mit $T = 0$, $J = +1$; der gesuchte Zustand, der durch elektrische Dipolabsorption angeregt werden kann, muß vom Typ $T = 1$, $J = -0$, -1 oder -2 sein.

Die zahlreichen Zustände von N^{14} mit $T = 0$ und der bekannte Zustand 2,31 MeV N^{14} mit $T = 1$, $J = +0$ erfüllen diese Forderungen nicht. Anscheinend ist der erste Zustand von N^{14}, der diese Forderungen erfüllt, der Zustand 8,06 MeV N^{14}, der zum Typ $T = 1$, $J = -1$ gehört. Die intensive Anregung von N^{14} muß also mit $h\nu > 8{,}06$ MeV beginnen.

Es ist zu bemerken, daß bei Kernen vom Typ wie C^{12}, O^{16}, N^{20} das erste Niveau mit $T = 1$ höher liegt als 10 MeV (siehe Tabelle 6, Seite 29). Bei den Kernen vom Typ Li^6, B^{10}, N^{14}, F^{18} liegt es erheblich niedriger. Daher muß die Anregung der letztgenannten Kerne mit harter γ-Strahlung (z. B. mit einer Energie von $h\nu = 17{,}6$ MeV) intensiver sein.

2. Die Reaktionen (γ, n) und (γ, t)

Peaslee und Telegdi [80] wiesen darauf hin, daß ein Vergleich der Reaktionen (γ, n) und (γ, t) zur Bestimmung des Isobarenspins einer Reihe von Kernen führen kann.

Betrachten wir als Beispiel Abb. 17. Der Kern N^{15} hat im Grundzustand $T = {}^1/_2$ (siehe Seite 21).

Von zahlreichen angeregten Zuständen von N^{15} haben die einen $T = {}^1/_2$, die anderen $T = {}^3/_2$, und sowohl die einen wie die anderen können durch γ-Strahlen angeregt werden. Bei der Resonanzanregung der erstgenannten Niveaus können diese nach $N^{15*} \rightarrow N^{14} + n$ und $N^{15*} \rightarrow C^{12} + t$ zerfallen. Dabei bilden sich N^{14} und C^{12} im Grundzustand oder in einem der angeregten Zustände mit $T = 0$ oder $T = 1$.

Bei der Resonanzanregung der Niveaus von N^{15} mit $T = {}^3/_2$ können die angeführten Zerfallsprozesse nur dann stattfinden, wenn der verbleibende Kern sich im Zustand $T = 1$ befindet. Bei N^{14} liegt dieser Zustand niedrig (2,31 MeV) und bei C^{12} sehr hoch (15,09 MeV).

Wenn bei Anregungsenergien kleiner als 30 MeV die Reaktionen (γ, n) und (γ, t) nebeneinander vor sich gehen, so besitzt mithin das angeregte Niveau $T = {}^1/_2$. Wenn aber nur die Reaktion (γ, n) stattfindet und die Reaktion (γ, t) nicht, so ist dem angeregten Niveau $T = {}^3/_2$ zuzuschreiben.

Eine analoge Analyse von Niveaus kann bei anderen Kernen vom Typ M^{4n-1}_{2n-1}, das ist bei Li^7, B^{11}, F^{19}, Na^{23}, durchgeführt werden.

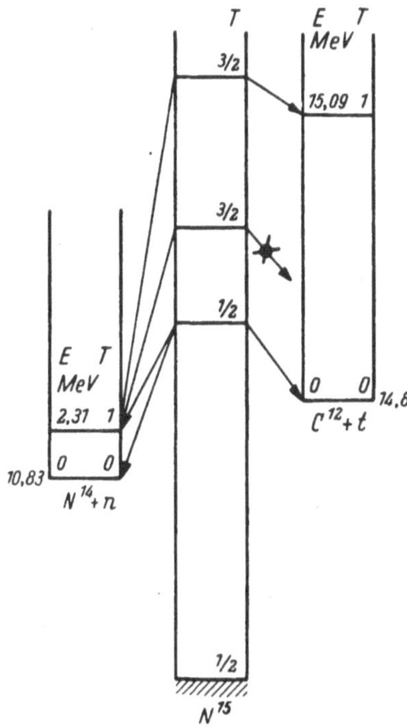

Abb. 17. Die Reaktionen $N^{15}(\gamma, n)$ und $N^{15}(\gamma, t)$, die über die angeregten Zustände N^{15} mit $T = {}^1/_2$ und $T = {}^3/_2$ laufen. Die Höhe der Niveaus von N^{15} ist schematisch eingezeichnet.

X. Isobarenspin und Photoreaktionen vom Typ (γ, α) und (γ, d)

1. Die Reaktion (γ, α) bei den „α-Teilchen"-Kernen C^{12}, O^{16}, Ne^{20} usw.

Wenn Kerne vom Typ C^{12}, O^{16}, Ne^{20} von einem kontinuierlichen Spektrum harter γ-Strahlen bestrahlt werden, so entstehen verschiedene angeregte Zustände dieser Kerne. Viele dieser Zustände sind in der Lage, beim Zerfall ein α-Teilchen abzustoßen. Man hat zu unterscheiden:

a) Die „erlaubte" Dipolreaktion (γ, α), wenn der Ausgangskern die elektromagnetische Welle wie ein elektrischer Dipol ($E1$-Anregung) absorbiert und danach das α-Teilchen ohne Verletzung der Isobaren-Auswahlregeln emittiert.

b) Die „verbotene" Dipolreaktion (γ, α), wenn im Ausgangskern eine elektrische Dipolanregung vor sich geht, aber der sich bildende Zustand das α-Teilchen ohne Verletzung der Isobarenauswahlregel nicht emittieren kann.

c) Die übrigen Fälle, in denen der Kern eine Welle von höherer Multipolordnung als $E1$ (z. B. $E2$, $M1$, $M2$ usw.) absorbiert.

Die Reaktion (γ, α) geht besonders intensiv vor sich, wenn die Energie der γ-Strahlen ausreicht, die erlaubte Dipolreaktion vom Typ a) durchzuführen. Sie wird auch dann noch beobachtet, wenn die Reaktion vom Typ a) ausgeschlossen ist, die Umwandlungen b) und c) jedoch bleiben.

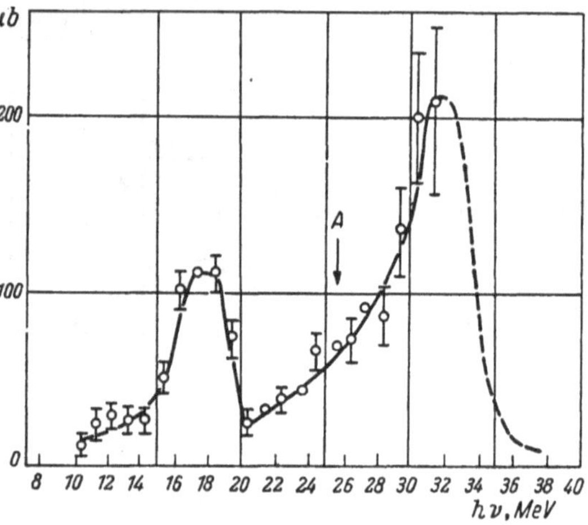

Abb. 18. Abhängigkeit des Wirkungsquerschnittes der Reaktion C^{12} (γ, α) Be^8 von der Energie der Gamma-Strahlen.

Da die betrachteten Kerne $T_z = 0$ haben, gilt für sie eine spezielle Auswahlregel, die in Tabelle 5 angeführt ist, nämlich $\Delta T = \pm 1$ für $E1$, $\Delta T = 0, \pm 1$ für Strahlung anderer Multipolordnung.

Da der Grundzustand der angeführten Kerne $T = 0$, $J = +0$ besitzt, so ist folglich die Dipolanregung nur für Zustände mit $T = 1$, $J = -1$ möglich. Die Dipolreaktion ist jedoch noch nicht „erlaubt", wenn ein Zustand mit $T = 1$, $J = -1$ erreicht wird. Es ist weiter noch erforderlich, daß dieser Zustand in ein α-Teilchen und einen Restkern mit dem Zustand $T = 1$ zerfallen kann, da nur solch ein Zerfall durch die Isobarenauswahlregeln gestattet wird.

Wenn ein Zustand mit $T = 1$, $J = -1$ angeregt ist, bei dem nach der Emission des α-Teilchens der Restkern nur in Zuständen verbleiben kann, unter denen es keinen mit $T = 1$ gibt, so ist dieser Zerfall nur unter Verletzung der Isobarenauswahlregeln möglich.

Wir betrachten als Beispiel die Reaktion C^{12} (γ, α) Be^8. In den letzten Jahren wurde sie wiederholt mit Hilfe von Kern-Photoplatten untersucht [81—89]. In diesen sind bei genügender Härte der γ-Strahlen die Spuren der drei α-Teilchen, die bei der Reaktion (γ, α) und dem anschließenden Zerfall von Be^8 entstehen, sehr gut sichtbar.

Die Energieschwelle der Reaktion hat für den Grundzustand von Be^8 den Wert $h\nu = 7{,}4$ MeV.

Der Wirkungsquerschnitt der Reaktion bis $h\nu = 15$ MeV ist klein ($\sigma < 30\,\mu$b).[1]) Er besitzt ein erstes Maximum bei 18 MeV ($\sigma \approx 130\,\mu$b) und

[1]) Hier und weiterhin ist „b" die Abkürzung für „Barn", die Einheit des Wirkungsquerschnittes. 1 b ist 10^{-24} cm².

das zweite bei $h\nu \approx 27$ bis 31 MeV ($\sigma \approx 200\,\mu$b), danach nimmt der Querschnitt der Reaktion bald ab [87, 88] (siehe Abb. 18).

Der Anfangsteil der Kurve und das erste Maximum sind mit der Anregung vieler Niveaus von C^{12} verbunden, die im Intervall 7,4 bis 20 MeV liegen (Abb. 19). Von diesen hat die Mehrzahl $T = 0$. Sie werden durch Übergänge vom Typ $E2$, $M1$ oder $M2$ angeregt, was durch die Isobarenauswahlregel nicht verboten ist. Die angeregten Zustände zerfallen in ein α-Teilchen und in den Grund- oder ersten angeregten (3,0 MeV) Zustand von Be^8 (beide haben $T = 0$). Die Energieverteilung der α-Teilchen zeigt, daß im ersten Maximum die Spaltungen hauptsächlich zum Zustand 3,0 MeV Be^8 führen.

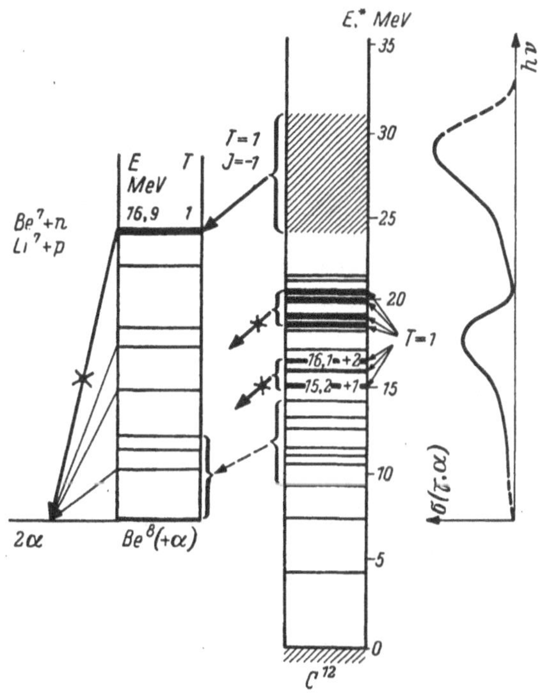

Abb. 19. Schema der Reaktion C^{12} (γ, α) $Be^8 \rightarrow 3\alpha$. Mit dünnen Linien sind die Zustände mit $T = 0$, mit starken Linien die Zustände mit $T = 1$ angegeben. Die Zustände mit $T = 0$ werden nur mit Multipolordnungen höher als $E1$ angeregt, können aber in $\alpha + Be^8$ zerfallen. Die Zustände mit $T = 1$ können zwar im Bereich 15 bis 20 MeV durch Absorption vom Typ $E1$ angeregt werden, können aber in $\alpha + Be^8$ nicht zerfallen. Nur die Zustände C^{12} mit $T = 1$, $J = -1$ und $E^* > 24{,}4$ MeV (schraffierter Streifen) können sowohl durch $E1$ angeregt werden und auch in $\alpha + Be^8$ zerfallen ($T = 1$).

Das Vorhandensein des ersten Niveaus von C^{12} mit $T = 1$ bei einer Anregungsenergie von 15,09 MeV prägt sich im Wirkungsquerschnitt der Reaktion nicht aus, da es diesem Zustand „verboten" ist, in $\alpha + Be^8$ zu zerfallen. Außerdem ist dieses Niveau von C^{12} wahrscheinlich vom Typ $+1$ und daher wird es nicht durch eine Dipolstrahlung angeregt. Das gilt auch für das nächste Niveau mit $T = 1$ bei C^{12}, das eine Energie von 16,1 MeV und den Typ $+2$ hat. Jedoch müssen weiterhin, bei einer Anregung von 17 bis 24 MeV Zustände mit $T = 1$ oft zu finden sein und sicherlich gehört irgendeiner von ihnen auch zum Typ -1, bei dem die Dipolanregung möglich ist. Wie bereits gesagt wurde, kann jedoch ein Zerfall in $\alpha + Be^8$ ($T = 0$) für alle diese Zustände nur vor sich gehen, weil der Isobarenspin nicht streng eindeutig ist.

Die Situation ändert sich radikal bei einer Energie $h\nu > 24{,}4$ MeV. Es wird dann die Dipolanregung solcher Niveaus von C^{12} mit $T = 1$ möglich, die nach Ausstoß eines α-Teilchens Be^8 in seinem ersten Zustand mit $T = 1$ mit einer Anregungsenergie von 17,0 MeV belassen.

Auf diesen „erlaubten" Prozeß ist wahrscheinlich das schnelle Anwachsen des Wirkungsquerschnittes ab 24,4 MeV, das in Abb. 18 ersichtlich ist, zurückzuführen.

Wilkins und Goward [87] zeigten, daß die meisten Reaktionen mit $h\nu > 26$ MeV tatsächlich zum Auftreten eines angeregten Zustandes (16,9 $\pm$ 0,3) MeV Be^8 führen. Gell-Mann und Telegdi [67] sowie Wilkinson [48] stellten fest, daß diese Zerfallsart 95% aller beobachteten Fälle umfaßt.

Es ist bemerkenswert, daß die Additionsregel des Isobarenspins den Zerfall des Zustandes 16,9 MeV Be^8 ($T = 1$) in zwei α-Teilchen ($T = 0$) verbietet. Dieser Prozeß geht aber trotzdem vor sich. Anscheinend ist der Isobarenspin dieses Zustandes nicht streng eindeutig. Der Zerfall dieses Zustandes durch Emission von n oder p ist energetisch nicht möglich. Daher können nur γ-Strahlung und „verbotener" α-Zerfall miteinander konkurrieren. Die Breite des Niveaus muß anomal klein sein.

Zusammenfassend ist also zu sagen: Die Reaktion

$$C^{12} + \gamma \rightarrow C^{12*} \rightarrow \alpha + Be^{8*} \rightarrow 3\alpha$$

ist nach den Isobarenregeln in allen ihren Stufen nicht erlaubt. Durch diese Regeln ist auch die direkte Reaktion

$$C^{12} + \gamma \rightarrow C^{12*} \rightarrow 3\alpha$$

bei Dipolabsorption verboten.

Kehren wir zum ersten Maximum im Wirkungsquerschnitt der Reaktion C^{12} (γ, α) zurück. Es liegt im Anregungsbereich von 15 bis 19 MeV. Es ist nicht aufgeklärt, ob dieses Maximum auf den α-Zerfall von Niveaus zurückzuführen ist, der durch die Isobarenauswahlregeln verboten ist, oder ob es mit einer Anregung irgendwelcher Niveaus von C^{12} durch Strahlung von höherer Multipolordnung zusammenhängt. Jedoch führt die Übereinstimmung des Maximums mit der Lage der ersten Zustände von C^{12} mit $T = 1$ zu dem Gedanken, daß die Dipolanregung verhältnismäßig häufig zum Entstehen dieser Zustände führt und daß ihr α-Zerfall, wenn auch verboten, erfolgreich mit dem α-Zerfall der Zustände konkurrieren kann, die bei C^{12} durch Absorption vom Typ $E2$, $M1$ usw. angeregt werden. Bei Vergrößerung der Anregungsenergie müssen Zustände von C^{12} mit $T = 1$ häufig anzutreffen sein, aber die Prozesse der Protonen- und Neutronenemission konkurrieren dann bereits erfolgreich mit der Emission von α-Teilchen.

Die Reaktion O^{16} (γ, α) ist in Vielem der Reaktion C^{12} (γ, α) ähnlich. Ihr Schwellwert beträgt 7,1 MeV, aber die Wahrscheinlichkeit der Reaktion ist bis zu γ-Energien von 20 MeV klein. Sie ändert sich auch dann nicht, wenn der erste Zustand von O^{16} mit $T = 1$ angeregt werden kann, der zwischen

12,5 bis 13,0 MeV liegt. Dieser Zustand ist dem Grundzustand von N^{16} gleichartig.

Eine erlaubte (γ, α) Reaktion, angeregt durch elektrische Dipolabsorption, ist nur für einen Zustand von O^{16} $(T = 1)$ möglich, der in ein α-Teilchen und einen C^{12*}-Kern mit einem Anregungszustand vom Typ $T = 1$ zerfallen kann. Der niedrigste davon ist der Zustand 15,09 MeV C^{12}. Somit beträgt die Energieschwelle der erlaubten Reaktion O^{16} (γ, α) etwa $7{,}1 + 15{,}2 = 22{,}3$ MeV. Aber der Zustand 15,2 MeV C^{12} der dabei entsteht, kann nur durch Verletzung der Isobarenauswahlregel in $\alpha + Be^8$ zerfallen.

Bei den schwereren α-Teilchenkernen Ne^{20}, Mg^{24}, Si^{28}, S^{32} ist bei Bestrahlung mit genügend harten γ-Strahlen die Bildung eigentümlicher Kaskaden aus α-Teilchen vorauszusehen, die zu α-Sternen in der photografischen Emulsion führen sollten.

Hierbei folgt der Dipolabsorption der γ-Quanten eine Kaskade von erlaubten α-Zerfällen, die von dem verbotenen Zerfall 16,9 MeV $Be^8 \rightarrow 2\alpha$ abgeschlossen werden.

2. Die Reaktion (γ, α) bei den „Deuteronen"-Kernen Li^6, B^{10}, N^{14}

Bei den Kernen vom Typ Li^6, B^{10} und N^{14} kann die elektrische Dipolanregung bei kleinen Energien der γ-Strahlen vor sich gehen, da das System der Niveaus mit $T = 1$ bei diesen Kernen bei niedriger Anregung beginnt. Aber die Verwirklichung der erlaubten Reaktion (γ, α) ist wiederum mit der Notwendigkeit verbunden, nach der Emission von α-Teilchen einen Restkern im Zustand $T = 1$ zu erhalten. Das führt zu großen Werten der Energieschwelle für erlaubte Reaktionen ($\sim 8{,}0$ MeV für B^{10}, 23,3 MeV für N^{14}). In einem so stark angeregten Zustand können diese Kerne Protonen und N^{14} auch Neutronen und Deuteronen emittieren. Diese konkurrierenden Prozesse verringern selbstverständlich die Wahrscheinlichkeit der (γ, α) Reaktion.

Interessant ist der Fall von Li^6. Bei diesem Kern verläuft die (γ, α) Reaktion in der Form Li^6 (γ, α) d. Damit nun der angeregte Zustand von Li^6 in $\alpha + d$ zerfallen kann, muß er unbedingt $T = 0$ haben. (Bei α und d sind angeregte Zustände mit $T = 1$ nicht bekannt.) Aber ein solcher Zustand darf durch elektrische Dipolstrahlung wegen des Isobarenverbotes nicht angeregt werden. Somit kann die Reaktion Li^6 (γ, α) d nur so vor sich gehen, daß entweder Anregungen vom Typ $E2$, $M1$ usw. vorkommen oder daß $E1$-Anregungen nicht völlig verboten sind oder schließlich, daß der Wert des Isobarenspins nicht eindeutig festliegt. Tatsächlich wird die Reaktion Li^6 (γ, α) d beobachtet aber mit dem anomal kleinem Wirkungsquerschnitt von $\sigma = (8 \pm 2)\,\mu$b bei $h\nu = 2{,}76$ MeV, $\sigma = (6 \pm 3)\,\mu$b bei $h\nu = 6{,}3$ MeV und $\sigma = (5 \pm 3)\,\mu$b bei $h\nu = 17{,}6$ MeV [90]. Wir erinnern daran, daß z. B. die Reaktion Li^7 (γ, α) t Wirkungsquerschnitte hat von $(26 \pm 1)\,\mu$b bei $h\nu = 6{,}1$ MeV und $(120 \pm 60)\,\mu$b bei $h\nu = 17{,}6$ MeV [91]. Die Wirkung des Isobarenverbots bei der Reaktion Li^6 (γ, α) d ist aus diesem Vergleich sehr eindrucksvoll zu ersehen.

3. Die Reaktion (γ, d)

Die Bedingungen, bei denen die erlaubte Dipolreaktion (γ, d) vor sich geht, sind die gleichen wie für die Reaktion (γ, α), nur die Reaktionsschwellen sind für die beiden Fälle verschieden.

Für B^{10}, N^{14}, C^{12} und O^{16} liegen die Schwellwerte etwa bei 22 bis 27 MeV. Experimentelle Angaben hierüber gibt es so gut wie nicht.

Die Reaktion He^4 (γ, d) d, also die Zerlegung von α-Teilchen in zwei Deuteronen, kann bei der elektrischen Dipolabsorption nicht auftreten, weil dabei gemäß den Auswahlregeln nur Zustände mit $T = 1$ entstehen.

XI. Verschiedene Fragen, die mit dem Isobarenspin zusammenhängen

1. Das Auftreten von Bineutronen

Die Frage, ob das Bineutron vorkommt, zieht schon lange die Aufmerksamkeit der Physiker auf sich. Trotz sorgfältiger Suche gelang es weder bei Kernreaktionen mit niedrigen Energien noch beim Teilungsprozeß schwerer Kerne diese Teilchen aufzufinden.

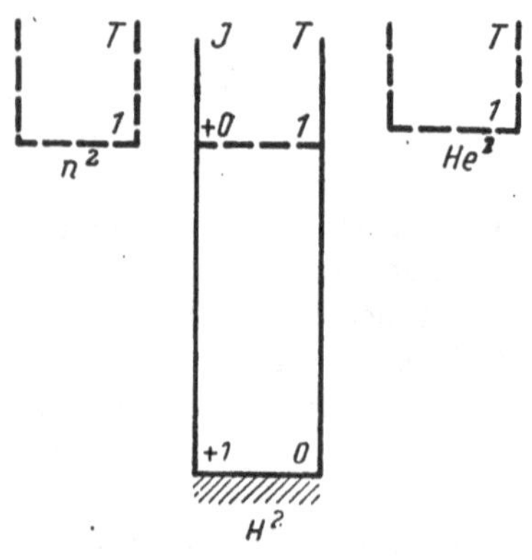

Abb. 20. Zur Frage der Existenz von Bineutronen und Biprotonen.

A. Shdanov, P. Lukirskij und S. Sokolowa [92] fanden, daß bei der Absorption eines negativen Mesons zwei Neutronen aus Be^9 so emittiert werden, als ob sie den Kern zusammen verließen. Panofsky, Aamodt und Hadley [46] haben bei der Untersuchung des Spektrums der γ-Strahlen bei der Reaktion $\pi^- + d = n + n + \gamma$ gefunden, daß zwei Neutronen oft so auseinanderfliegen, als ob sie vorher beisammen gewesen wären. Diese Angaben beweisen selbstverständlich nicht, daß ein Bineutron existiert. Korrelationen der Richtungen der Neutronenemission müssen auch dann vorkommen, wenn zwischen den Neutronen Kräfte wirken, die nicht zur Bildung eines gebundenen Zustandes führen.

Die Frage, ob das Bineutron vorkommt, bleibt somit offen. Die Vorstellungen über den Isobarenspin gestatten es, an sie von einer neuen Seite heranzukommen. Betrachten wir Abb. 20.

Bineutron und Biproton besitzen $T_\tau = \pm 1$. Deren Grundzustände haben deshalb $T \geqslant 1$. Nach dem Pauli-Prinzip müssen sie den Spin 0 haben. Deshalb können sie in keiner Weise dem Grundzustand des Deuteron gleichartig sein, der zum Typ $J = +1$, $T = 0$ gehört. Sie müssen vielmehr dem Singulett-Zustand des Deuterons vom Typ $J = +0$, $T = 1$ gleichartig sein, also mit ihm ein Isobarentriplett bilden. Der Singulett-Zustand des

Deuterons ist jedoch nicht nur unbeständig, sondern er kommt überhaupt nicht vor. Er ist ein virtueller Zustand. Dieser Fachausdruck bedeutet lediglich eine Charakteristik der Kräfte, die zwischen Neutronen und Protonen wirken. Das Bild der n—p-Streuung und andere Eigenschaften des n—p-Systems werden bei der Einführung bestimmter Parameter gut wiedergegeben, die einem virtuellen Niveau zugeschrieben werden.

Für die folgenden Überlegungen ist die Annahme der Instabilität dieses virtuellen Deuteron-Zustandes ausreichend. Wären die n—n- und p—n-Kräfte und die Massen von n und p völlig gleich, so müßten auch die Eigenschaften des Bineutrons und des Singulett-Zustandes des Deuterons gleich sein. Folglich muß bei strenger Ladungsunabhängigkeit der Kernkräfte das Bineutron instabil sein.

In beiden Fällen tritt nämlich keine elektrostatische Energie auf und der Unterschied der Massen von n und p kann die Instabilität des Bineutrons nur erhöhen.

Die Überlegungen sind fast im gleichen Maße auf das Biproton anwendbar. Die Instabilität des Biprotons folgt übrigens nach L. LANDAU und J. SMORODINSKIJ auch unmittelbar aus den experimentellen Daten über die Streuung von Protonen an Protonen.

2. „Isobarenisomerie"

Die Existenz der Isobarenauswahlregeln für die γ-Strahlung kann zu einer eigenartigen Isobarenisomerie führen: Infolge des Verbotes wird die Lebensdauer des angeregten Zustandes größer, obwohl der absolute Wert der Konversionskoeffizienten (α_K, α_L usw.) und die relativen Koeffizienten (K/L oder L/M), die mit der Veränderung der Parität und des gewöhnlichen Spins verbunden sind, nicht für einen hochverbotenen Übergang sprechen. Solch eine Isomerie kann auftreten

a) bei beliebigen Kernen, wenn ein niedrig liegendes Niveau und der Grundzustand stark voneinander abweichende T-Werte haben, und

b) bei Kernen mit $T_z = 0$, wenn das unterste angeregte Niveau und auch der Grundzustand $T = 0$ besitzen.

Als Beispiel für die Schwierigkeiten, die bei der Erforschung der „Isobarenisomerie" auftreten können, behandeln wir den isomeren Zustand von Cl^{34}. Die Übergangsenergie ($h\nu = 0{,}139$ MeV) und die Halbwertszeit ($T_{1/2} = 33{,}2$ min) ergeben für die gewöhnliche Isomerie einen Übergang vom Typ $M3$. Wenn wir jedoch das etwaige Vorkommen der Isobarenisomerie im Auge behalten, so können wir keine eindeutigen Schlüsse über den Typ des Überganges ziehen, wenn wir nur von den angeführten Daten ausgehen. Es kann ein gewöhnlicher isomerer Übergang vom Typ $M3$ zwischen Zuständen mit ähnlichem T vorliegen, es kann aber auch ein Fall von Isobarenisomerie mit einem Übergang des Types $E1$ zwischen zwei Zuständen mit $T = 0$ sein. Nur die Messung der

Konversionskoeffizienten, kann eindeutig den Typ des Überganges festlegen. Bei Cl^{34} ist es tatsächlich ein Übergang vom Typ $M3$.

3. Über die Reaktion (d, pn)

Die Reaktion (d, pn) kann mit den (d, d') Reaktionen konkurrieren und dabei den Auffängerkern im Grundzustand oder in angeregten Zuständen hinterlassen. Die Beobachtung der Reaktion (d, pn) ist dadurch erschwert, daß die emittierten Teilchen kontinuierliche Spektren haben. Auch Messungen des Unterschiedes der Schwellwerte für die Anregung irgendeines Niveaus können nicht beweiskräftig ausgeführt werden, da die Schwellwerte der Reaktion $A(d, d')A^*$ bedeutend niedriger liegen als die Schwellwerte der Reaktion $A(d, pn)A^*$. Wenn diese gerade energetisch möglich wird, so hat die erstgenannte bereits große Intensität erreicht. Im Grunde genommen gibt es zur Zeit keine Angaben darüber, wie die Reaktionen (d, d') und (d, pn) miteinander konkurrieren.

Zur Untersuchung dieser Frage können die Verbote benützt werden, die von den Auswahlregeln für den Isobarenspin herrühren.

Die Reaktionen $B^{10}(d, d')$ 1,74 MeV B^{10} und $N^{14}(d, d')$ 2,31 MeV N^{14} sind bekanntlich verboten, aber die entsprechenden Reaktionen (d, pn) sind durchaus erlaubt.

Wir behandeln folgenden Versuch. Ein Auffänger aus N^{14} wird mit Deuteronen von allmählich anwachsender Energie bombardiert. Nahe dem Auffänger steht ein γ-Spektrometer, das auf die Registrierung von γ-Linien im Intervall 1 bis 4 MeV eingestellt ist.

Solange die Energie der Deuteronen die Größe 2,64 MeV nicht übersteigt, kann das Niveau von 2,31 MeV N^{14} nicht angeregt werden. Folglich kann die γ-Linie $h\nu = 2{,}31$ MeV nicht erscheinen, es sind nur die γ-Strahlen der miteinander konkurrierenden Reaktionen (d, p), (d, n), (d, α) zu beobachten.

Im Bereich von Deuteronen-Energien zwischen 2,64 bis 4,51 MeV kann die γ-Linie $h\nu = 2{,}31$ MeV wegen des Verbotes der (d, d')-Reaktion nicht auftreten. Sie erscheint bei $E_d = 4{,}51$ MeV, wenn das Niveau von 3,95 MeV N^{14} angeregt wird. Bis zur Energie $E_d = 5{,}49$ MeV, bei der das nächste Niveau von 4,80 MeV N^{14} angeregt wird (siehe Abb. 15, Seite 39), müssen die Linien $h\nu = 1{,}6$, 2,31 und 3,95 MeV ein konstantes Verhältnis der Intensitäten zeigen. Sie werden alle bei dem Zerfall eines einzigen Zustandes, der bei der Streuung (d, d') angeregt wurde, nämlich von 3,95 MeV N^{14}, emittiert.

Wenn die Reaktion (d, pn) auftritt, dies geschieht ab einer Energie von 5,19 MeV, so wird dadurch das Niveau 2,31 MeV N^{14} angeregt und die Intensität der Linien $h\nu = 2{,}31$ MeV muß daher im Vergleich mit den Intensitäten von $h\nu = 1{,}6$ und 3,95 MeV anwachsen. Somit können aus Beobachtungen des Verhältnisses von Intensitäten der γ-Linien die Wahrscheinlichkeiten der Prozesse (d, pn) abgeleitet werden. Leider ist der Versuch wegen des geringen Energieintervalls, das für die Untersuchungen geeignet ist und wegen des möglichen Untergrundes von konkurrierenden Reaktionen schwierig durchzuführen.

Damit dieser Untergrund nicht das ganze Bild verwischt, muß das Spektrometer ein gutes Auflösungsvermögen besitzen.

Es ist möglich, daß ein solcher Versuch einfacher mit einem Auffänger aus Li^6 angestellt werden kann. Das Niveau 3,58 MeV Li^6 kann durch die Reaktion (d, pn) nicht aber durch die Reaktion (d, d') angeregt werden.

Allerdings gibt es über Niveaus von Li^6, die höher als 3,58 keV liegen, keine Angaben, und daher ist schwer vorauszusehen, wie die γ-Linie mit $h\nu = 3{,}58$ MeV angeregt werden kann.

XII. Isobarenspin von Mesonen und leichten Teilchen

Die Erfolge bei der Einführung des Isobarenspins der Nukleonen und der Kerne haben eine Reihe von Versuchen zu einer Ausdehnung dieses Begriffes auf andere Teilchen hervorgerufen.

Die Behandlung des Isobarenspins von Mesonen und anderer Teilchen ist nicht Aufgabe dieses Berichtes. Wir werden uns daher auf eine allgemeine Charakterisierung des Standes der Frage beschränken.

Am klarsten ist die Perspektive der Einführung des Begriffes des Isobarenspins für π-Mesonen zu sehen. Es sind drei Arten von π-Mesonen bekannt: π^+, π^0 und π^-.

Alle diese Teilchen haben fast die gleiche Masse [$\pi^- = (276{,}1 \pm 1{,}3)\, m_0$ [93, 46], $\pi^0 = (265 \pm 3)\, m_0$ [46], $\pi^+ = (277{,}4 \pm 1{,}1)\, m_0$ [93, 94]]. Anscheinend haben sie alle den gleichen Spin 0 (für π^0 folgt dies daraus, daß es in zwei Photonen zerfällt [95], für π^+ aus der Reaktion $\pi^+ + d = p + p$ [96]).

Anscheinend haben alle π-Mesonen ungerade Wellenfunktionen (es sind „pseudoskalare Teilchen") [97].

Nichts steht im Widerspruch zu dem Standpunkt, daß alle drei π-Mesonen drei verschiedene Ladungszustände eines einzigen Teilchens sind (ähnlich wie es auf Seite 14 für Protonen und Neutronen vorausgesetzt wurde). Alle π-Mesonen treten mit Kernen stark in Wechselwirkung, wobei die Wechselwirkung bei genügend großen Energien keinen elektromagnetischen Charakter hat.

Der Versuch zeigt, daß die Wahrscheinlichkeit der Bildung von π-Mesonen durch harte γ-Quanten oder schnelle Nukleonen für alle drei Teilchen annähernd gleich ist [98 bis 100].

Man kann annehmen, daß die spezifischen Mesonen-Wechselwirkungskräfte aller π-Mesonen mit beliebigen Nukleonen oder Kernen gleich sind. Diese Annahme und die Gleichheit der Massen sind ausreichend, um allen π-Mesonen einen Isobarenspin zuschreiben zu können. Als wir den Kernen einen bestimmten Wert des Isobarenspin zuschrieben, forderten wir im Grunde genommen auch nicht mehr.

Es ist natürlich, allen π-Mesonen einen Isobarenspin $T = 1$ zuzuschreiben und die Komponenten $T_z = -1$, 0 und $+1$ den π^--, π^0- und π^+-Mesonen zuzuordnen (es versteht sich, daß die Zeichen + und — willkürlich zugeschrieben werden). Nach dieser Festsetzung werden bei Reaktionen, an denen nur Mesonen und Kerne oder Nukleonen beteiligt sind, die Isobarenauswahlregeln angewendet, die in Tabelle 5 zusammengestellt sind.

Es gibt eine Reihe von Versuchen, auch den μ- und τ-Mesonen sowie dem Elektron, Positron und Neutrino einen Isobarenspin zuzuschreiben. Wir können diese Versuche übergehen, da praktische Folgerungen daraus bisher nicht gefunden wurden.

Literatur

[1] WIGNER, E., Phys. Rev., **51**, 106 (1937).
[2] INGLIS, D., Revs. Mod. Phys., **25**, 390 (1953).
[3] Шапиро И. УФН, (SCHAPIRO, I., Usp. Fiz. Nauk SSSR), **53**, 7 (1954).
[4] Зельцер Г., УФН, (SELZER, G., Usp. Fiz. Nauk SSSR), **53**, 455 (1954).[1]
[5] Иваненко Д., (IWANENKO, D.), Nature, **129**, 798 (1932).
[6] Кравцов В. УФН, (KRAVZOV, W., Usp. Fiz. Nauk SSSR), **47**, 341 (1952).
[7] HEISENBERG, W., ZS. Phys., **77**, 1 (1932); **78**, 156 (1933); **80**, 587 (1933).
[8] YOUNG, L., Phys. Rev., **47**, 972 (1935); **48**, 913 (1935).
[9] WIGNER, E., Phys. Rev., **56**, 519 (1939).
[10] BREIT, G., CONDON, E., PRESENT, R., Phys. Rev., **50**, 825 (1936).
[11] Ферми, Э., „Ядерная физика", S. 177. Moskau 1951; engl. Original: „Nuclear Physics", Chicago, University-Press.
[12] Ландау, Л., и Смородинский, Я., (LANDAU, L., u. SMORODINSKIJ, J.), Journ. Phys. USSR, **8**, 154 (1944).
[13] Смородинский, Я., (SMORODINSKIJ, J.), Journ. Phys. USSR, **8**, 219 (1944); **11**, 195 (1947).
[14] SCHWINGER, J., Phys. Rev., **72**, 742 (1947).
[15] BETHE, H., Phys. Rev., **76**, 38 (1949).
[16] BLATT, J., JACKSON, J., Phys. Rev., **76**, 18 (1949).
[17] BARKER, F., PEIERLS, R., Phys. Rev., **75**, 312 (1949).
[18] HATCHER, R., ARFKEN, G., BREIT, G., Phys. Rev., **75**, 1389 (1949).
[19] CHEW, G., GOLDHABER, M., Phys. Rev., **75**, 1466 (1949); **75**, 1637 (1949).
[20] SQUIRES, G., Progr. Nucl. Phys., **2**, 115 (1952).
[21] HAFNER, E., HORNYAK, W., FALK, C., SNOW, G., COOR, T., Phys. Rev., **89**, 204 (1953).
[22] SNOW, G., Phys. Rev., **87**, 21 (1952).
[23] SALPETER, E., Phys. Rev., **82**, 60 (1951).
[24] JACKSON, J., BLATT, J., Revs. Mod. Phys., **22**, 77, 109 (1950).
[25] SCHWINGER, J., Phys. Rev., **78**, 135 (1950).
[26] HAMILTON, D., ALFORD, W., GROSS, L., Phys. Rev., **83**, 215 (1951); **92**, 1521 (1953).
[27] LANGER, L., MOFFAT, J., Phys. Rev., **88**, 689 (1952).
[28] WONG, C., Phys. Rev., **92**, 529 (1953).
[29] BONNER, T., BUTLER, J., Phys. Rev., **83**, 1091 (1951).
[30] WILLARD, H., BAIR, J., KINGTON, J., HAHN, T., SNYDER, C., GREEN, F., Phys. Rev. **85**, 849 (1952).
[31] WILLARD, H., KINGTON, J., BAIR, J., Phys. Rev., **86**, 259 (1952).
[32] RODERICK, H., WONG, C., Phys. Rev., **92**, 204 (1953).

[1]) Ins Deutsche übersetzt im vorliegenden Sammelband. (*Anm. d. Herausg.*)

[33] Джелепов, Б., Зырянова, Л., УФН, (DZELEPOV, B., u. SYRJANOVA, L., Usp. Fiz. Nauk SSSR), **48**, 465 (1952).
[34] ALVAREZ, L., Phys. Rev., **80**, 519 (1951).
[35] AJZENBERG, F., FRANZEN, W., NSA, **8**, 2632 (1954).
[36] GOW, J., ALVAREZ, L., Phys. Rev., **94**, 365 (1954).
[37] BIRGE, A., Phys. Rev., **85**, 753 (1952).
[38] GLASS, N., JENSEN, L., RICHARDSON, J., Phys. Rev., **90**, 320 (1953).
[39] GLASS, N., RICHARDSON, J., Phys. Rev., **93**, 942 (1954).
[40] DZELEPOV, B., Phys. Abh. a. d. Sowjetunion, Bd. **6**, Kernphysik Folge 1, S. 57, Leipzig 1956.
[41] HOFSTADER, R., FECHTER, H., MCINTYRE, J., Phys. Rev., **92**, 978 (1953); SCHIFF, L., Phys. Rev., **92**, 988 (1953).
[42] FITCH, V., RAINWATER, J., Phys. Rev., **92**, 789 (1953); COOPER, L., HENLEY, E. Phys. Rev., **92**, 801 (1953).
[43] Джелепов, Б., Изв. АН СССР, Серия физич., (DZELEPOV, B., Izvest. Akad. Nauk SSSR, Serie Fiz.), **15**, 496 (1951).
[44] AAMODT, R., PANOFSKY, W., PHILIPPS, R., Phys. Rev., **83**, 1057 (1951).
[45] WATSON, K., STUART, R., Phys. Rev., **82**, 738 (1951).
[46] PANOFSKY, W., AAMODT, R., HADLEY, J., Phys. Rev., **81**, 565 (1951).
[47] ADAIR, R., Phys. Rev., **87**, 1041 (1952).
[48] WILKINSON, D., Nature, **172**, 576 (1953).
[49] TRIANOR, L., Phys. Rev., **85**, 962 (1952).
[50] RADICATI, L., Phys. Rev., **87**, 521 (1952).
[51] HUND, F., ZS. Phys., **105**, 202 (1937).
[52] AJZENBERG, F., LAURITSEN, T., Revs. Mod. Phys., **24**, 321 (1952).
[53] ENDT, P., KLUYVER, J., Revs. Mod. Phys., **26**, 95 (1954).
[54] HOLLANDER, J., PERLMAN, I., SEABORG, G., Revs. Mod. Phys., **25**, 469 (1953).
[55] ARBER, W., STÄHELIN, P., Helv. Phys. Acta, **26**, 433 (1953).
[56] BURROWS, H., POWELL, C., ROTBLAT, J., Proc. Roy, Soc., **209**, 478 (1951).
[57] ASHMORE, A., RAFFLE, J., Proc. Phys. Soc., **64**, 754 (1951).
[58] VAN DE GRAAFF, R., SPERDUTO, A., BUECHNER, W., ENGE, H., Phys. Rev., **86**, 966 (1952).
[59] WIGNER, E., FEENBERG, E., Rep. Progr. Phys., **8**, 274 (1941).
[60] KOFOED-HANSEN, O., Phys. Rev., **92**, 1075 (1953).
[61] MARTIN, W., BRECKON, S., Canad. J. Phys., **30**, 643 (1952).
[62] RADICATI, L., Proc. Phys. Soc., **66**, 139 (1953).
[63] BOCKELMAN, C., BROWNE, C., BUECHNER, W., SPERDUTO, A., Phys. Rev., **92**, 665 (1953).
[64] JONES, G., WILKONSON, D., Phys. Rev., **90**, 722 (1953).
[65] WILKINSON, D., JONES, G., Phys. Rev., **91**, 1575 (1953).
[66] WILKINSON, D., Phys. Rev., **90**, 721 (1953).
[67] GELL-MANN, M., TELEGDI, V., Phys. Rev., **91**, 169 (1953).
[68] FOWLER, W., LAURITSEN, C., Phys. Rev., **76**, 314 (1949).
[69] SEAGRAVE, J., Phys. Rev., **85**, 197 (1952).
[70] DEVONS, S., HINE, M., Proc. Roy. Soc., **199**, 56, 73 (1949).
[71] LAURITSEN, C., FOWLER, W., Phys. Rev., **58**, 193 (1940).
[72] WOODBURY, H., DAY, R., TOLLESTRUP, A., Phys. Rev., **85**, 760 (1952).
[73] THOMAS, R., LAURITSEN, T., Phys. Rev., **88**, 969 (1952).
[74] BAGGETT, L., BAME, S., Phys. Rev., **84**, 154 (1951).
[75] FRENCH, A., SEED, J., (siehe [67]).
[76] BLEULER, E., SCHERRER, P., ZÜNTI, W., Helv. Phys. Acta, **20**, 96 (1947).
[77] SOMMERS, H., SHERR, R., Phys. Rev., **69**, 21 (1946).
[78] MILLAR, C., BARTHOLOMEW, G., KINSEY, B., Phys. Rev., **81**, 150 (1951).

[79] Wilkinson, D., Jones, G., Phil. Mag., **44**, 542 (1953).
[80] Peaslee, D., Telegdi, V., Phys. Rev., **92**, 126 (1953).
[81] Telegdi, V., Zünti, W., Helv. Phys. Acta, **23**, 745 (1950).
[82] Eder, M., Telegdi, V., Helv. Phys. Acta, **25**, 55 (1952).
[83] Wilkins, J., Goward, F., Proc. Phys. Soc., **64**, 201 (1951).
[84] Wilkins, J., Goward, F., Proc. Phys. Soc., **63**, 1173 (1950).
[85] Goward, F., Wilkins, J., Proc. Phys. Soc., **64**, 93 (1951).
[86] Telegdi, V., Phys. Rev., **84**, 600 (1951).
[87] Wilkins, J., Goward, F., Proc. Phys. Soc., **64**, 1056 (1951).
[88] Telegdi, V., Phys. Rev., **87**, 169 (1952).
[89] Goward, F., Telegdi, V., Wilkins, J., Proc. Phys. Soc., **63**, 402 (1950).
[90] Titterton, E., (siehe [52]).
[91] Titteront, E., Proc. Phys. Soc., **63**, 915 (1950).
[92] Жданов, А., Лукирский, П., Соколова, З., ДАН СССР, (Shdanov, A., Lukirskij, P., Sokolova, S., Dokl. Akad. Nauk SSSR), **80**, 729 (1951).
[93] Barkas, W., Smith, F., Gardner, E., Phys. Rev., **82**, 102 (1951).
[94] Cartwright, W., Phys. Rev., **82**, 460 (1951).
[95] Peaslee, D., Helv. Phys. Acta, **23**, 845 (1950); **24**, 298 (1951).
[96] Clark, D., Roberts, A., Wilson, R., Phys. Rev., **83**, 649 (1951).
[97] Marshak, R., Revs. Mod. Phys., **23**, 137 (1951).
[98] Littauer, R., Walker, D., Bull. Amer. Phys. Soc., **26**, 3, 15 (1951).
[99] Medicus, H., Phys. Rev., **83**, 662 (1951).
[100] Shapiro, A., Phys. Rev., **83**, 874 (1951).

Der Isobarenspin und die Hypothese der Ladungsunabhängigkeit der Kernkräfte[1])

von

G. I. Selzer

Mit der Schaffung des Protonen-Neutronen-Modells begann der moderne Abschnitt in der Entwicklung der Vorstellungen vom Bau der Atomkerne. Seit diesem Zeitpunkt ist die Untersuchung der spezifischen, nicht elektromagnetischen Wechselwirkung zwischen den Kernteilchen — Protonen und Neutronen — das zentrale Problem der Kernphysik.

Von der Sicht des Protonen-Neutronen-Modells aus ist es schon seit langem klar, daß beide Arten von Teilchen in der Kernstruktur annähernd die gleiche Rolle spielen. Nicht nur die Masse, sondern auch das Volumen und die Bindungsenergie des Kernes sind angenähert proportional der Zahl aller Teilchen im Kern, d. h. jedes Kernteilchen trägt unabhängig davon, ob es sich um ein Proton oder ein Neutron handelt, etwa in gleichem Maße zu diesen Größen bei. Ausgehend von ähnlichen Überlegungen wurde bereits 1935 die Idee geäußert [1], daß zwischen zwei *beliebigen* Kernteilchen Kräfte wirken, die fast gleich sind.

In viel genauerer Form wurde die Hypothese der Ladungsunabhängigkeit der Kernkräfte im Zusammenhang mit der Untersuchung der Streuung von Protonen an Protonen [7] ausgearbeitet [2, 3, 4, 5, 6]. Die Interpretation der Versuchsergebnisse [8] zeigte, daß sich nach Abzug des Effektes der COULOMB-Kräfte die Proton-Proton-Wechselwirkung fast nicht von der Proton-Neutron-Wechselwirkung unterscheidet (auf jeden Fall im ^1S-Zustand). Als man später noch die magnetischen Wechselwirkungen berücksichtigte [9], wurde die Übereinstimmung noch besser. Obwohl über die Neutron-Neutron-Wechselwirkung direkte Angaben fehlten, wurde angenommen, daß auch sie sich nicht von der spezifischen Neutron-Proton- und Proton-Proton-Wechselwirkung unterscheidet.

Diese letzte Annahme wurde durch die Resultate der Messungen der Energie der Spiegelkerne gefestigt [10]. Es erwies sich, daß die Differenz der Energien der Grundzustände solcher Kerne vollständig aus dem Unterschied ihrer COULOMB-Energie und der Massendifferenz zwischen Neutron und Proton erklärt werden kann. Das spricht für die Gleichheit der n—n- und p—p-Kern-

[1]) Г. И. Зельцер, Успехи физических Наук (Usp. Fiz. Nauk), **53**, 455—500 (1954).

kräfte. (Diese Aussage bezeichnet man manchmal als „Ladungssymmetrie" der Kernkräfte.)

Die *Hypothese der Ladungsunabhängigkeit* behauptet, daß für ein beliebiges Nukleonenpaar bei sonst gleichen Bedingungen die Kernkräfte unabhängig von der Ladung der Nukleonen sind, d. h., daß sich die n—p-, p—p- und n—n-Kräfte in ein und denselben Raum- und Spinzuständen der Paare gleichen.

Es ist klar, daß neben den Kernkräften auch die COULOMB-Kräfte sowie die magnetischen Wechselwirkungen berücksichtigt werden müssen, die auf jeden Fall die Ladungsunabhängigkeit der Kräfte zwischen den Nukleonen verletzen. Diese COULOMB- und anderen elektromagnetischen Kräfte spielen aber keine entscheidende Rolle, zumindest bei den leichten Kernen. Außerdem sind sie viel besser bekannt als die Kernkräfte und ihr Einfluß kann meist berücksichtigt werden. Selbstverständlich hat jedoch aus diesem Grunde eine direkte Überprüfung der Folgerungen aus der Hypothese der Ladungsunabhängigkeit nur Sinn für leichte Kerne.

Außer der COULOMB-Wechselwirkung ist noch die Massendifferenz zwischen Neutron und Proton Ursache dafür, daß sich diese beiden Teilchen nicht völlig gleich verhalten. Der Massenunterschied ist jedoch gering und sein Einfluß ist in der Regel schwächer als der Einfluß der COULOMB-Kräfte. Er macht sich hauptsächlich durch den verschiedenen Beitrag von Neutronen und Protonen zur Ruhemasse des Kernes bemerkbar, was sehr leicht berücksichtigt werden kann.

Wenn man die Folgerungen aus der Hypothese der Ladungsunabhängigkeit der Kernkräfte untersucht, ist es zweckmäßig, zunächst die beiden erwähnten Effekte nicht zu berücksichtigen.

Unter diesen Voraussetzungen führt die Hypothese der Ladungsunabhängigkeit zu der Aussage, daß der HAMILTON-Operator eines Nukleonensystems bei der Vertauschung eines beliebigen Protons mit einem Neutron oder eines Neutrons mit einem Proton unverändert bleibt. Mit anderen Worten, alle isobaren Kerne haben einen gemeinsamen HAMILTON-Operator, der bezüglich aller Teilchen symmetrisch ist, d. h., er ist gegen eine Vertauschung der räumlichen und der Spinkoordinaten zweier beliebiger Teilchen invariant.

Somit kann die Hypothese der Ladungsunabhängigkeit als Prinzip der Symmetrie des Kern-HAMILTON-Operators gegen Umstellungen der Teilchen ausgedrückt werden.

Die Untersuchung der Eigenschaften der Vertauschungssymmetrie von Zuständen, die ein symmetrischer HAMILTON-Operator zuläßt, gibt die Grundlage für die meisten Folgerungen aus der Hypothese der Ladungsunabhängigkeit. Dabei hat grundlegende Bedeutung, daß im quantenmechanischen Sinne Neutronen und Protonen auf keinen Fall identische Teilchen sind, wie immer auch die Kernkräfte beschaffen sein mögen. Die weitestgehende zulässige Annahme ist, daß Neutron und Proton zwei verschiedene Zustände ein und desselben Teilchens sind, die sich durch die Größe einer bestimmten inneren Koordinate unterscheiden, von der die Kernkräfte nicht abhängen.

Die Vorstellung, daß Neutron und Proton als zwei verschiedene Ladungszustände eines Teilchens — des Nukleons — zu betrachten sind, wurde unmittelbar nach der Schaffung des Protonen—Neutronen-Modells des Kerns [11] ausgesprochen. Die Nützlichkeit einer solchen Vereinigung folgt schon aus dem geringen Unterschied der Neutronen- und Protonenmasse und aus der wichtigen Rolle, welche die Massenzahl bei der Charakterisierung des Kernes spielt. Unmittelbarer Anlaß für eine solche Deutung war der Versuch, die Kräfte zwischen Neutron und Proton als Austauschkräfte zu erklären.

Die Einheit von Protonen- und Neutronen-Zustand eines Nukleons fand ihren Ausdruck im unlängst klar ausgesprochenen Begriff der „Kernladung" und deren Erhaltungsgesetz [12, 13].

Die Möglichkeit der Deutung des Protons und Neutrons als zweier Zustände ein und desselben Teilchens ist nicht zwangsläufig mit der Hypothese der Ladungsunabhängigkeit verbunden. Am fruchtbarsten wird jedoch eine solche Vorstellung in Verbindung mit dieser Hypothese.

I. Der Isobarenspin

Gewöhnlich charakterisiert man ein Nukleonensystem — einen Atomkern — durch die Angabe der Zahl aller Teilchen, der Massenzahl A, und der Zahl der Protonen, der Kernladungszahl Z. Eine solche Charakteristik ist offensichtlich asymmetrisch bezüglich Neutronen und Protonen und viel eher für Probleme der Atomhülle als für Kernprobleme geeignet.

Bei der einheitlichen Deutung von Proton und Neutron ist es zweckmäßig, das Nukleonensystem mit der Zahl

$$A = N + Z \tag{1,1}$$

und der entsprechenden „antisymmetrischen" Kombination

$$T_3 = \frac{N - Z}{2} = N - \frac{A}{2} = -\left(Z - \frac{A}{2}\right) \tag{1,2}$$

zu beschreiben, wobei N die Zahl der Neutronen bedeutet. Die „antisymmetrische" Kombination gibt bezüglich der mittleren Teilchenzahl $A/2$ den Neutronenüberschuß bzw. den Mangel an Protonen an. In Abhängigkeit davon, ob A eine gerade oder ungerade Zahl ist, kann T_3 ganz- oder halbzahlige Werte von

$$-\frac{A}{2}, -\frac{A}{2}+1, -\frac{A}{2}+2, \dots \text{ bis } +\frac{A}{2}$$

annehmen.

Man nennt T_3 die „dritte Komponente" oder „z-Komponente" des *Isobarenspins* des Nukleonensystems. Bei vorgegebenem A gehören die verschiedenen Zahlen T_3 zu den verschiedenen isobaren Kernen.[1])

Für das einzelne Nukleon beträgt die dritte Komponente des Isobarenspins

$$\begin{aligned} t_3 &= +\frac{1}{2} \text{ (für das Neutron)} \\ t_3 &= -\frac{1}{2} \text{ (für das Proton)}. \end{aligned} \tag{1,3}$$

Von dem Standpunkt aus, daß Neutron und Proton verschiedene Teilchen sind, charakterisiert t_3 die Teilchenart. Geht man jedoch von der Vorstellung des Nukleons aus, so ist t_3 eine Charakteristik seines *Zustandes*, eine seiner Koordinaten, und zwar die, welche den „Freiheitsgrad der Ladung" beschreibt. Entsprechend den beiden möglichen Ladungszuständen des Nukleons nimmt die Veränderliche t_3 nur zwei Werte an, d. h., sie ist, wie man sagt, eine dichotomische Variable. Darin und nur darin besteht ihre wesentliche Analogie zu der üblichen Spinvariablen s_z (für Teilchen mit dem Spin $^1/_2$). Dieser Analogie verdankt der Isobarenspin seinen Namen. Geht man zunächst nur von der Gesamtheit der für t_3 möglichen Werte aus, so muß man dem Isobarenspin des Nukleons den Wert $^1/_2$ zuschreiben. Die Auswahl der Werte $\pm ^1/_2$ für die Veränderliche, die den Ladungszustand des Nukleons beschreibt, hat vor einer beliebigen anderen möglichen Auswahl den Vorzug, daß sie die Analogie zu dem gewöhnlichen Spin weit zu verfolgen gestattet.

Es ist übrigens nützlich, noch die besondere Bezeichnung τ_3 für die Größe

$$\tau_3 = 2t_3$$

einzuführen, die für Neutron und Proton die Werte ± 1 annimmt (analog zur Größe σ_z in der üblichen Spintheorie).

Um einen vollständigen Satz der Koordinaten eines Nukleons zu erhalten, muß zu seinen üblichen räumlichen- und Spinkoordinaten noch die Größe t_3 hinzugefügt werden. Damit wird der vollständige Satz von Koordinaten eines Nukleons

$$\mathbf{r},\ s_z,\ t_3.\ ^{2)}$$

---

1) Bis jetzt war die Bezeichnung „Isotopenspin" gebräuchlich, die auf WIGNER [5] zurückgeht. Die im Text in Anlehnung an [32, 33] benutzte Benennung entspricht zweifelsohne besser dem damit bezeichneten Begriff, da die verschiedenen Werte von T_3 gewöhnlich zur Charakterisierung *verschiedener* Ladungszustände von Kernen mit der *gleichen* Massenzahl A gebraucht werden. (*Anm. d. Herausg.*: Zu dieser Frage vergleiche auch das Vorwort dieses Sammelbandes.)

2) In der russischsprachigen Literatur werden Vektoren fett gedruckt. Das wurde in der Übersetzung beibehalten. In der deutschsprachigen Literatur sind dafür Frakturbuchstaben üblich. (*Anm. d. Herausg.*)

Dementsprechend kann die Wellenfunktion eines Nukleonensystems in der Form

$$\Psi\left(\mathbf{r}^{(1)}, s_z^{(1)}, t_3^{(1)};\ \mathbf{r}^{(2)}, s_z^{(2)}, t_3^{(2)}, \ldots, \mathbf{r}^{(A)}, s_z^{(A)}, t_3^{(A)}\right) \tag{1,4}$$

geschrieben werden, wobei der obere Index die Teilchennummer wiedergibt. Im weiteren werden wir öfter die Gesamtheit von räumlichen und üblichen Spinkoordinaten mit $q^{(i)} = \left(\mathbf{r}^{(i)}, s_z^{(i)}\right)$ bezeichnen.

Für einen Kern mit der Massenzahl A und der Ordnungszahl Z darf die Wellenfunktion (1,4) nur bei Erfüllung der Bedingung

$$T_3 = \sum_{i=1}^{A} t_3^{(i)} = \frac{N - Z}{2}$$

verschieden von Null sein.

Da wir den Unterschied zwischen Neutron und Proton auf den Unterschied der Zustände des Nukleons zurückführten, die völlig durch den Satz seiner fünf Koordinaten erfaßt werden, treten alle Nukleonen in der Theorie als gleiche Teilchen auf. Unabhängig von den Voraussetzungen über die Art der Kräfte zwischen den Nukleonen wird der HAMILTON-Operator des Systems eine symmetrische Funktion der Variablen sein, die zu verschiedenen Nukleonen gehören. Das heißt, auf die Nukleonen ist das quantenmechanische Identitätsprinzip der Mikroteilchen anwendbar, das Symmetrie oder Antisymmetrie der Wellenfunktion bei gleichzeitiger Vertauschung *aller* (im vorliegenden Falle fünf) Koordinaten zweier beliebiger gleicher Teilchen fordert. Der Faktor ($+1$ oder -1), um den sich die Wellenfunktion bei solch einer Vertauschung ändert, kann nicht von den Werten der Argumente der Funktion abhängen, wie sie auch sein mögen. Deshalb kann man zur Bestimmung des Faktors $+1$ oder -1 das Verhalten der Funktion bei der Umstellung zweier Teilchen untersuchen, deren t_3-Werte gleich sind (d. h., wenn beide Teilchen entweder Protonen oder Neutronen sind). In diesem Falle reduziert sich die Vertauschung aller fünf Koordinaten der beiden Teilchen auf die Vertauschung ihrer räumlichen und Spinkoordinaten. Aber für eine solche Vertauschung fordert das PAULI-Prinzip, dem Neutronen und Protonen gehorchen, Antisymmetrie. Das heißt, in dem von uns ausgewählten Falle ist die Funktion (1,4) antisymmetrisch. Entsprechend dem vorhin Gesagtem folgt daraus, daß sie auch bei ungleichen t_3-Werten der vertauschten Teilchen, d. h. *immer* antisymmetrisch ist.

Auf den ersten Blick scheint es, daß die Forderung der durchgehenden Antisymmetrie für die Gesamtwellenfunktion bei der Vertauschung von Neutronen mit Protonen zusätzliche physikalische Einschränkungen zur Folge hat, da ja das PAULI-Prinzip nur für jeweils einen Teilchentyp gilt. Das ist jedoch nicht so, weil beim Übergang vom Protonen-Neutronen-Begriff zum Begriff des Isobarenspins die Vergrößerung der Zahl der Symmetriebedingungen von einer Vergrößerung der Zahl der Funktionen begleitet wird, die sich durch Vertauschungen der Teilchen ergeben und die zu ein und demselben physikalischen Zustand gehören. Wir möchten noch darauf hinweisen, daß für unsere Argumentation wichtig war, daß sowohl Neutronen als auch Protonen der FERMI-DIRAC-Statistik gehorchen.

Ähnlich der nichtrelativistischen Darstellung der Wellenfunktion eines Teilchens mit dem Spin $^1/_2$ kann die Wellenfunktion des Nukleons in Form einer zweizeiligen Matrix geschrieben werden, wobei die Zeilen mit den Werten von t_3 zu numerieren sind — z. B. in der Reihenfolge $t_3 = +^1/_2$, $t_3 = -^1/_2$:

$$\psi = \begin{vmatrix} u \\ v \end{vmatrix}. \tag{1,5}$$

Die Funktionen u und v, die von den räumlichen und Spinkoordinaten abhängen, sind die Wahrscheinlichkeitsamplituden des Neutronen- bzw. Protonenzustandes. Bei einer solchen Schreibweise kann man offensichtlich den Operator für die Größe t_3 in Form einer zweireihigen Matrix darstellen:

$$\hat{t}_3 = \frac{1}{2}\hat{\tau}_3 = \frac{1}{2}\begin{vmatrix} 1 & 0 \\ 0 & -1 \end{vmatrix}, \tag{1,6}$$

die genau mit der dritten PAULI-Matrix zusammenfällt, jedoch nicht auf die üblichen Spinvariablen, sondern auf die Veränderlichen des Isobarenspins wirkt. Eigenfunktionen dieses Operators sind $\begin{vmatrix} u \\ 0 \end{vmatrix}$ für den Eigenwert $+^1/_2$ (Neutron) und $\begin{vmatrix} 0 \\ v \end{vmatrix}$ für den Eigenwert $-^1/_2$ (Proton), wobei u und v beliebige Funktionen von Raum und Spin sein können.

Neben der Matrix (1,6) führen wir noch die Analoga der übrigen beiden PAULI-Matrizen ein:

$$\frac{1}{2}\hat{\tau}_1 = \frac{1}{2}\begin{vmatrix} 0 & 1 \\ 1 & 0 \end{vmatrix} \quad \text{und} \quad \frac{1}{2}\hat{\tau}_2 = \frac{1}{2}\begin{vmatrix} 0 & -i \\ i & 0 \end{vmatrix}. \tag{1,6'}$$

Mit Hilfe dieser Matrizen kann man den Übergangsoperator vom Neutronen- in den Protonenzustand des Nukleons und entsprechend den umgekehrten Operator sowie den Vertauschungsoperator für die Ladungskoordinaten zweier Nukleonen konstruieren. Die erwähnten Operatoren sind auf folgende Weise zu erhalten:

Wir führen eine Kombination der Operatoren (1,6) und (1,6') ein:

$$\Pi = \frac{1}{2}(\hat{\tau}_1 - i\hat{\tau}_2) = \begin{vmatrix} 0 & 0 \\ 1 & 0 \end{vmatrix}; \quad \Pi^+ = \frac{1}{2}(\hat{\tau}_1 + i\hat{\tau}_2) = \begin{vmatrix} 0 & 1 \\ 0 & 0 \end{vmatrix};$$

$$T_+ = \frac{1}{2}(1 + \hat{\tau}_3) = \begin{vmatrix} 1 & 0 \\ 0 & 0 \end{vmatrix}; \quad T_- = \frac{1}{2}(1 - \hat{\tau}_3) = \begin{vmatrix} 0 & 0 \\ 0 & 1 \end{vmatrix} \tag{1,7}$$

und betrachten ihre Wirkung auf die Wellenfunktion des Nukleons, die in der Form (1,5) geschrieben wird. Zum Beispiel:

$$\Pi\psi = \begin{vmatrix} 0 & 0 \\ 1 & 0 \end{vmatrix}\begin{vmatrix} u \\ v \end{vmatrix} = \begin{vmatrix} 0 \\ u \end{vmatrix},$$

das heißt, wirkt Π auf eine Funktion, die einen Neutronenzustand beschreibt, so verwandelt er diese in eine Funktion, die einem ebensolchen Protonenzustand entspricht. Wirkt Π auf eine Funktion, die einen Protonenzustand beschreibt, so annulliert er diese Funktion. Kurz gesagt, Π verwandelt ein Neutron in ein Proton und annulliert ein Proton. Analog ist auch die Wirkung der übrigen Operatoren. Π^+ verwandelt ein Proton in ein Neutron und annulliert ein Neutron. T_+ erhält den Neutronenzustand, der Protonenzustand wird annulliert. T_- erhält den Protonenzustand, der Neutronenzustand wird annulliert.

Betrachten wir jetzt den Operator

$$\hat{P}^{(\tau)}_{(i,k)} = \Pi^{(i)}\Pi^{(k)+} + \Pi^{(i)+}\Pi^{(k)} + T^{(i)}_+ T^{(k)}_+ + T^{(i)}_- T^{(k)}_-. \tag{1,8}$$

Die Indizes bezeichnen zwei Teilchen, auf welche die Operatoren wirken sollen. Wir wollen nun die Wirkung des Operators (1,8) auf alle möglichen Ladungszustände zweier Teilchen untersuchen. Wenn das i-te Teilchen ein Neutron und das k-te Teilchen ein Proton ist, so ergibt nur der erste Summand einen von Null verschiedenen Beitrag, und zwar verwandelt er das i-te Teilchen in ein Proton und das k-te in ein Neutron. Wenn das i-te Teilchen ein Proton und das k-te ein Neutron ist, so führt der zweite Summand zu einem analogen „Austausch" von Proton und Neutron. Wenn schließlich beide Teilchen Neutronen (Protonen) sind, so gibt der dritte (vierte) Summand Eins, die restlichen geben jeweils Null. Auch in diesem Fall kann man die Wirkung des Operators $\hat{P}^{(\tau)}_{(i,k)}$ als Austausch der (gleichen) Ladungskoordinaten deuten.

Der durch (1,8) bestimmte Operator $\hat{P}^{(\tau)}_{(i,k)}$ ist also der Austauschoperator für die Ladungskoordinaten. Werden in (1,8) die Ausdrücke für Π und T eingesetzt, so liefert das

$$\hat{P}^{(\tau)}_{(i,k)} = \frac{1 + (\hat{\boldsymbol{\tau}}^{(i)} \cdot \hat{\boldsymbol{\tau}}^{(k)})}{2}, \tag{1,9}$$

wobei nach der Definition

$$(\hat{\boldsymbol{\tau}}^{(i)} \cdot \hat{\boldsymbol{\tau}}^{(k)}) \equiv \hat{\tau}^{(i)}_1 \hat{\tau}^{(k)}_1 + \hat{\tau}^{(i)}_2 \hat{\tau}^{(k)}_2 + \hat{\tau}^{(i)}_3 \hat{\tau}^{(k)}_3$$

das skalare Produkt der Operatoren $\hat{\boldsymbol{\tau}}^{(i)}$ und $\hat{\boldsymbol{\tau}}^{(k)}$ ist, deren Komponenten durch die Beziehungen (1,6) und (1,6′) festgelegt sind.

Wir führen jetzt für ein System aus A Nukleonen die Operatoren

$$\hat{T}_1 = \frac{1}{2} \sum_{i=1}^{A} \hat{\tau}^{(i)}_1, \quad \hat{T}_2 = \frac{1}{2} \sum_{i=1}^{A} \hat{\tau}^{(i)}_2, \quad \hat{T}_3 = \frac{1}{2} \sum_{i=1}^{A} \hat{\tau}^{(i)}_3 \tag{1,10}$$

ein, welche die drei (nichtkommutierenden) Komponenten des Vektors $\hat{\mathbf{T}}$ des Isobarenspins sind. Sie besitzen selbstverständlich alle mathematischen Eigenschaften der Operatoren des gewöhnlichen Spins.

Suchen wir zunächst die Eigenfunktionen des Operators $\hat{T}_3$.

Die Definition (1,6) des Operators $\hat{\tau}_3$ kann man in der Form

$$\hat{\tau}_3 \chi(\tau_3) = \tau_3 \chi(\tau_3)$$

schreiben, da der Operator $\hat{\tau}_3$ die Funktion mit $+1$ (oder -1) multipliziert, wenn die Veränderliche $\tau_3 = +1$ (oder -1) ist. Deshalb wird der Operator $\hat{T}_3$ auf die Funktion $\chi\left(\tau_3^{(1)}, \tau_3^{(2)}, \ldots, \tau_3^{(A)}\right)$ folgendermaßen wirken:

$$\hat{T}_3\chi\left(\tau_3^{(1)}, \tau_3^{(2)}, \ldots, \tau_3^{(A)}\right) = \frac{1}{2}\left(\tau_3^{(1)} + \tau_3^{(2)} + \cdots + \tau_3^{(A)}\right)\chi\left(\tau_3^{(1)}, \tau_3^{(2)}, \ldots, \tau_3^{(A)}\right).$$

Hier können wir unter χ eine Funktion verstehen, die außer von den explizit aufgeschriebenen Variablen der Isobarenspins noch von den übrigen (Raum- und Spin-) Koordinaten der Nukleonen abhängt.

Eigenfunktion des Operators $\hat{T}_3$ ist die Lösung der Gleichung

$$\hat{T}_3\chi = T_3\chi,$$

wobei T_3 der zugehörige Eigenwert ist. Für die Eigenfunktion gilt also

$$\frac{1}{2}\left(\tau_3^{(1)} + \tau_3^{(2)} + \cdots + \tau_3^{(A)}\right)\chi = T_3\chi$$

oder anders

$$\left\{\frac{1}{2}\left(\tau_3^{(1)} + \tau_3^{(2)} + \cdots + \tau_3^{(A)}\right) - T_3\right\}\chi = 0.$$

Das heißt, daß entweder

$$\frac{1}{2}\left(\tau_3^{(1)} + \tau_3^{(2)} + \cdots + \tau_3^{(A)}\right) = T_3$$

gilt oder daß $\chi = 0$ ist. Daraus ist zu ersehen, daß die Eigenfunktion des Operators $\hat{T}_3$ nur dann verschieden von Null ist, wenn N von den Isobarenspin-Variablen $\tau_3^{(i)}$ den Wert $+1$ und die restlichen Z den Wert -1 besitzen, wobei die Zahlen N und Z eindeutig durch die Bedingungen

$$\frac{N - Z}{2} = T_3, \quad N + Z = A$$

bestimmt sind, die mit (1,1) und (1,2) zusammenfallen.

Entsprechend dem Sinn der Veränderlichen τ_3 beschreiben somit die Eigenfunktionen des Operators $\hat{T}_3$ Zustände des Nukleonensystems mit bestimmter Ladung, d. h. mit fixierter Neutronenzahl (N) und Protonenzahl (Z). Dabei wird der Eigenwert T_3 als die halbe Differenz zwischen Neutronen- und Protonenzahl gedeutet, was auch die in (1,2) eingeführte Bezeichnung dieser halben Differenz erklärt.

Man kann den Operator des Quadrats des Isobarenspins definieren:

$$\hat{\mathbf{T}}^2 = \hat{T}_1^2 + \hat{T}_2^2 + \hat{T}_3^2 = (\hat{\mathbf{T}}, \hat{\mathbf{T}}). \tag{1,11}$$

Seine Eigenwerte können in der Form $T(T+1)$ geschrieben werden, wobei T ganz- oder halbzahlig ist, je nachdem ob eine gerade oder ungerade Gesamtteilchenzahl A vorliegt. T kann die Werte $\frac{A}{2}, \frac{A}{2}-1, \ldots, 0 \left(\text{oder} \ldots, \frac{1}{2}\right)$ annehmen. Außerordentlich wichtig ist der Zusammenhang des Operators $\hat{\mathbf{T}}^2$ mit den Vertauschungsoperatoren $\hat{P}^{(\tau)}_{(i,k)}$. Er ist leicht aus (1,11) und (1,9) zu erhalten:

$$\hat{\mathbf{T}}^2 = \left(\frac{1}{2}\sum_{i=1}^{A} \hat{\boldsymbol{\tau}}^{(i)}, \frac{1}{2}\sum_{k=1}^{A} \hat{\boldsymbol{\tau}}^{(k)}\right) = \frac{1}{4}\left\{\sum_{i=1}^{A} (\hat{\boldsymbol{\tau}}^{(i)})^2 + 2\sum_{i<k}^{A} (\hat{\boldsymbol{\tau}}^{(i)} \cdot \hat{\boldsymbol{\tau}}^{(k)})\right\} =$$

$$= \frac{3}{4}A + \sum_{i<k}^{A}\left\{\hat{P}^{(\tau)}_{(i,k)} - \frac{1}{2}\right\} = \frac{3}{4}A - \frac{A(A-1)}{4} + \sum_{i<k}^{A} \hat{P}^{(\tau)}_{(i\,k)} =$$

$$= A - \frac{A^2}{4} + \sum_{i<k}^{A} \hat{P}^{(\tau)}_{(i\,k)}, \tag{1,12}$$

d. h. $\hat{\mathbf{T}}^2$ fällt bis auf einen konstanten Summanden mit der Summe aller Paarvertauschungen der Ladungskoordinaten der Nukleonen zusammen. Für eine völlig symmetrische Funktion zum Beispiel sind alle $\hat{P}^{(\tau)}_{(i,k)} = 1$; $\hat{\mathbf{T}}^2 = \frac{A}{2}\left(\frac{A}{2}+1\right)$, $T = \frac{A}{2}$.

Im einfachsten Fall zweier Teilchen ist

$$\hat{\mathbf{T}}^2 = 1 + \hat{P}^{(\tau)}_{(1,2)}. \tag{1,13}$$

so daß der Operator $\hat{\mathbf{T}}^2$ faktisch mit dem Vertauschungsoperator der beiden Teilchen zusammenfällt. Deshalb unterscheiden sich die Eigenfunktionen von $\hat{\mathbf{T}}^2$ nicht von den Eigenfunktionen von $\hat{P}^{(\tau)}_{(1,2)}$, d. h., sie sind symmetrische oder antisymmetrische Funktionen der Variablen $t_3^{(1)}$, $t_3^{(2)}$. Für die symmetrische Funktion ist $\hat{P}^{(\tau)}_{(1,2)} = 1$; $\hat{\mathbf{T}}^2 = T(T+1) = 2$; $T = 1$, für die antisymmetrische Funktion gilt $\hat{P}^{(\tau)}_{(1,2)} = -1$; $\hat{\mathbf{T}}^2 = T(T+1) = 0$; $T = 0$.

II. Die quantenmechanische Formulierung der Hypothese der Ladungsunabhängigkeit

Untersuchen wir jetzt, wie die Hypothese der Ladungsunabhängigkeit in die quantenmechanische Beschreibung der Nukleonen einzuführen ist. Dabei werden wir zunächst die COULOMB-Kräfte und die Massendifferenz zwischen Neutron und Proton vernachlässigen. Ladungsunabhängigkeit bedeutet dann offensichtlich, daß der HAMILTON-Operator $\hat{H}$ eines Nukleonensystems keine Operatoren enthält, die auf die Variablen des Isobarenspins wirken.[1])

In diesem Falle kommutieren alle Operatoren des Isobarenspins mit dem HAMILTON-Operator, speziell also auch die Operatoren $\hat{\mathbf{T}}^2$ und $\hat{T}_3$. Da diese beiden außerdem auch noch miteinander kommutieren, so gibt es ein vollständiges System gemeinsamer Eigenfunktionen der Operatoren $\hat{H}$, $\hat{\mathbf{T}}^2$ und $\hat{T}_3$. Man kann auch noch die übrigen Operatoren hinzufügen, die mit $\hat{H}$ kommutieren und nicht auf die Veränderlichen des Isobarenspins wirken, wie z. B. den Gesamtdrehimpuls $\hat{\mathbf{J}}^2$, die z-Komponente des Drehimpulses $\hat{J}_z$ und die Parität.

Wenn der HAMILTON-Operator keine Operatoren enthält, die auf die Variablen des Isobarenspins wirken, so wird die Gesamtwellenfunktion des Nukleonensystems das Produkt der Lösung der entsprechenden SCHRÖDINGER-Gleichung, die nur von Raum- und Spinkoordinaten abhängt, mit einer Funktion der Isobarenspinvariablen. Dabei ist vorausgesetzt, daß keine Entartung vorliegt. Liegt Entartung vor, so wird die Gesamtwellenfunktion eine Linearkombination von Lösungen, die zum gegebenen Eigenwert gehören, wobei die Koeffizienten dieser Linearkombination von den Isobarenspinvariablen abhängen. In beiden Fällen muß die Gesamtwellenfunktion bezüglich der Vertauschung aller fünf Koordinaten zweier beliebiger Nukleonen antisymmetrisch sein.

Wir legen die Folgerungen aus der Hypothese der Ladungsunabhängigkeit zunächst am Beispiel zweier Nukleonen dar, was die prinzipielle Seite der Sache zu erklären gestattet. Anschließend erläutern wir, welche Verwicklungen bei beliebiger Teilchenzahl entstehen.

Für zwei Nukleonen lautet die SCHRÖDINGER-Gleichung, die den räumlichen und den Spinanteil der Wellenfunktion eines stationären Zustandes bestimmt:

$$\hat{H}(q^{(1)}, q^{(2)})\,\psi\,(q^{(1)}, q^{(2)}) = E\psi(q^{(1)}, q^{(2)}). \tag{2,1}$$

Der HAMILTON-Operator des Systems enthält wegen der Voraussetzung der Ladungsunabhängigkeit nur Operatoren, die auf die Veränderlichen q wirken. Er ist deshalb offensichtlich symmetrisch bezüglich der gleichzeitigen Vertauschung der Raum- und Spinkoordinaten der beiden Teilchen. Deshalb ge-

[1]) Genauer müßte man sagen, daß bei Annahme von Ladungsunabhängigkeit der HAMILTON-Operator in einer Form geschrieben *werden kann*, in der er keine Operatoren des Isobarenspins enthält. Treten z. B. im HAMILTON-Operator Operatoren der Art $(\hat{\boldsymbol{\tau}}^{(i)} \cdot \hat{\boldsymbol{\tau}}^{(k)})$ auf, so wird dadurch die Ladungsunabhängigkeit nicht gestört, da solche Operatoren durch andere ausgedrückt werden können, die nur auf die Koordinaten q wirken. Nach dem PAULI-Prinzip führt die Vertauschung aller Koordinaten zweier Nukleonen $\hat{P}_{(i,k)} = \hat{P}^{(\tau)}_{(i,k)} \cdot \hat{P}^{(q)}_{(i,k)}$ zur Änderung der Wellenfunktion um den Faktor -1. Deshalb wird in der Anwendung auf die zulässigen (antisymmetrischen) Funktionen $\hat{P}^{(\tau)}_{(i,k)} = -\hat{P}^{(q)}_{(i,k)}$. Daraus und aus (1,9) ergibt sich, daß $(\hat{\boldsymbol{\tau}}^{(i)} \cdot \hat{\boldsymbol{\tau}}^{(k)}) = 2\hat{P}^{(\tau)}_{(i,k)} - 1 = -2\hat{P}^{(q)}_{(i,k)} + 1$ ist, d. h., der Operator $(\hat{\boldsymbol{\tau}}^{(i)} \cdot \hat{\boldsymbol{\tau}}^{(k)})$ kann durch Operatoren ausgedrückt werden, die nur auf räumliche und Spinkoordinaten wirken.

hören zu jedem Eigenwert E jeweils zwei Eigenfunktionen, die sich durch Vertauschung von $q^{(1)}$und $q^{(2)}$ unterscheiden. Liegt keine Entartung vor, so bedeutet das, daß die Eigenfunktionen entweder symmetrisch oder antisymmetrisch sind. Wenn bei irgendeinem HAMILTON-Operator Entartung vorkommt, so wird sie schon durch eine kleine symmetrische Störung beseitigt. Wir haben dann wieder Funktionen bestimmter Symmetrie zu betrachten, welche die „richtigen Linearkombinationen" in nullter Näherung sind. Da es immer eine hinreichende Vielfalt von Wechselwirkungen gibt, können wir annehmen, daß der Zustand eine völlig bestimmte Symmetrie besitzt — vorausgesetzt, daß alle betrachteten Wechselwirkungen symmetrisch sind.

Somit lassen sich alle Eigenwerte und Eigenfunktionen in zwei Systeme trennen.

$$E_n^{(s)}, \qquad \psi_n^{(s)}(q^{(1)}, q^{(2)}) \tag{2,2}$$

und

$$E_m^{(a)} \qquad \psi_m^{(a)}(q^{(1)}, q^{(2)}) \tag{2,3}$$

entsprechend der Symmetrie und Antisymmetrie der Funktionen. Die n und m bezeichnen die verschiedenen Funktionen und Energieniveaus jedes der Systeme.

Um die Gesamtwellenfunktion zu bestimmen, müssen noch die Funktionen gefunden werden, die von den Veränderlichen des Isobarenspins abhängen. *Wir fordern, daß sie Zustände des Nukleonensystems mit bestimmter Ladung beschreiben, d. h. Eigenfunktionen des Operators*

$$\hat{T}_3 = \frac{1}{2}\left(\hat{\tau}_3^{(1)} + \hat{\tau}_3^{(2)}\right);$$

$$\hat{T}_3\chi = T_3\chi \tag{2,4}$$

sein sollen.[1]) Dann können wir von einem System aus zwei Neutronen ($T_3 = +1$) oder zwei Protonen ($T_3 = -1$) oder aus einem Neutron und einem Proton ($T_3 = 0$) sprechen.

Für die Funktionen des Isobarenspins, die den Neutronen- oder Protonenzustand des Nukleons beschreiben, führen wir folgende Bezeichnungen ein:

$$\delta(\tau, +1) = \begin{cases} 1 \text{ bei } \tau = +1, \\ 0 \text{ bei } \tau = -1 \end{cases} \quad \text{und} \quad \delta(\tau, -1) = \begin{cases} 0 \text{ bei } \tau = +1, \\ 1 \text{ bei } \tau = -1. \end{cases} \tag{2,5}$$

Dann gehört die Funktion

$$\delta\left(\tau_3^{(1)}, +1\right)\delta\left(\tau_3^{(2)}, +1\right) \tag{2,6a}$$

zu einem System aus zwei Neutronen, die Funktion

$$\delta\left(\tau_3^{(1)}, -1\right)\delta\left(\tau_3^{(2)}, -1\right) \tag{2,6b}$$

[1]) Wir fordern also nicht, daß sie Eigenfunktionen des Operators $\hat{\mathbf{T}}^2$ sein sollen. (*Anm. d. Herausg.*)

zu einem System aus zwei Protonen, während für den Fall eines Protons und eines Neutrons zwei Funktionen möglich sind:

$$\delta\left(\tau_3^{(1)}, +1\right)\delta\left(\tau_3^{(2)}, -1\right) \quad \text{und} \quad \delta\left(\tau_3^{(1)}, -1\right)\delta\left(\tau_3^{(2)}, +1\right). \tag{2,6c}$$

Es ist zu bemerken, daß die Wahl der Funktionen des Isobarenspins eines Zweiteilchensystems in Form des Produktes von Einteilchenfunktionen in keiner Weise die Allgemeinheit der Betrachtungen einschränkt. Die vier Funktionen (2,6) bilden ein vollständiges orthonormales System im Raum des Isobarenspins, der aus den vier Punkten

$$\tau_3^{(1)} = +1, \quad \tau_3^{(2)} = +1; \quad \tau_3^{(1)} = +1, \quad \tau_3^{(2)} = -1;$$
$$\tau_3^{(1)} = -1, \quad \tau_3^{(2)} = +1; \quad \tau_3^{(1)} = -1, \quad \tau_3^{(2)} = -1$$

besteht. [Jede der Funktionen (2,6) nimmt den Wert 1 in einem dieser Punkte und den Wert 0 in den übrigen drei an.] Deshalb ist die allgemeinste Funktion der Isobarenspinvariablen eine Linearkombination der vier Funktionen (2,6). Wird diese Kombination in Gleichung (2,4) eingesetzt, so ist leicht zu sehen, daß dem Eigenwert $T_3 = +1$ die Eigenfunktion (2,6a) entspricht, dem Wert $T_3 = -1$ die Funktion (2,6b), während dem Eigenwert $T_3 = 0$ eine beliebige Linearkombination der beiden Funktionen (2,6c) zugehört. Die letzte Forderung, der die Funktionen des Isobarenspins genügen müssen, besteht darin, daß das Produkt dieser Funktionen mit einer der Raum-Spin-Funktionen (2,2) oder (2,3) zu einer bezüglich aller fünf Koordinaten antisymmetrischen Funktion führen muß. Für zwei Teilchen bedeutet das, daß die Funktionen des Isobarenspins, wie die Raum-Spin-Funktionen, symmetrisch oder antisymmetrisch, d. h. Eigenfunktionen des Vertauschungsoperators der Isobarenvariablen $\hat{P}_{(1,2)}^{(\tau)}$ sein müssen. Die Eigenwerte dieses Operators sind ± 1. Aus dem Zusammenhang (1,13) zwischen dem Vertauschungsoperator und dem Operator des Isobarenspins $\hat{\mathbf{T}}^2$ folgt, daß die Funktionen des Isobarenspins Eigenfunktionen des Operators $\hat{\mathbf{T}}^2$ mit den Eigenwerten 2 und 0 sind. Da man diese Eigenwerte üblicherweise durch die Quantenzahl T und die Formel $T(T+1)$ ausdrückt, werden die isobaren Funktionen durch die Quantenzahlen $T = 1$ (symmetrische Funktion) und $T = 0$ (antisymmetrische Funktion) charakterisiert.

Die Funktionen (2,6a) und (2,6b) genügen unmittelbar der Symmetrieforderung und gehören deshalb zum Eigenwert $T = 1$ des Operators $\hat{\mathbf{T}}^2$. Wir bezeichnen sie mit

$$\chi_{+1}^{1}\left(\tau_3^{(1)}, \tau_3^{(2)}\right) = \delta\left(\tau_3^{(1)}, +1\right)\delta\left(\tau_3^{(2)}, +1\right) \tag{2,6a'}$$

und

$$\chi_{-1}^{1}\left(\tau_3^{(1)}, \tau_3^{(2)}\right) = \delta\left(\tau_3^{(1)}, -1\right)\delta\left(\tau_3^{(2)}, -1\right), \tag{2,6b'}$$

wobei der obere Index den Wert T und der untere den Wert T_3 für die betreffende Funktion angibt.

Die Funktionen (2,6c) sind weder symmetrisch noch antisymmetrisch. Man kann aus ihnen jedoch eine symmetrische und eine antisymmetrische Kombination bilden. Diese Kombinationen lauten:

$$\chi_0^1\left(\tau_3^{(1)}, \tau_3^{(2)}\right) = \frac{1}{\sqrt{2}} \left\{\delta\left(\tau_3^{(1)}, +1\right) \delta\left(\tau_3^{(2)}, -1\right) + \delta\left(\tau_3^{(1)}, -1\right) \delta\left(\tau_3^{(2)}, +1\right)\right\} \quad (2,7)$$

$$\chi_0^0\left(\tau_3^{(1)}, \tau_3^{(2)}\right) = \frac{1}{\sqrt{2}} \left\{\left(\delta \tau_3^{(1)}, +1\right) \delta\left(\tau_3^{(2)}, -1\right) - \delta\left(\tau_3^{(1)}, -1\right) \delta\left(\tau_3^{(2)}, +1\right)\right\}. \quad (2,8)$$

Fordert man für diese Kombinationen Normiertheit, so sind sie bis auf einen unwesentlichen Phasenfaktor offensichtlich eindeutig bestimmt.

Der Übergang von den Funktionen (2,6c) zu den Funktionen (2,7) und (2,8) hat einen klaren physikalischen Sinn. Die beiden Funktionen (2,6c) unterschieden sich dadurch, daß die erste einen Zustand beschrieb, bei dem das Teilchen „1" ein Neutron und Teilchen „2" ein Proton war, während die zweite einem Zustand entsprach, bei dem Teilchen „1" ein Proton und „2" ein Neutron war. Eine solche Unterscheidung der Teilchen nach „Nummern" ist jedoch physikalisch unsinnig, und in den Funktionen (2,7) und (2,8) ist sie beseitigt. Beide Funktionen beschreiben einen Zustand mit einem Neutron und einem Proton (Eigenfunktionen des Operators $\hat{T}_3$ mit $T_3 = 0$). Der Ladungszustand eines Teilchens mit „bestimmter Nummer" ist jedoch nicht festgelegt [die Funktionen (2,7) und (2,8) sind nicht Eigenfunktionen der Operatoren $\hat{\tau}_3^{(1)}$ und $\hat{\tau}_3^{(2)}$].

Wir schreiben jetzt die vollständigen antisymmetrischen Wellenfunktionen für ein System zweier Nukleonen auf.

Die Isobarenfunktionen zweier Neutronen oder zweier Protonen (2,6a′ und 2,6b′) sind symmetrisch in ihren Argumenten und können deshalb nur mit den antisymmetrischen Raum-Spin-Funktionen (2,3) kombiniert werden. Das gibt:

$$E_a, \qquad \Psi_{n,n} = \psi^{(a)}\left(\mathbf{r}^{(1)}, s_z^{(1)};\ \mathbf{r}^{(2)}, s_z^{(2)}\right) \chi_{+1}^1\left(\tau_3^{(1)}, \tau_3^{(2)}\right) \quad (2,9)$$

und

$$E_a, \qquad \Psi_{p,p} = \psi^{(a)}\left(\mathbf{r}^{(1)}, s_z^{(1)};\ \mathbf{r}^{(2)}, s_z^{(2)}\right) \chi_{-1}^1\left(\tau_3^{(1)}, \tau_3^{(2)}\right). \quad (2,10)$$

Daß hier nur die antisymmetrischen Funktionen $\psi^{(a)}$ auftreten, ist selbstverständlich einfach ein Ausdruck des PAULI-Prinzips, das für zwei Protonen oder Neutronen auf die Funktionen der Raum- und Spinkoordinaten angewandt wird. Die Übereinstimmung der Raum-Spin-Funktionen in (2,9) und (2,10) ist die Folge davon, daß Ladungsunabhängigkeit vorausgesetzt wurde.

Im Falle eines Neutrons und eines Protons entstehen zwei Möglichkeiten. Wird die symmetrische Funktion (2,7) benutzt, erhalten wir die Funktionen

$$E_a, \qquad \Psi_{n,p} = \psi^{(a)}\left(\mathbf{r}^{(1)}, s_z^{(1)};\ \mathbf{r}^{(2)}, s_z^{(2)}\right) \chi_0^1\left(\tau_3^{(1)}, \tau_3^{(2)}\right), \quad (2,11)$$

deren Raum- und Spinanteile mit den Funktionen (2,9) und (2,10) zusammenfallen. Außerdem ist die Kombination der antisymmetrischen Funktion (2,8) mit der symmetrischen Funktion (2,2) möglich:

$$E_s, \qquad \Psi_{n,p} = \psi^{(s)}\left(\mathbf{r}^{(1)}, s_z^{(1)}; \mathbf{r}^{(2)}, s_z^{(2)}\right) \chi_0^0\left(\tau_3^{(1)}, \tau_3^{(2)}\right). \tag{2,12}$$

Diese Funktion unterscheidet sich von den Funktionen (2,9) bis (2,11) nicht nur im Ladungsanteil, sondern auch in der Abhängigkeit von den Raum- und Spinkoordinaten. Zwischen den Zuständen eines Systems aus einem Proton und einem Neutron, welche durch die Funktion (2,12) beschrieben werden und die zu den Energieniveaus E_s gehören, und den Zuständen eines Systems gleichnamig geladener Teilchen gibt es keine Analoga.

Die drei Funktionen (2,9) bis (2,11) enthalten die isobaren Funktionen χ_{+1}^1, χ_0^1, χ_{-1}^1, die zu ein und demselben Eigenwert $T = 1$ gehören, während die Funktion (2,12) χ_0^0 enthält, die als einzige Funktion zu $T = 0$ gehört.

Aus allem ist zu ersehen, daß der Wert des Isobarenspins T nicht nur die Symmetrie der Ladungsfunktion, sondern auch über das PAULI-Prinzip die Symmetrie der Raum-Spin-Funktion charakterisiert. Deshalb entsprechen verschiedenen Werten von T völlig verschiedene Raum- und Spineigenschaften der Zustände des Nukleonensystems und insbesondere verschiedene Energieniveaus. Andererseits zeigen die Formeln (2,9) bis (2,11), daß bei vorgegebenem T Unterschiede in der Ladung (d. h. Unterschiede in den Werten T_3) keinen Einfluß auf die Raum- und Spineigenschaften des Systems und das Energiespektrum ausüben.

In unserer Darlegung forderten wir nicht von vornherein, daß die Wellenfunktionen Eigenfunktionen des Operators $\hat{\mathbf{T}}^2$ sein sollen. Wir erhielten dieses Ergebnis als Folge davon, daß die Raum-Spin-Funktionen eine bestimmte Vertauschungssymmetrie besitzen. Wie bereits dargelegt wurde, ist diese Symmetrie durch Raum-Spin-Wechselwirkungen bedingt. Andererseits gibt es außer dem Zusammenhang mit der Symmetrie der Raum-Spin-Funktionen, der das PAULI-Prinzip zugrunde liegt, keine anderen Gründe für die Annahme, daß man einen Zustand mit bestimmter Energie durch einen bestimmten Wert von T charakterisieren kann (d. h., daß keine Entartung nach Werten von T auftritt).

Ein Satz von Zuständen mit ein und demselben Wert T (und selbstverständlich gleichen anderen Quantenzahlen), jedoch verschiedenen Werten T_3, wird *Ladungsmultiplett* oder *T-Multiplett* genannt. Unter der Annahme der Ladungsunabhängigkeit (und bei Vernachlässigung der Massendifferenz zwischen Neutron und Proton) fallen die Energien und alle anderen Eigenschaften der Zustände, die zu einem Multiplett gehören, zusammen. Für ein System aus beliebig vielen Nukleonen wurden der Begriff des Ladungsmultipletts und die Quantenzahl T von WIGNER [5] und HUND [6] eingeführt.

Unsere Ergebnisse können jetzt folgendermaßen formuliert werden: Ein System aus zwei Neutronen oder zwei Protonen ($T_3 = +1$ oder $T_3 = -1$) kann sich nur in Zuständen befinden, die zu einem Ladungstriplett gehören ($T = 1$), während für ein System aus Proton und Neutron außer dem analogen

Ladungstriplettzustand noch Zustände des Ladungssinguletts möglich sind ($T = 0$).

Die Vorstellung von den Ladungsmultipletts kann selbstverständlich bei der Untersuchung der gebundenen Zustände zweier Nukleonen angewandt werden. Bekanntlich existiert nur ein einziges solches gebundenes System, nämlich das Deuteron, während weder Biproton noch Bineutron beobachtet wurden. Wenn es auch möglich ist, das Fehlen des Biprotons auf den Einfluß der COULOMB-Kräfte zu schieben, so kann doch das Fehlen des Bineutrons nur im Rahmen der Hypothese der Ladungsunabhängigkeit seine Erklärung finden. Eine solche Erklärung ist auch tatsächlich möglich. Wie bekannt, ist der Grundzustand des Deuterons ein gerader Zustand mit dem Spin 1. Im Falle zweier Nukleonen wird durch den Wert des Spins und durch die Parität der Isobarenspin bestimmt. Das hängt damit zusammen, daß für zwei Teilchen die Inversion des Koordinatensystems mit dem Ursprung im Massenmittelpunkt einer Vertauschung der räumlichen Koordinaten der Teilchen äquivalent ist. Wenn nun der Zustand des Systems eine bestimmte Parität I ($= \pm 1$) besitzt, so ändert sich die Wellenfunktion bei Vertauschung der räumlichen Koordinaten um den Faktor I. Die Vertauschung der Spins führt zum Erscheinen des Faktors $(-1)^{S+1}$ (S ist der Gesamtspin), während die Vertauschung der Isobarenvariablen den Faktor $(-1)^{T+1}$ liefert. Die Vertauschung aller fünf Koordinaten muß jedoch den Faktor -1 ergeben. Daraus folgt

$$I \cdot (-1)^{S+T} = -1\,, \qquad (-1)^T = I \cdot (-1)^{S+1}\,. \tag{2,13}$$

Somit ist bei $S = 0$ in geraden Zuständen $T = 1$ und in ungeraden $T = 0$. Umgekehrt ist bei $S = 1$ in geraden Zuständen $T = 0$ und in ungeraden Zuständen $T = 1$. Da der Grundzustand des Deuterons ein gerader Zustand mit $S = 1$ ist, so gilt für ihn

$$T = 0\,.$$

Der Zustand mit $T = 0$ ist jedoch nicht zulässig für Systeme aus zwei Neutronen oder zwei Protonen. Deshalb kann es für Biproton und Bineutron keine Zustände geben, die nach der Raum- und Spinabhängigkeit dem Grundzustand des Deuterons identisch sind. Biproton und Bineutron könnten nur in dem Zustand vorkommen, der dem virtuellen ^1S-Zustand des Deuterons entspricht. Somit befindet sich die Hypothese der Ladungsunabhängigkeit in Übereinstimmung damit, daß nur ein einziger gebundener Zustand zweier Nukleonen mit den vorstehend angegebenen Werten für Spin und Parität vorhanden ist.

Für zwei Teilchen zeigten wir, daß die Invarianz der Raum-Spin-Eigenschaften des Systems sogar bei Voraussetzung der Ladungsunabhängigkeit nicht bei beliebigen Transformationen der Isobarenspinfunktion χ Gültigkeit hat, sondern nur bei solchen Transformationen, die den Wert von T oder, was das Gleiche ist, von $\mathbf{T}^2$ (Quadrat der Länge des Vektors $\mathbf{T}$) erhalten. Werden geometrische Begriffe benutzt, so kann man sagen, daß die Ladungsunabhängigkeit zur Invarianz der Raum-Spin-Eigenschaften bezüglich *Drehungen* im „Raum des Isobarenspins“ („Ladungsraum“) führt. Diese Schlußfolgerung befindet sich in Übereinstimmung damit, daß trotz der Forderung der Ladungsinvarianz im HAMILTON-Operator Operatoren der Form $(\boldsymbol{\tau}^{(i)} \cdot \boldsymbol{\tau}^{(k)})$ auftreten können. Operatoren dieser Art sind Invariante bei Drehungen im Ladungsraum.

Wenden wir uns jetzt dem Fall beliebiger Teilchenzahlen zu.

Wie bisher nehmen wir an, daß der HAMILTON-Operator keine Operatoren enthält, die auf die Variablen des Isobarenspins wirken. Der HAMILTON-Operator ist somit eine symmetrische Funktion allein der räumlichen und üblichen Spinkoordinaten. Das heißt, alle Funktionen, die aus einer Lösung durch Vertauschung der Teilchen hervorgehen, sind Lösungen der SCHRÖDINGER-Gleichung mit demselben Eigenwert. Daraus folgt, daß Entartung auftritt, wenn zu einem gegebenen Eigenwert wenigstens eine nicht völlig symmetrische oder nicht völlig antisymmetrische Funktion gehört. (Wir unterstreichen, daß wir es hier mit einer Entartung von Lösungen zu tun haben, welche die Raum-Spin-Anteile der Wellenfunktionen bestimmen. Wir sprechen nicht davon, daß zu einem Energiewert verschiedene *vollständige* Wellenfunktionen gehören.) Bei der Betrachtung zweier Teilchen nahmen wir an, daß keine Entartung vorliegt, und beschränkten uns deshalb auf symmetrische und antisymmetrische Lösungen der SCHRÖDINGER-Gleichung. Bei mehr als zwei Nukleonen darf man sich nicht für alle Eigenwerte auf solche Lösungen beschränken und muß folglich die Entartung mit einbeziehen. Das ist bereits daraus zu ersehen, daß eine beliebige Funktion von mehr als zwei Variablen sicher nicht als Linearkombination einer symmetrischen und einer antisymmetrischen Funktion dargestellt werden kann, während doch praktisch jede Funktion nach den Eigenfunktionen eines Hermiteschen Operators zerlegbar sein muß.

Uns wird nur eine solche Entartung interessieren, die mit Notwendigkeit durch die Symmetrie des HAMILTON-Operators hervorgerufen wird.

Eine Vertauschungsentartung vom Grad n wird notwendig genannt, wenn es nicht möglich ist, aus den n Funktionen, die zum gegebenen Eigenwert gehören und die sich bei Vertauschung der Teilchen linear ineinander umformen, $m < n$ Linearkombinationen zu bilden, die sich bei Vertauschung der Teilchen linear ineinander transformieren. Einer notwendigen Entartung entspricht ein „*minimaler*“ Satz von Funktionen, die sich unter der Wirkung einer Transformationsgruppe, die den HAMILTON-Operator des Systems unverändert läßt, ineinander umformen (in diesem Falle ist es die Gruppe der Teilchenvertauschungen). (Nach der Terminologie der Gruppentheorie bildet ein solcher Satz die Basis einer nichtreduziblen Darstellung der Gruppe.)

Außer der notwendigen Entartung kann auch eine stärkere Entartung auftreten (besonders bei künstlicher mathematischer Vereinfachung der Aufgabe, bei Vernachlässigung kleiner Störungen usw.), bei der zu einem gegebenen Eigenwert mehrere solcher „*nichtreduzibler*“ („*minimaler*“) Sätze von Funktionen gehören. Diese Entartung wird zufällig genannt, da sie stark von der konkreten Form des HAMILTON-Operators abhängt und leicht beseitigt werden kann, indem eine bestimmte Störung berücksichtigt wird, die nicht einmal die Symmetrie des Systems zu ändern braucht.

Um eine solche zufällige Entartung handelte es sich, als wir bei der Betrachtung zweier Teilchen die Entartung besprachen und dann die symmetrischen und antisymmetrischen Eigenfunktionen verschiedenen Energiewerten zuordneten.

Wie auch bei zwei Teilchen ist bei beliebiger Teilchenzahl das Fehlen von zufälliger Entartung mit einer bestimmten Vertauschungssymmetrie der Funktionen verbunden, die zu einem gegebenen Eigenwert des HAMILTON-Operators gehören. Aus $A!$ völlig asymmetrischen Funktionen, die sich durch Vertauschung der A Teilchen ergeben, kann man tatsächlich durch Linearkombination sowohl eine völlig symmetrische als auch eine völlig antisymmetrische Funktion erhalten. Von diesen ergibt jede im einzelnen einen „vollständigen Satz" von Funktionen, die bei Transformationen ineinander übergehen. Soll es nicht möglich sein, zwei solche Linearkombinationen zu bilden, so muß die Funktion, die wir symmetrisieren (antisymmetrisieren) möchten, antisymmetrisch (symmetrisch) in irgendwelchen Teilchenpaaren sein, d. h. tatsächlich eine bestimmte Symmetrie besitzen. Das Vorhandensein solcher Symmetrie- oder Antisymmetriebedingungen bezüglich bestimmter Teilchenpaare vermindert den Entartungsgrad von $A!$ für die völlig asymmetrische Funktion auf bedeutend geringere Werte, die dann der notwendigen Entartung entsprechen.

Damit die Entartung auch notwendig ist, müssen die Symmetriebedingungen für die Funktionen, die zu einem gegebenen Eigenwert gehören, hinreichend streng sein. Es ist nötig, daß die Symmetrie durch einen Übergang zu Linearkombinationen dieser Funktionen nicht erhöht werden kann. Eine Beschreibung der Arten solcher „maximalen" Symmetrien von Funktionen kann man z. B. bei LANDAU und LIFSCHITZ [14] finden.[1])

Wenn die Voraussetzung, daß zufällige Entartung fehlt, zur Forderung einer bestimmten Symmetrie der Raum-Spin-Funktionen führt, so folgt daraus, daß für die Bildung einer antisymmetrischen Gesamtwellenfunktion die Funktionen des Isobarenspins auch eine völlig bestimmte, in gewissem Sinne entgegengesetzte Symmetrie besitzen müssen. Somit erweitert das PAULI-Prinzip die Forderung nach einer definierten Vertauschungssymmetrie auch auf die Funktionen des Isobarenspins.

Zwischen den Arten von Symmetrie der Raum-Spin- und der Isobarenfunktionen, die notwendig sind, damit eine antisymmetrische Gesamtwellenfunktion erhalten werden kann, gibt es eine wechselseitig eindeutige Zuordnung. Für die Funktionen des Isobarenspins ist jedoch nicht jede Symmetrieart möglich (analog wie beim üblichen Spin). Die Funktionen des Isobarenspins können

[1]) Ein elementarer Beweis der Sätze von den Arten („Charakteren") der Vertauschungssymmetrie von Funktionen ist in der Originalarbeit von HUND [15] enthalten. Über die Anwendung der Methoden dieser Arbeit auf die Theorie des Isobarenspins siehe die Arbeit von HUND [6].

nur in Teilchenpaaren, aber nicht in Gruppen von drei oder mehr Teilchen antisymmetrisch sein. Da die Veränderliche des Isobarenspins für jedes Teilchen nur zwei verschiedene Werte annehmen kann ($\pm {}^1/_2$), fallen in einer beliebigen Gruppe von drei oder mehr Teilchen die Werte von wenigstens zwei der Variablen zusammen. Deshalb kann eine in bezug auf die Teilchen der gegebenen Gruppe antisymmetrische Funktion nur gleich Null sein. Das führt dazu, daß für einige Symmetriearten der Raum-Spin-Funktionen der Bau der Gesamtwellenfunktion überhaupt nicht möglich ist und die entsprechende Lösung der SCHRÖDINGER-Gleichung für das Nukleonensystem keinen physikalischen Sinn besitzt. So ist es zum Beispiel bei mehr als zwei Teilchen nicht möglich, eine völlig antisymmetrische Gesamtwellenfunktion aus einer Raum-Spin-Funktion zu erhalten, die in allen Teilchen symmetrisch ist.

Der Grund dieser Begrenzung ist leicht zu verstehen. Die Symmetriearten der Raum-Spin-Wellenfunktionen, die in der Theorie des Isobarenspins zulässig sind, dürfen sich selbstverständlich nicht von denen unterscheiden, die bei der Anwendung des PAULI-Prinzips auf ein System von Neutronen und Protonen als verschiedene Teilchen erhalten werden. In diesem Falle haben allerdings nur solche Lösungen der SCHRÖDINGER-Gleichung einen Sinn, die bezüglich der Vertauschung zweier beliebiger Protonen sowie zweier beliebiger Neutronen antisymmetrisiert werden können. „Allzu symmetrische“ Funktionen in der Art des angeführten Beispiels lassen eine solche Antisymmetrisierung nicht zu, wie man auch die Neutronen- und Protonenzahl bei vorgegebener Teilchenzahl auswählt. Im allgemeinen haben die Einschränkungen für die Arten von Symmetrie der Raum-Spin-Funktionen, die aus der Theorie des Isobarenspins folgen, den gleichen Sinn.

Im Falle zweier Nukleonen sahen wir, daß jeder Art von Symmetrie der Funktionen des Isobarenspins ein bestimmter Wert des Isobarenspins entspricht (die Quantenzahl T). Das hat auch bei beliebiger Teilchenzahl Gültigkeit.

Bei A Nukleonen kann man die allgemeinste Art der „maximalen“ Symmetrie [14] für die Funktionen des Isobarenspins dadurch bezeichnen, daß man eine Aufteilung der Zahl A in zwei ganze, positive Summanden angibt:

$$A = n_1 + n_2 \qquad (n_1 \geqslant n_2). \tag{2,14}$$

Die Funktion, die durch eine solche Aufteilung beschrieben wird, ist antisymmetrisch in n_2 Teilchenpaaren und symmetrisch in den übrigen $n_1 - n_2$ Teilchen.

Man kann zeigen, daß die gemäß der Zerlegung (2,14) bestimmte Funktion Eigenfunktion des Operators $\hat{\mathbf{T}}^2$ ist und zum Eigenwert $T(T + 1)$ gehört, wobei die Quantenzahl T mit den Aufteilungszahlen n_1 und n_2 durch die Gleichung

$$T = \frac{n_1 - n_2}{2} \tag{2,15}$$

verbunden ist. Der Beweis dieser Formel wird im Anhang gegeben. Ihm liegt der Zusammenhang zwischen dem Operator $\hat{\mathbf{T}}^2$ und den Vertauschungsoperatoren der Ladungsveränderlichen zugrunde, wie er durch die Beziehung (1,12) festliegt.

Es ist klar, daß bei vorgegebener Nukleonenzahl A die Symmetrie der Funktionen des Isobarenspins (d. h. die Zahlen n_1 und n_2) völlig durch die Quantenzahl T bestimmt wird. Da aber die Symmetrie der Funktionen des Isobarenspins ihrerseits über das PAULI-Prinzip die Symmetrie der Raum-Spin-Funktionen bestimmt, so folgt, wie im Falle zweier Teilchen, daß diejenigen Ladungszustände des Nukleonensystems gemeinsame Raum-Spin-Eigenschaften besitzen, die ein und demselben Isobarenspin T zugehören.

Aus der Interpretation der Zahlen n_1 und n_2 und aus der Formel (2,15) ist zu sehen, daß dem maximalen Wert $T = \frac{A}{2}$ (der bei $n_1 = A$; $n_2 = 0$ erreicht wird) vollständige Symmetrie der Funktion des Isobarenspins und folglich vollständige Antisymmetrie der Raum-Spin-Funktion entspricht. Der Abnahme von T entspricht ein Anwachsen der Antisymmetrie der Funktion des Isobarenspins und ein Anwachsen der Symmetrie der Raum-Spin-Funktion. Der minimale Wert von T ist gleich Null, wenn A eine gerade Zahl ist (dann ist $n_1 = n_2$ möglich), und gleich $^1/_2$, wenn A eine ungerade Zahl ist (dann ist $n_1 - n_2$ minimal gleich 1).

Bestimmen wir jetzt, welche verschiedenen Ladungszustände eine durch die Quantenzahl T charakterisierte Symmetrie besitzen können.

Die Funktion des Isobarenspins mit der Symmetrie T ist nur dann verschieden von Null, wenn es zwischen den antisymmetrisch verbundenen Veränderlichen kein Paar gibt, bei dem beide Variable den gleichen Wert besitzen. Damit sie also verschieden von Null ist, darf die Zahl der zusammenfallenden Variablenwerte ($+^1/_2$ oder $-^1/_2$) n_1 nicht übersteigen. (Es können die Werte aller symmetrisch verbundenen Veränderlichen zusammenfallen und außerdem jeweils ein Wert aus jedem antisymmetrisch verbundenen Paar.) Wenn darüber hinaus die Funktion einen Zustand mit bestimmter Ladung beschreibt, ist sie nur dann verschieden von Null, wenn genau N ihrer Veränderlichen gleich $+\frac{1}{2}$ und die übrigen Z gleich $-\frac{1}{2}$ sind ($N + Z = A$; $N - Z = 2\,T_3$). Damit die Funktion nicht identisch gleich Null wird, müssen beide Bedingungen vereinbar sein. Dazu darf die größere der beiden Zahlen N und Z nicht die Zahl n_1 übersteigen. Diese größte Zahl kann als

$$\frac{N+Z}{2} + \frac{|N-Z|}{2}$$

geschrieben werden, so daß wir die Bedingung

$$\frac{N+Z}{2} + \frac{|N-Z|}{2} \leqslant n_1$$

erhalten. Unter Berücksichtigung von $N + Z = n_1 + n_2$ erhalten wir daraus

$$\frac{|N - Z|}{2} \leqslant \frac{n_1 - n_2}{2}.$$

Mit der Definition von T_3 und der Formel (2,15) liefert das schließlich

$$|T_3| \leqslant T. \tag{2,16}$$

Daraus ist zu ersehen, daß T_3 bei vorgegebenem T die Werte

$$-T, -T + 1, \ldots, T - 1, T \tag{2,17}$$

annehmen kann. Das sind insgesamt $2T + 1$ Zustände des Ladungsmultipletts.

Somit führt die Hypothese von der Ladungsunabhängigkeit zu dem Resultat, daß dem Nukleonensystem außer den üblichen Quantenzahlen wie Spin und Parität noch die Quantenzahl T zugeschrieben werden kann. *T ist der Isobarenspin, der die Vertauschungssymmetrie der Ladungsfunktionen und damit die Vertauschungssymmetrie der Raum-Spin-Funktionen charakterisiert.*

Die Ladungsunabhängigkeit vorausgesetzt, ist der Isobarenspin ein Bewegungsintegral, denn der Operator $\hat{\mathbf{T}}^2$ kommutiert mit dem HAMILTON-Operator. Bei vorgegebener Nukleonenzahl A fallen die Raum-Spin-Eigenschaften und speziell die Energien für diejenigen isobaren Zustände zusammen, die einem bestimmten Wert von T entsprechen.[1]) Zu jedem T gehören $2T + 1$ isobare Zustände, die ein Ladungsmultiplett bilden. Für diese Zustände gilt:

$$|T_3| = \left|\frac{N - Z}{2}\right| \leqslant T.$$

Daraus folgt, daß für ein Nukleonensystem mit wenig unterschiedlichen Neutronen- und Protonenzahlen Zustände existieren, über die ein System mit größerem Unterschied der Teilchenzahlen nicht verfügen kann. Andererseits sind bei vorgegebener Neutronen- und Protonenzahl die erreichbaren Werte von T durch die angeführte Ungleichung nach unten hin begrenzt.

Es ist klar, daß diese Resultate den wohlbekannten Ergebnissen der üblichen Spintheorie analog sind. Sie hätten aus dem Umstand abgelesen werden können, daß formal die Eigenschaften der Operatoren des Isobarenspins mit den Eigenschaften der üblichen Spinoperatoren zusammenfallen.

Beim Aufbau der Spintheorie (z. B. bei der Ableitung der Kommutationsbeziehungen der Operatoren) geht man jedoch gewöhnlich von der Betrachtung der Isotropie des physikalischen Raumes und dementsprechend von der Invarianz der Beschreibung physikalischer Erscheinungen bezüglich Drehungen des Koordinatensystems aus. Daß z. B. die Operatoren $\hat{s}_x$, $\hat{s}_y$, $\hat{s}_z$ einen dreidimensionalen Vektor bilden, ist deshalb dem physikalischen Inhalt nach völlig klar.

---

[1]) Solche Zustände werden als „gleichartige Zustände" bezeichnet. (*Anm. d. Herausg.*)

Für den Isobarenspin sind jedoch „Drehungen" und die drei Dimensionen des „Ladungsraumes" bei weitem nicht so offensichtlich zu überschauen.

Die Möglichkeit, von Drehungen im symbolischen dreidimensionalen Ladungsraum zu sprechen, ist dadurch gegeben, daß die Veränderliche des Isobarenspins jedes Nukleons dichotomisch ist. Die Wellenfunktion eines Nukleons wird in jedem Punkt des realen Raumes und des üblichen Spinraumes durch zwei komplexe Zahlen dargestellt, die in einer Matrixspalte stehen. Der Ladungszustand des Nukleons kann z. B. aus einem beliebigen Zustand mit bestimmter Ladung durch eine unitäre Transformation und sogar durch eine unitäre Transformation mit einer Determinante gleich Eins[1]) erhalten werden. Jeder zweidimensionalen Transformation dieses Typs kann man jedoch eindeutig eine Drehung in einem dreidimensionalen reellen Raum zuordnen, wobei wesentlich verschiedenen unitären Transformationen (die sich nicht nur durch das Vorzeichen unterscheiden) verschiedene Drehungen zugeordnet sind [4, 17]. Dadurch wird eine Verbindung zwischen der Gruppe der Transformationen von Ladungszuständen eines einzigen Nukleons mit der Drehgruppe in einem symbolischen dreidimensionalen Raum hergestellt.

Im Falle mehrerer Nukleonen ist die Drehung im Ladungsraum selbstverständlich nicht die allgemeinste Transformation, durch die ein Ladungszustand in einen beliebigen anderen Ladungszustand überführt werden kann. Aber die Hypothese der Ladungsunabhängigkeit behauptet ja auch nicht, daß beliebige Ladungszustände eines *Systems* von Nukleonen äquivalent seien. Es wird nur behauptet, daß für die Eigenschaften des Systems, die nicht explizit von der Ladung abhängen, keiner der Ladungszustände des einzelnen Nukleons (Neutronen- oder Protonenzustand oder beliebige Überlagerungen dieser beiden Zustände) eine besondere Rolle spielt. Vom Standpunkt der Ladungseigenschaften ist es andererseits selbstverständlich, „reine" Neutronenzustände und „reine" Protonenzustände hervorzuheben. Das geschieht dadurch, daß die Achse „3" im symbolischen Ladungsraum so gewählt wird, daß Zustände mit bestimmter Projektion τ_3 des Vektors $\boldsymbol{\tau}$ einem Proton oder Neutron entsprechen. Die Theorie muß jedoch invariant sein bezüglich der Wahl des Nukleonenzustandes, dem ein bestimmter Wert der Veränderlichen τ_3 entspricht. Der Übergang zu einer anderen Auswahl ist deshalb auch gleichbedeutend einer „Drehung des Koordinatensystems im Ladungsraum des Nukleons" (entsprechend dem Zusammenhang zwischen den Drehungen und den unitären Transformationen der Ladungsfunktionen des Nukleons). Analog kann man unitäre Transformationen des Nukleonensystems betrachten, die einer „Drehung" im Ladungsraum des Systems entsprechen. Der Zustand, der durch die Transformation entsteht, unterscheidet sich vom Anfangszustand dadurch, daß z. B. der Neutronenzustand jedes Nukleons im Ausgangszustand durch dieselbe Superposition von Neutronen- und Protonenzuständen ersetzt wird, die man bei derselben „Drehung" eines einzigen Neutrons im Ladungsraum erhält. Bei

[1]) Eine solche Transformation heißt unimodular. (*Anm. d. Herausg.*)

Voraussetzung von Ladungsunabhängigkeit fällt der so erhaltene Zustand des Nukleonensystems in seinen Raum-Spin-Eigenschaften mit dem Ausgangszustand zusammen.

Wir wollen hier nochmals unterstreichen, daß die Forderung der Ladungsunabhängigkeit der Forderung nach Invarianz bezüglich Drehungen in einem Raum, der durch die Mannigfaltigkeit der Ladungszustände des *einzelnen* Nukleons bestimmt wird, äquivalent ist.

III. Energieniveaus isobarer Kerne

Zusammen mit der Entwicklung des Begriffes des Isobarenspins wurden auch Versuche unternommen, die Energieniveaus der leichten Kerne zu berechnen [4, 6, 16], bei denen die Verletzung der Ladungsunabhängigkeit durch die COULOMB-Kräfte unbedeutend ist. Dabei wurde das Modell der unabhängigen Teilchen mit LS-Kopplung benutzt und die Auffüllung der räumlichen Schalen mit Nukleonen untersucht. Unter einfachsten Voraussetzungen über die Art der Kräfte wurden Angaben über die Reihenfolge der Niveaus in Abhängigkeit von den Quantenzahlen L, S und T gefunden.

In letzter Zeit wurden Berechnungen unter Annahme von jj-Kopplung [18] durchgeführt. Außerdem wurden intermediäre Kopplungen [33] betrachtet.

Das wichtigste Ergebnis ist, daß die niedrigsten Energieniveaus und speziell die Grundzustände der Kerne den kleinstmöglichen Wert von T, d. h. den Wert $T = T_3$ besitzen.

Das hängt offensichtlich damit zusammen, daß eine Verkleinerung von T und damit ein Anwachsen der Antisymmetrie[1]) in den Funktionen des Isobarenspins zu einer Erhöhung der Symmetrie der Raum-Spin-Funktionen führt, wodurch im Endergebnis eine höhere (Vertauschungs-)Symmetrie bezüglich der räumlichen Abhängigkeit der Gesamtwellenfunktion zustande kommt. Einer solchen größtmöglichen Vertauschungssymmetrie der räumlichen Funktion entspricht der Minimalwert der Energie (wenn zwischen den Teilchen *Anziehungs*kräfte wirken), da jedes Anwachsen der Antisymmetrie eine Verminderung der Wahrscheinlichkeit bedeutet, Teilchen in sehr kurzen Entfernungen voneinander vorzufinden. (Infolge des anderen Vorzeichens der Kräfte ist die Situation in den Kernen der Situation bei der elektrostatischen Wechselwirkung der Atomelektronen entgegengesetzt.) Es ist zu vermuten, daß diese Folgerung allgemeine Bedeutung besitzt und nicht mit speziellen Vorstellungen über die Kernkräfte verknüpft ist.

Es erweist sich, daß Zustände mit hoher räumlicher Vertauschungssymmetrie, d. h. kleinen Werten von T, wenn man den Austauschcharakter der Kernkräfte berücksichtigt, noch vorteilhafter in energetischer Beziehung sind. Bekanntlich spielen bei den Austauschkräften Kräfte vom MAJORANAschen Typ die größte Rolle. Diese Kräfte wirken anziehend bei einem Teilchenpaar, wenn die Wellen-

---

1) Siehe Gl. (2,15). (*Anm. d. Herausg.*)

funktion in den räumlichen Koordinaten dieser Teilchen symmetrisch ist und wirken abstoßend bei räumlicher Antisymmetrie. Im Resultat ergibt sich eine außerordentlich scharfe Abhängigkeit der Bindungsenergie von der Symmetrie der Wellenfunktion. Bei leichten Kernen werden nur Zustände mit hoher räumlicher Symmetrie, d. h. kleinem Wert von T, realisiert. Ohne Aufgabe der Ladungsunabhängigkeit erklärt das die wichtige Tatsache, daß leichte Kerne mit bedeutenden Unterschieden zwischen Neutronen- und Protonenzahl nicht auftreten. Solche Kerne könnten keine kleinen Werte von T besitzen $\left(T \geqslant \frac{|N-Z|}{2}\right)$, und demzufolge wäre auch eine effektive Ausnutzung der Austauschkräfte für die Erzeugung der Bindungsenergie unmöglich.

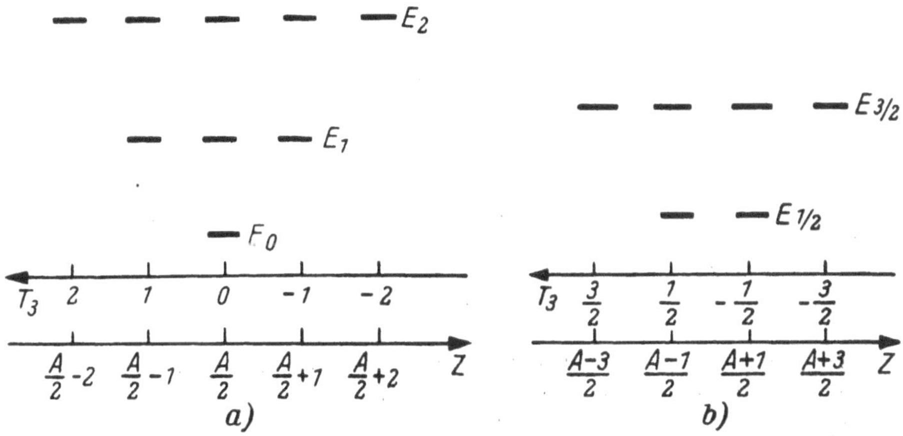

Abb. 1

Unter der Bedingung vollständiger Ladungsunabhängigkeit und ohne Berücksichtigung der COULOMB-Kräfte und der Massendifferenz zwischen Neutron und Proton hätten die Schemata der Energieniveaus von leichten Kernen das in Abb. 1a und 1b dargestellte Aussehen. Abb. 1a entspräche Kernen mit gerader, Abb. 1b Kernen mit ungerader Masse. Zur Vereinfachung ist auf der Zeichnung jeweils nur ein einziges Ladungsmultiplett mit einem bestimmten Wert von T dargestellt. (T ist als Index von E angegeben.) Wie schon erläutert wurde, erstreckt sich jedes Multiplett auf alle isobaren Kerne mit Werten von T_3 zwischen $-T$ und $+T$.

Die Niveaus verschiedener isobarer Kerne, die ein Multiplett bilden, fallen nicht nur energetisch zusammen, sondern besitzen auch andere gleiche Quantencharakteristiken (Drehimpuls, Parität). Das hängt damit zusammen, daß die bis jetzt nur in Anwendung auf die Eigenfunktionen des HAMILTON-Operators dargelegte Theorie in bezug auf die Eigenfunktionen anderer Operatoren vollständig wiederholt werden kann. Diese Operatoren müssen selbstverständlich mit dem HAMILTON-Operator kommutieren und dürfen nicht explizit von der Ladung abhängen.

Betrachten wir jetzt, welche Korrektionen die Energieniveaus bei Berücksichtigung der offensichtlichen Abweichungen von der exakten Ladungsunabhängigkeit des HAMILTON-Operators, d. h. bei Berücksichtigung der Massendifferenz zwischen Neutron und Proton sowie der COULOMB-Wechselwirkung erfahren.

Strenggenommen führt schon die Massendifferenz zwischen Neutron und Proton dazu, daß im HAMILTON-Operator Glieder erscheinen, welche von den Operatoren $\hat{\tau}_3^{(i)}$ abhängen und die nicht mit dem Operator $\hat{\mathbf{T}}^2$ kommutieren. Wenn man z. B. die nichtrelativistische Näherung benutzt, so sehen die Operatoren der Ruheenergie und der kinetischen Energie folgendermaßen aus:

$$\sum_{i=1}^{A}\left\{m_n c^2 \frac{1+\hat{\tau}_3^{(i)}}{2} + m_p c^2 \frac{1-\hat{\tau}_3^{(i)}}{2}\right\} - \\ - \sum_{i=1}^{A}\left\{\frac{\hbar^2}{2m_n}\frac{1+\hat{\tau}_3^{(i)}}{2} + \frac{\hbar^2}{2m_p}\frac{1-\hat{\tau}_3^{(i)}}{2}\right\}\Delta_i. \tag{3,1}$$

Die erste Summe, welche der Ruheenergie der Nukleonen entspricht, kann in der Form

$$A\,\frac{(m_n+m_p)}{2}\,c^2 + (m_n - m_p)\,c^2\,\hat{T}_3 \tag{3,2}$$

dargestellt werden. Es ist ersichtlich, daß sie mit $\hat{\mathbf{T}}^2$ kommutiert. Somit führt der Beitrag der Ruheenergie zum HAMILTON-Operator nur zu einer Aufspaltung der Niveaus [bestimmt durch die Größe $(m_n - m_p)c^2 T_3$]. Die Niveaus selbst können jedoch wie bisher durch die Quantenzahl T charakterisiert werden.

Die zweite Summe in (3,1), welche die kinetische Energie gibt, ist gleich

$$-\frac{\hbar^2}{2m}\sum_{i=1}^{A}\Delta_i + \frac{\hbar^2(m_n - m_p)}{4m_n m_p}\sum_{i=1}^{A}\hat{\tau}_3^{(i)}\Delta_i. \tag{3,3}$$

Hier entspricht das erste Glied der kinetischen Energie eines Systems von Teilchen, von denen jedes die gleiche Masse besitzt:

$$m = \frac{2m_n m_p}{m_n + m_p} \approx m_{\text{Nukleonen}}.$$

Es gibt den Hauptbeitrag zur kinetischen Energie und kommutiert offensichtlich mit $\hat{\mathbf{T}}^2$. Das zweite Glied in (3,3) kommutiert nicht mit $\hat{\mathbf{T}}^2$, sondern liefert eine kleine Korrektion. Nur wenn man dieses Glied vernachlässigt, sind die aus der Hypothese der Ladungsunabhängigkeit erhaltenen Resultate gültig. Betrachtet man es als Störung, so führt es zu Übergängen zwischen Zuständen mit verschiedenen Werten von T. Im weiteren werden wir jedoch von den aus der Massendifferenz zwischen Neutron und Proton herzuleitenden Korrektionen nur denjenigen Teil berücksichtigen, der im Ausdruck (3,2) für die Ruheenergie auftritt.

Der Operator der COULOMB-Wechselwirkung

$$\hat{H}_c = \frac{e^2}{4} \sum_{i<j} \frac{\left(1 - \hat{\tau}_3^{(i)}\right)\left(1 - \hat{\tau}_3^{(j)}\right)}{r_{ij}} \tag{3,4}$$

stört ebenfalls die Ladungsunabhängigkeit des HAMILTON-Operators und kommutiert nicht mit $\hat{\mathbf{T}}^2$. Die COULOMB-Wechselwirkung führt sowohl zu einer Verschiebung der Niveaus, als auch zum Erscheinen eines Gemisches von Zuständen mit verschiedenen Werten von T. Für die Abschätzung des letztgenannten Effektes [19] wurde die Methode der stationären Störungstheorie unter Benutzung des Schalenmodells angewandt. Ohne Berücksichtigung der COULOMB-Kräfte sei die Wellenfunktion des Kernes im Zustand mit dem Isobarenspin T gleich $\psi(T)$. In der ersten Näherung der Störungstheorie ist dann die Wellenfunktion eine Überlagerung von Zuständen mit verschiedenen Werten von T:

$$\Phi_T = \psi(T) + \sum_{T'} \frac{H^c_{T'T}}{E_T - E_{T'}} \psi(T') = \psi(T) + \sum_{T'} \alpha_T(T')\,\psi(T'). \tag{3,5}$$

Die Größe $|\alpha_T(T')|^2$ kann als Maß für den Anteil des Zustandes $\psi(T')$ an der Superposition genommen werden, wenn der Zustand $\psi(T)$ die nullte Näherung war.

In der angeführten Arbeit [19] wurde eine Abschätzung der Größen $\alpha_T^2(T')$ für den Fall $T = 0$ durchgeführt. Es wurden nur Kerne betrachtet, bei denen zwei oder vier Nukleonen außerhalb abgeschlossener Schalen liegen. Die Möglichkeit einer Anregung des Rumpfes durch die COULOMB-Kräfte wurde außer Acht gelassen. Bei zwei Nukleonen außerhalb abgeschlossener Schalen (die Kerne Li^6 und N^{14}) ist dann die Wahrscheinlichkeit dafür, daß zum Grundzustand $T = 0$, $S = 1$, $L = 0$, $J = 1$ mit der Konfiguration $(1p)^2$ noch ein Zustand $T = 1$, $S = 1$, $L = 0$, $J = 1$ mit der Konfiguration $(1p2p)$ auftritt, von der Ordnung

$$\alpha_0^2(1) \approx 2{,}5 \cdot 10^{-3}. \tag{3,6}$$

Die Wahrscheinlichkeiten für das Auftreten anderer Zustände sind noch kleiner als der angegebene Wert und sogar gleich Null. Bei vier Nukleonen sind die $\alpha_0^2(1)$ ebenfalls sehr klein (10^{-5} bis 10^{-6}). Anscheinend müssen die Beimischungen merklich größer sein, wenn der Ausgangswert $T \neq 0$ ist.

Allgemein kann man annehmen, daß die COULOMB-Kräfte nur in sehr geringem Maße zu einer Vermischung von Zuständen mit verschiedenen Werten von T führen. Könnte eine beträchtliche Vermischung festgestellt werden, so würde das für eine Abweichung der spezifischen Kernkräfte von der Ladungsunabhängigkeit sprechen.

Die COULOMB-Wechselwirkung läßt somit einerseits in hohem Grade die „Reinheit“ der Zustände ungestört, führt aber andererseits zu einer merklichen Aufspaltung der Energieniveaus bei den Komponenten des T-Multipletts.

Für die Berechnung der Größe dieser Aufspaltung ist eine elementare Methode hinreichend, welche auch zu der bekannten halbempirischen Formel für die Masse der Kerne führt. Den Beitrag der COULOMB-Energie zur Masse kann man in der Form

$$\Delta_c M(Z) = \frac{3e^2}{5c^2 R} Z(Z-1) \tag{3,7}$$

oder anders

$$\Delta_c M(T_3) = \frac{3e^2}{5c^2 R}\left(\frac{A}{2} - T_3\right)\left(\frac{A}{2} - T_3 - 1\right) \tag{3,8}$$

schreiben, wobei für den Kernradius

$$R = r_0 A^{1/3} = 1{,}45 \cdot 10^{-13} A^{1/3}\ \mathrm{cm} \tag{3,9}$$

angenommen wird [22].

Aus (3,2) und (3,8) folgt, daß die Aufspaltung der Niveaus der T-Multipletts hervorgerufen durch die Massendifferenz zwischen Neutron und Proton sowie durch die COULOMB-Kräfte, durch den Ausdruck

$$M(T_3) = \frac{A(m_n + m_p)}{2} + (m_n - m_p)\,T_3 + \\ + \frac{3e^2}{5c^2 r_0}\left(\frac{A}{2} - T_3\right)\left(\frac{A}{2} - T_3 - 1\right) A^{-1/3}$$

bestimmt wird, der auch in der Form

$$M(T_3) - M(0) = (m_n - m_p)\,T_3 - \frac{3e^2}{5c^2 r_0}\,T_3\,(A - 1 - T_3)\,A^{-1/3} \tag{3,10}$$

geschrieben werden kann. Links stehen hier Kernmassen. Meist wird jedoch die Rechnung in Atommassen geführt. Dann muß im rechten Teil der Gleichung die Differenz der Neutronen- und Protonenmasse durch die Differenz zwischen den Massen des Neutrons und des Wasserstoffatoms ersetzt werden:

$$M_a(T_3) - M_a(0) = (m_n - m_H)\,T_3 - \frac{3e^2}{5c^2 r_0}\,T_3(A - 1 - T_3)\,A^{-1/3}. \tag{3,11}$$

Setzen wir die Konstanten ein [22], so erhalten wir:

$$M_a(T_3) - M_a(0) = \left\{0{,}781\,T_3 - 0{,}598\,T_3\,(A - 1 - T_3)\,A^{-1/3}\right\}\mathrm{MeV}. \tag{3,12}$$

Das erste Glied, welches die Massendifferenz zwischen Neutron und Proton berücksichtigt, führt zu einer Erhöhung der Energie des Niveaus mit wachsendem T_3, das zweite, das COULOMB-Glied, wirkt in entgegengesetztem Sinne. Mit Ausnahme der leichtesten Kerne überwiegt das zweite Glied, so daß die Aufspaltung der Niveaus des T-Multipletts so vor sich geht, wie es in Abb. 2a und 2b gezeigt ist.

Gelingt es, die Differenzen zwischen den Energieniveaus isobarer Kerne durch eine Formel vom Typ (3,11) zu interpretieren, so spricht das dafür, daß nach Abzug der COULOMB-Wechselwirkung und des Einflusses der Massendifferenz zwischen n und p die Kräfte zwischen den Nukleonen als ladungsunabhängig betrachtet werden können.

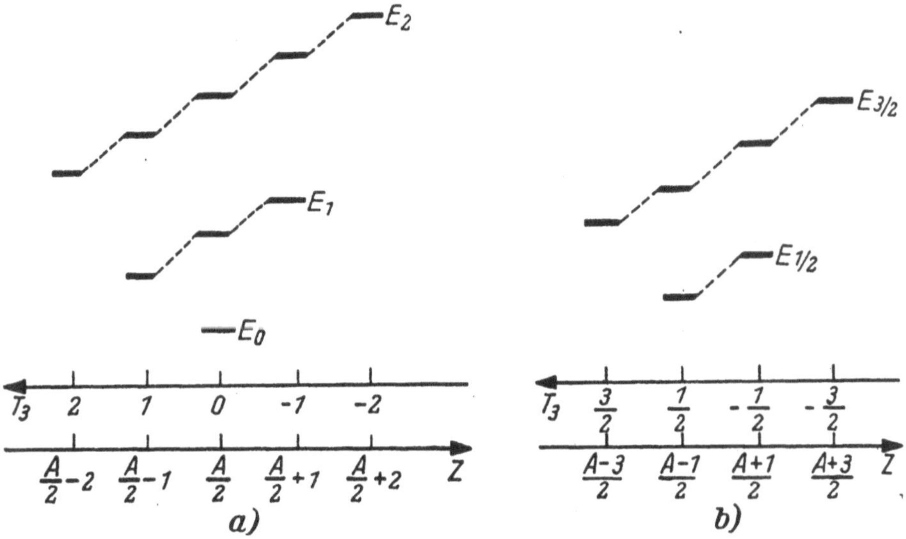

Abb. 2

Eingehend wurden die Massendifferenzen von Spiegelkernen bestimmt [20, 21, 22], d. h. von isobaren Paaren der Art $N_0 + n$ und $N_0 + p$, $N_0 + 2n$ und $N_0 + 2p$, wobei der „Restkern" N_0 aus einer gleichen Anzahl von Protonen und Neutronen besteht.

Die „Spiegelung" eines Nukleonensystems bedeutet, daß alle Neutronen durch Protonen und alle Protonen durch Neutronen ersetzt werden. Dabei ändert sich nur die Zahl der n—n- und p—p-Paare, aber nicht die Zahl der n—p-Paare. Deshalb gibt ein Vergleich der Charakteristiken von Spiegelkernen nur Aufschluß über die relative Größe der n—n- und p—p-Kräfte, gestattet aber nicht, diese Kräfte mit den n—p-Kräften zu vergleichen. So beweist die Übereinstimmung (bis auf die COULOMB-Verschiebung und die n—p-Massendifferenzen) der Energieniveaus von Spiegelkernen nur die Gleichheit der n—n- und p—p-Kräfte.

In den Bezeichnungen der Theorie des Isobarenspins unterscheiden sich die Spiegelkerne nur durch das Vorzeichen von T_3. Für Kerne vom Typ $N_0 + k_n$

ist $T_3 = +\frac{k}{2}$, für die Kerne $N_0 + k_p$ ist $T_3 = -\frac{k}{2}$. Nach der Zahl $k = 1, 2, \ldots$ unterscheidet man Spiegelkerne erster Ordnung, zweiter Ordnung usw.

Aus der Formel (3,12) erhalten wir:

$$M_a\left(-\frac{k}{2}\right) - M_a\left(+\frac{k}{2}\right) = k\,\{0{,}598(A-1)\,A^{-1/3} - 0{,}781\}\ \mathrm{MeV}. \quad (3{,}13)$$

Leichte Kerne mit *ungerader* Massenzahl gruppieren sich zu Spiegelkernen erster Ordnung. Dabei ist einer der Kerne des Paares β-radioaktiv. Von $A = 7$

Tabelle 1. Massendifferenzen der Spiegelkerne erster Ordnung

Nr.	Spiegelpaar	Werte von ΔM_a in MeV	
		Experiment	nach Formel (3,13), $k = 1$
1	$n^1 \to H^1$	0,781	0,781
2	$H^3 \to He^3$	0,0185	0,048
3	$Be^7 \to Li^7$	0,864	1,095
4	$C^{11} \to B^{11}$	1,990	1,908
5	$N^{13} \to C^{13}$	2,227	2,270
6	$O^{15} \to N^{15}$	2,705	2,614
7	$F^{17} \to O^{17}$	2,754	2,941
8	$Ne^{19} \to F^{19}$	3,254	3,253
9	$Na^{21} \to Ne^{21}$	3,52	3,554
10	$Mg^{23} \to Na^{23}$	3,92	3,845
11	$Si^{27} \to Al^{27}$	4,61	4,402
12	$P^{29} \to Si^{29}$	4,65	4,67
13	$S^{31} \to P^{31}$	4,92	4,931
14	$Cl^{33} \to S^{33}$	5,22	5,184
15	$Ar^{35} \to Cl^{35}$	5,42	5,435
16	$K^{37} \to Ar^{37}$	5,59	5,680
17	$Ca^{39} \to K^{39}$	6,15	5,920
18	$Sc^{41} \to Ca^{41}$	5,96	6,156

ab sind die Kerne mit einem überschüssigen Neutron stabil, der andere Kern jedes Paares ist β^+-aktiv oder wandelt sich durch E-Einfang (Be^7) um. Die Massendifferenzen der Kerne eines Spiegelpaares können experimentell aus der Grenzenergie des β^+-Zerfalles und aus den Schwellwerten der Energie von (p, n)-, (d, n)- und (γ, n)-Reaktionen bestimmt werden.

Ein Vergleich der experimentellen Werte der Massendifferenzen mit den nach (3,13) (mit $k = 1$) berechneten Werten ist in Tabelle 1 gegeben, die einer Arbeit von B. S. Dzelepov [22] entnommen ist.[1]) Dieser Vergleich zeigt, daß der Energieunterschied der Grundzustände der Kerne eines Spiegelpaares tat-

[1]) Vgl. auch Tabelle 3 auf Seite 6 in der ersten Arbeit des vorliegenden Sammelbandes. (*Anm. d. Herausg.*)

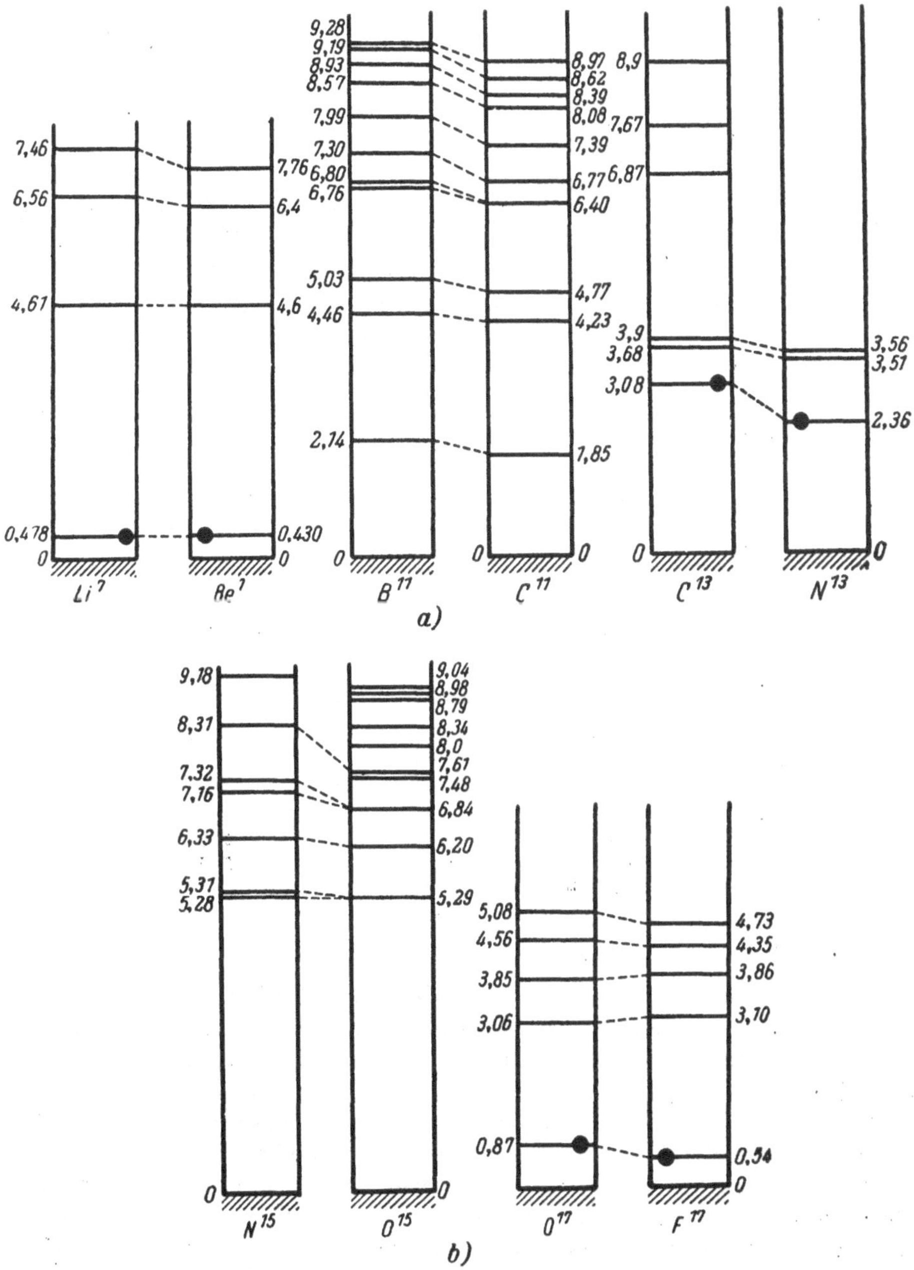
7,46
6,56
4,61
0,478
0
Li⁷
7,76
6,4
4,6
0,430
0
Be⁷
9,28
9,19
8,93
8,57
7,99
7,30
6,80
6,76
5,03
4,46
2,14
0
B¹¹
8,97
8,62
8,39
8,08
7,39
6,77
6,40
4,77
4,23
1,85
0
C¹¹
8,9
7,67
6,87
3,9
3,68
3,08
0
C¹³
3,56
3,51
2,36
0
N¹³
a)
9,18
8,31
7,32
7,16
6,33
5,37
5,28
0
N¹⁵
9,04
8,98
8,79
8,34
8,0
7,61
7,48
6,84
6,20
5,29
0
O¹⁵
5,08
4,56
3,85
3,06
0,87
O¹⁷
4,73
4,35
3,86
3,10
0,54
0
F¹⁷
b)

Abb. 3

sächlich durch die COULOMB-Kräfte erklärt werden kann. Diese Zustände sind offensichtlich die Komponenten eines Ladungsdubletts ($T = |T_3| = 1/2$).

Nach Abzug des Einflusses der COULOMB-Kräfte müssen nicht nur die Grundzustände, sondern auch die anderen Niveaus der Kerne eines Spiegelpaares zusammenfallen. Dieser Abzug wird in bedeutendem Maße automatisch erreicht, wenn man die Grundzustände der Kerne eines Spiegelpaares auf der Energieskala in gleicher Höhe nebeneinanderlegt, wie es in Abb. 3 gezeigt ist [22]. Wenn dabei auch keine völlige Übereinstimmung in der Lage der einzelnen Niveaus erreicht wird, so ist doch die Ähnlichkeit der Niveausysteme von Spiegelkernen sehr überzeugend. Mehr ist kaum zu erwarten, denn wir setzten gleichen Einfluß der COULOMB-Verschiebung auf verschiedene angeregte Niveaus voraus. Das ist aber eine recht grobe Annahme.

Sofern die Drehimpulse und Paritäten der gleichartigen Zustände bekannt sind, haben sie gleiche Werte, wie es auch aus der Hypothese der Ladungsunabhängigkeit folgt. Solche Zustände sind in Abb. 3 durch Punkte gekennzeichnet.

Bei Kernen mit *gerader* Massenzahl treffen wir auf Spiegelpaare zweiter Ordnung ($k = 2$). Die experimentellen Angaben sind mit den nach (3,13) berechneten Werten in Tabelle 2 zusammengestellt [22].

Tabelle 2. Massendifferenzen der Spiegelkerne zweiter Ordnung

Nr.	Spiegelpaar	Werte von ΔM_a in keV	
		Experiment	nach Formel (3,13), $k = 2$
1	$B^8 - Li^8$	200 ± 30	282
2	$C^{10} - Be^{10}$	380 ± 11	369
3	$N^{12} - B^{12}$	463 ± 9	450
4	$O^{14} - C^{14}$	535 ± 11	525
5	$Na^{20} - F^{20}$	~ 890	732
6	$Al^{24} - Na^{24}$	910 ± 30	857

Man kann annehmen, daß die Grundzustände der Spiegelkerne zweiter Ordnung zwei Zustände eines Ladungstripletts sind ($T = 1$, $T_3 = \pm 1$). Dann muß nach der Hypothese der Ladungsunabhängigkeit ein gleichartiger Zustand auch bei einem Kern, bei dem die Neutronen- und Protonenzahlen gleich sind, vorhanden sein ($T_3 = 0$, solche Kerne werden ladungssymmetrisch genannt). Dieser Kern mit $T_3 = 0$ gehört zum selben Triplett, und der erwähnte Zustand muß nach seiner Quantencharakteristik den Grundzuständen der Kerne des Spiegelpaares gleichartig sein. Er darf sich energetisch nur durch die „COULOMB-Verschiebung" gemäß Gleichung (3,12) von ihnen unterscheiden. Es muß sich bei diesem Zustand des ladungssymmetrischen Kernes jedoch nicht unbedingt um einen Grundzustand handeln, da für einen Kern mit $T_3 = 0$ außer den Zuständen mit $T = 1$ auch noch Zustände mit $T = 0$ möglich sind, von denen zu erwarten ist, daß sie energetisch tiefer liegen. Die Komponente des Tripletts $T = 1$, $T_3 = 0$, die den Grundzuständen des Spiegelpaares analog ist, muß als angeregter Zustand des ladungssymmetrischen Kernes auftreten.

Betrachten wir als Beispiel den Kern N^{14} ($T_3 = 0$), bei dem ein Zustand erwartet wird, der zusammen mit den Grundzuständen des O^{14} und C^{14} ein Ladungstriplett bildet ($T = 1$). In Abb. 4, die der Arbeit [22] entnommen wurde, sind die Niveauschemata der Kerne C^{14}, N^{14} und O^{14} dargestellt. Die Energiedifferenz der Grundzustände der Kerne C^{14} und N^{14} ist aus der Grenze des β^--Zerfalls des C^{14} bestimmt. Das Grundniveau des N^{14} liegt tiefer, als das Grundniveau des C^{14}, obwohl beim Übergang vom C^{14} zu N^{14} die COULOMB-Energie anwächst. Dieses tiefere Grundniveau des ladungssymmetrischen Kernes N^{14} gehört offensichtlich zu $T = 0$. Berechnet man nach Gleichung (3,12) die COULOMB-Verschiebung $M_a(0) - M_a(1)$ der Niveaus des N^{14} bezüglich der Niveaus des C^{14}, so findet man 2,20 MeV. Wird diese Energie zur Energie des Grundzustandes von C^{14} (0,15 MeV über dem Grundzustand des N^{14}) hinzugefügt, so ergibt sich der Wert 2,35 MeV für das beim Kern N^{14} zu erwartende Niveau mit $T = 1$. Dieser Wert fällt sehr gut mit dem beim N^{14} bekannten Niveau von 2,31 MeV zusammen, das somit als niedrigstes Niveau mit $T = 1$ beim N^{14}-Kern identifiziert wurde. Der Abzug der COULOMB-Verschiebung für den Grundzustand des O^{14}-Kernes ($T_3 = -1$) führt ebenfalls zu einer genauen Übereinstimmung dieses Zustandes mit dem 2,31 MeV-Niveau des Kernes von N^{14}. Damit sind alle drei Komponenten des Ladungstripletts bestimmt.

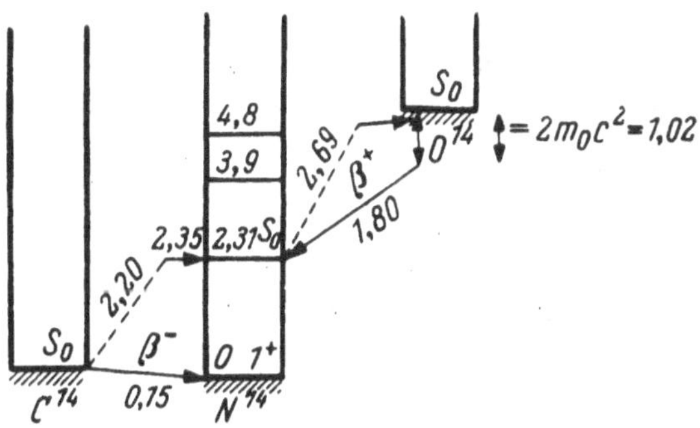

Abb. 4

Es ist bekannt, daß der Kern von C^{14} im Grundzustand $J = 0+$ besitzt. Die gleichen Charakteristiken müssen auch den anderen beiden Komponenten des Tripletts zugeschrieben werden. Dabei ist jetzt interessant, daß ein β^+-Übergang vom Grundzustand des O^{14} zum 2,31-MeV-Niveau des Kernes N^{14} auftritt. Die Hypothese der Ladungsunabhängigkeit führt zu dem Schluß, daß dieses ein $0+ \rightarrow 0+$ Übergang ist, der nach den GAMOW-TELLERschen Auswahlregeln verboten ist.

Die Abb. 5 zeigt die Gleichartigkeit der angeregten Zustände des C^{14} und N^{14}. Außerdem zeigt sie, daß beim ladungssymmetrischen Kern Niveaus auftreten, zu denen beim benachbarten isobaren Kern die entsprechenden Zustände fehlen (es sind dies offensichtlich Zustände mit $T = 0$). Die Abbildung ist sozusagen eine Realisierung des allgemeinen Schemas der Abb. 2a.

Für eine bequemere Betrachtung der Niveauschemata der isobaren Kerne mit gerader Massenzahl ist es zweckmäßig, sie in eine Form zu bringen, die der Abb. 1a ähnlich ist. Das kann dadurch erreicht werden, daß in den Schemata vom Typ der Abb. 4 die Lagen der Grundzustände der Kerne mit $T = \pm 1$ um die Größe der COULOMB-Verschiebung nach Gleichung (3,12) versetzt werden. Dann ergibt sich eine Lage der Niveaus, wie sie beim Fehlen der COULOMB-Effekte erwartet werden müßte. Da aber Gleichung (3,12) nicht genau ist, so schätzt man mit ihrer Hilfe die Größe der COULOMB-Verschiebung ab und bringt dann die Grundzustände der Kerne mit $T_3 = \pm 1$ auf eine Höhe mit dem nächstgelegenen Niveau des Kerns mit $T_3 = 0$. Dann kann man erwarten, daß dieses Niveau für den Kern mit $T_3 = 0$ das tiefste mit $T = 1$ ist. In einigen Fällen helfen bei der Identifizierung die Angaben aus Kernreaktionen, worüber ausführlicher im folgenden Abschnitt gesprochen wird.

Als Ergebnis des dargelegten halbempirischen Abzugs der COULOMB-Effekte erhält man die in Abb. 5 wiedergegebenen Schemata [33][1]) für die Isobaren mit $A = 6, 8, 10, 12, 14, 16$ und $T_3 = 0, +1$. In den Schemata ist die Energie in MeV angegeben, als Nullpunkt wurde der Grundzustand des Kernes mit $T_3 = 0$ gewählt. Unzureichend bekannte Niveaus wurden gestrichelt, breite Niveaus schraffiert gezeichnet. Schraffierung nur am rechten Rande bezeichnet nicht untersuchte Energiebereiche. Oberhalb der mit den Buchstaben α, p, n, d bezeichneten Niveaus sind die Kerne instabil und emittieren die genannten Teilchen.

Auf den Schemata befinden sich außerdem noch einige Angaben über die Quantencharakteristiken der Niveaus.

Angaben über die angeregten Zustände von Kernen mit Protonenüberschuß ($T_3 = -1$) sind nicht aufgenommen. Der Grundzustand dieser Kerne hat $T = 1$ und ist gleichartig dem niedrigsten Zustand mit $T = 1$, der bei ladungssymmetrischen Kernen ($T_3 = 0$) auftritt. Er kann deshalb durch den Abzug der COULOMB-Verschiebung mit diesen in Übereinstimmung gebracht werden. Dies sahen wir bereits am Beispiel der isobaren Triade C^{14}, N^{14}, O^{14} (Abb. 4).

Ein wichtiger Unterschied wird beim Vergleich der Schemata von Isobaren des Typs $A = 4n$ und $A = 4n + 2$ sichtbar. Während bei den Isobaren vom Typ $A = 4n$ die niedrigsten Niveaus mit $T = 1$ im Gebiet von 12 bis 17 MeV liegen, besitzen die entsprechenden Niveaus der Isobaren vom Typ $A = 4n + 2$ nur Anregungsenergien von 1,7 bis 3,6 MeV.

Daß bei den Isobaren des Typs $A = 4n + 2$ die Niveaus mit $T = 1$ relativ nahe dem Grundzustand gelegen sind, ist wahrscheinlich durch eine Konkurrenz der verschiedenen Vertauschungssymmetrien der Ladungs- und Spinfunktionen

---

[1]) Anstelle der Berechnung der „theoretischen" COULOMB-Verschiebung nach einer Gleichung vom Typ (3,11) wurde in der Arbeit [33] eine etwas andere Methode angewandt. Da aber danach die experimentell bekannten Niveaus in Übereinstimmung gebracht wurden, unterscheiden sich die Ergebnisse nicht von denen, welche die im Text angeführte Methode liefert. Siehe auch den Vergleich der Niveaus isobarer Kerne in [34, 35].

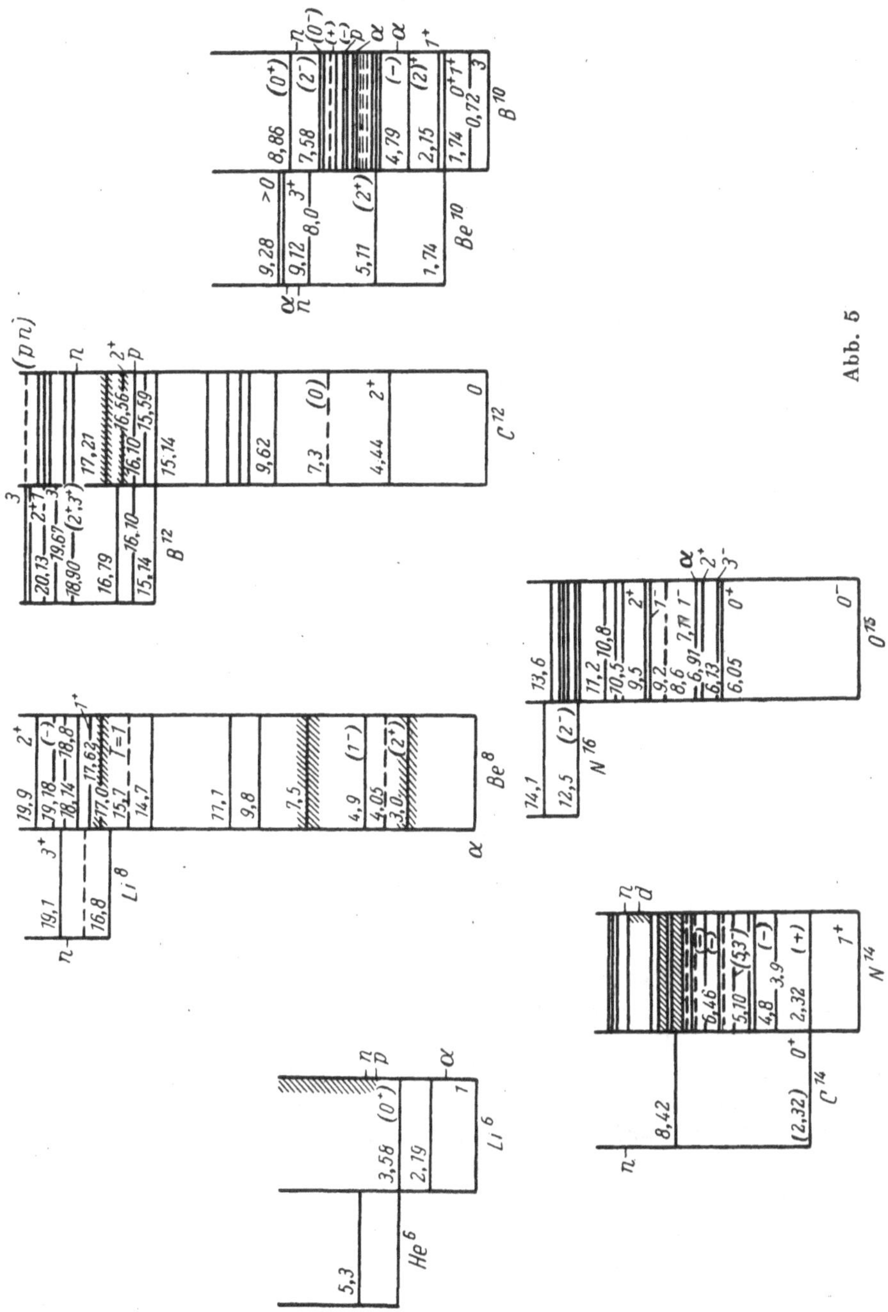

Abb. 5

zu erklären, welche zu einer maximalen Symmetrie des räumlichen Anteils der Gesamtwellenfunktion führen. (In der nullten Näherung der LS-Kopplung [6, 16] wird für solche Isobaren die maximal mögliche Symmetrie des räumlichen Teils der Wellenfunktion nicht nur bei $T = 0$ und $S = 1$, sondern auch bei $T = 1$ und $S = 0$ erreicht.)

Die Betrachtung der Schemata in Abb. 5 zeigt, daß bereits nach recht grobem Abzug der mit den COULOMB-Kräften und der $n-p$-Massendifferenz verbundenen Effekte die Energieniveaus der isobaren Kerne mit gerader Massenzahl fast so liegen, wie es von der Hypothese der Ladungsunabhängigkeit der Kernkräfte gefordert wird. Für die Kerne mit ungerader Massenzahl wurde ein analoges Resultat bereits aus der Untersuchung der Spiegelkerne erster Ordnung erhalten. Somit kann man den Schluß ziehen, daß die Ladungsunabhängigkeit der Kernkräfte tatsächlich die allgemeinen Gesetzmäßigkeiten der Lage der Niveaus bei leichten isobaren Kernen bestimmt.

IV. Isobarenspin und Kernreaktionen. Auswahlregeln

Bei Voraussetzung von Ladungsunabhängigkeit für die Wechselwirkung ist der Isobarenspin ein Bewegungsintegral. Drückt man in dieser Form die Hypothese der Ladungsunabhängigkeit aus, dann kann sie unmittelbar bei der Untersuchung von Kernraktionen angewandt werden, an denen nur Nukleonen teilnehmen [23]. Für solche Reaktionen muß außer der Forderung

$$\Delta T_3 = 0, \tag{4,1}$$

welche das Gesetz von der Erhaltung der elektrischen Ladung wiedergibt, noch die Forderung

$$\Delta T = 0, \tag{4,2}$$

d.h. das Gesetz der Erhaltung des Isobarenspins, erfüllt werden.

Der Begriff des Isobarenspins ist nicht nur bei der Untersuchung der ladungsunabhängigen Wechselwirkung zwischen Nukleonen nützlich, sondern auch in der Anwendung auf Photoreaktionen und den β-Zerfall. Im Sinne der Störungstheorie kann die Wechselwirkung eines Nukleonensystems mit dem Photonenfeld oder dem Feld der β-Teilchen als schwach bezeichnet werden. Es herrschen im ungestörten System ladungsunabhängige Kräfte und dessen Zustände können durch die Quantenzahl T charakterisiert werden. Eine Störung — z. B. die Wechselwirkung mit dem Photonenfeld — führt zu Übergängen zwischen verschiedenen Zuständen des ungestörten Systems, wobei (infolge der Abhängigkeit der Störung von der Ladung) eine strenge Erhaltung des Isobarenspins bereits nicht mehr erwartet werden darf. Es erweist sich jedoch, daß auch in diesem Falle Auswahlregeln für die Quantenzahl T aufgestellt werden können.

Um die Auswahlregeln für γ-Übergänge zu erhalten [24], betrachten wir den Energieoperator für die Wechselwirkung zwischen Nukleonensystem und elektromagnetischem Feld. In nichtrelativistischer Näherung kann der HAMILTON-Operator in der Form

$$\hat{H}' = -\sum_{i=1}^{A} \left\{ \frac{e}{mc}\, \hat{\mathfrak{p}}_i\, \mathbf{A}\,(\mathfrak{r}_i)\, \frac{1-\hat{\tau}_3^{(i)}}{2} + \left[\mu_n \frac{1+\hat{\tau}_3^{(i)}}{2} + \right.\right.$$

$$\left.\left. + \mu_p \frac{1-\hat{\tau}_3^{(i)}}{2} \right] \hat{\boldsymbol{\sigma}}^{(i)} \operatorname{rot} \mathbf{A}(\mathfrak{r}_i) \right\} \tag{4,3}$$

dargestellt werden. Hierbei beschreibt das erste Glied die Wechselwirkung der Bahnbewegung der Protonen mit dem Feld und das zweite die Wechselwirkung des Feldes mit den magnetischen Momenten der Nukleonen. Der Faktor $\frac{1 \pm \hat{\tau}_3^{(i)}}{2}$ berücksichtigt den Unterschied zwischen den elektromagnetischen Charakteristiken (Ladungen und magnetischen Momenten) von Neutron und Proton. Es sind $\hat{\boldsymbol{\sigma}}^{(i)}$ der übliche Spinoperator, m die Nukleonenmasse, μ_n und μ_p die magnetischen Dipolmomente von Neutron und Proton und $\mathbf{A}$ das Vektorpotential des elektromagnetischen Feldes.

Die Wahrscheinlichkeit eines elektromagnetischen Überganges wird durch das Matrixelement

$$(\alpha' T' \,|\, \hat{H}' \,|\, \alpha T) \tag{4,4}$$

bestimmt, wobei die α und α' alle Quantenzahlen außer T bezeichnen, die zur Charakterisierung von Anfangs- und Endzustand notwendig sind.

Für die mit der Quantenzahl T verbundenen Auswahlregeln ist nur die Abhängigkeit des Operators (4,3) von den Operatoren des Isobarenspins wichtig. Deshalb schreiben wir (4,3) formal

$$\hat{H}' = \hat{H}_0 + \hat{H}_1 = \hat{H}_0 + \sum_{i=1}^{A} f_i \hat{\tau}_3^{(i)}, \tag{4,5}$$

wobei $\hat{H}_0$ und f_i nicht von den $\hat{\tau}_3^{(i)}$ abhängen.

Mit anderen Worten, $\hat{H}_0$ ist ein Skalar im Isobarenraum, während $\hat{H}_1$ die „dritte" Komponente eines Vektors in diesem Raume ist. Die Bedingungen dafür, daß ein Matrixelement vom Typ (4,4) nicht Null wird, wenn $\hat{H}'$ ein Skalar oder die Komponente eines Vektors ist, sind für den üblichen Drehimpuls gut bekannt (siehe z. B. [14] § 27). Sie können unmittelbar auf den Fall des Isobarenspins übertragen werden, da er sich formal (wegen der gleichen Kommutationsregeln) nicht vom üblichen Spin unterscheidet. Das Matrixelement eines Skalars $\hat{H}_0$ ist von Null verschieden bei den Bedingungen

$$\Delta T = 0; \quad \Delta T_3 = 0, \tag{4,6}$$

das Matrixelement der „dritten" Komponente eines Vektors ist von Null verschieden bei den Bedingungen

$$\Delta T = 0, \pm 1; \quad \Delta T_3 = 0, \tag{4,7}$$

wobei Übergänge mit

$$\Delta T = 0 \quad \text{bei} \quad T_3 = 0 \tag{4,8}$$

ausgeschlossen sind. Speziell betrifft das Übergänge der Art $(T = 0) \to (T = 0)$. Im Ergebnis erhalten wir für Photoreaktionen die Auswahlregeln

$$\Delta T = 0, \pm 1; \quad \Delta T_3 = 0. \tag{4,9}$$

Diese Regeln bedeuten keine starke Einschränkungen, da bei den leichten Kernen Zustände mit großen Werten von T nicht bekannt sind. Deshalb gelang es auch noch nicht, die Regeln (4,9) einer experimentellen Prüfung zu unterziehen.

Praktisch wertvollere Regeln erhält man, wenn die Multipolarität der elektromagnetischen Strahlung mit berücksichtigt wird [24, 25]. Die elektrische Dipolstrahlung $E1$ ist mit dem ersten Glied im Wechselwirkungsoperator (4,3) verbunden. Der Beitrag dieses Gliedes zu $\hat{H}_0$ ist

$$-\frac{e}{2mc} \sum_{i=1}^{A} \hat{\mathfrak{p}}_i \mathbf{A}(\mathbf{r}_i).$$

Dieser Ausdruck entspricht dem Energieoperator der Wechselwirkung des Strahlungsfeldes mit A Teilchen, die alle das gleiche Verhältnis $\frac{e}{2m}$ von Ladung zu Masse haben. Ist jedoch das Verhältnis von Ladung zu Masse gleich, so ist die zeitliche Ableitung des Dipolmoments, die den Hauptbeitrag zur elektrischen Dipolstrahlung $E1$ liefert, gleich Null. Dabei kann aber trotzdem eine elektrische Dipolstrahlung auf Kosten der Korrektionen höherer Ordnung zustande kommen. Diese Korrektionen stammen von höheren Potenzen von $(k r_i)$, die in das nullte Glied der Zerlegung des Exponenten im Vektorpotential nach LEGENDREschen Polynomen eingehen. Im Vergleich zur üblichen Intensität geben die Korrektionen um $(kR)^4$ kleinere Intensitäten der elektrischen Dipolstrahlung $E1$, d. h. mit der Intensität der magnetischen Quadrupolstrahlung $M2$ oder der elektrischen Oktupolstrahlung $E3$ vergleichbare Werte. Wenn das Hauptglied der elektrischen Dipolstrahlung nicht verschwindet, braucht man deshalb diese Korrektionen nicht zu berücksichtigen. Vernachlässigung ist auch möglich, wenn nur Auswahlregeln für den Drehimpuls und die Parität vorliegen, die ja für *alle* Glieder dieser Zerlegung gelten. In unserem Falle des Isobarenspins muß jedoch, wie bereits gesagt, beachtet werden, daß die vom Glied $\hat{H}_0$ herrührende Strahlung als Dipolstrahlung nicht streng verboten ist. In der Arbeit [25] wurde im Zusammenhang mit den Auswahlregeln für den Isobarenspin das Augenmerk auf diesen Umstand gelenkt. Da jedoch die mit den Korrektionsgliedern verbundenen elektrischen Dipolübergänge sehr schwach sind, werden wir sie „verbotene" und sogar „nicht mögliche" Übergänge nennen.

Unter Beachtung dieser Vereinbarung kommen wir zu der Schlußfolgerung, daß die elektrische Dipolstrahlung nur auf Grund des Gliedes $\hat{H}_1$ aus (4,5) vor sich gehen kann und daß für sie außer den allgemeinen Auswahlregeln (4,7) das Verbot der Übergänge (4,8) Gültigkeit hat. Mit anderen Worten: Der elektrische Dipolübergang in ladungssymmetrischen Kernen ($T_3 = 0$) ist nur dann erlaubt, wenn sich der Isobarenspin T um Eins ändert. Speziell ist also der Übergang ($T = 0$) → ($T = 0$) als elektrischer Dipolübergang verboten.

Was die Auswahlregeln für den β-Zerfall betrifft, so können sie analog wie die Regeln (4,7) und (4,8) erhalten werden. Der Energieoperator der Wechselwirkung zwischen den Nukleonen und dem Feld der β-Teilchen enthält die Operatoren $\hat{\tau}_k$ linear nur in den Kombinationen

$$\frac{\hat{\tau}_1 \pm i\hat{\tau}_2}{2},$$

die der Umwandlung eines Neutrons in ein Proton und umgekehrt entsprechen. Das heißt der Wechselwirkungsoperator hat die Form der Kombinationen

$$B_1 \pm i B_2$$

der Komponenten eines Vektors im Isobarenraum. Die Untersuchung der Übergangsmatrixelemente für Operatoren dieser Art führt zu den Auswahlregeln [26]

$$\Delta T = 0, \pm 1; \quad \Delta T_3 = \pm 1, \tag{4,10}$$

die in bezug auf die mögliche Änderung des Isobarenspins mit den Regeln (4,9) für die γ-Strahlung zusammenfallen.

Die aufgezählten Auswahlregeln können sowohl zur Bestimmung des Isobarenspins bestimmter Kernzustände angewandt werden, wenn die Hypothese der Ladungsunabhängigkeit als richtig angenommen wird, als auch zur Prüfung dieser Hypothese selbst.

Zur Bestimmung von T für angeregte Zustände kann die Tatsache benutzt werden, daß der Stoß eines Kernes mit einem Deuteron oder α-Teilchen, für die immer $T = 0$ ist, zu einem Zustand des Kernes führt, der den gleichen Isobarenspin T wie der Ausgangszustand besitzt. Genauso wird T durch den Zerfall eines Zustandes unter d- oder α-Emission nicht verändert. Deshalb müssen z. B. das 4,44 MeV- und das 9,62 MeV-Niveau des C^{12}, die bei der Reaktion N^{14} (d, α) C^{12*} auftreten, $T = 0$ besitzen, weil auch der Grundzustand des N^{14} den Isobarenspin $T = 0$ hat.

Da bei der unelastischen Streuung von Deuteronen an B^{10} das Niveau 1,74 MeV nicht angeregt wird, hat man umgekehrt ein weiteres Argument zugunsten der Ansicht, daß der T-Wert dieses Niveaus vom T-Wert des Grundzustandes ($T = 0$) verschieden ist. Weil sich die Energie dieses Niveaus gerade um die COULOMB-Energie und die $n-p$-Massendifferenz von den Energien der Grundzustände des Be^{10} und C^{10} unterscheidet, kann es vermutlich durch $T = 1$ charakterisiert werden. Allgemein gesagt kann die Forderung nach Erhaltung des Isobarenspins bei der unelastischen Streuung von Deuteronen und α-Teilchen an Kernen des Typs $A = 4n + 2$ wie z. B. Li^6, B^{10}, N^{14} von Bedeutung sein, da bei solchen Kernen niedrigliegende Niveaus mit $T = 1$ vorkommen. Diese Niveaus werden bei den genannten Reaktionen nicht merklich angeregt. Da nämlich der Wirkungsquerschnitt einer Reaktion dem Quadrat des Übergangsmatrixelements proportional ist, kann sogar eine der Amplitude nach beträchtliche Beimischung eines erlaubten Zustandes nur zu einem kleinen effektiven Wirkungsquerschnitt führen.

Als weiteres Beispiel für die Anwendung des Gesetzes der Erhaltung des Isobarenspins wollen wir die Reaktion $O^{16}(d, \alpha) N^{14}$ betrachten [23]. Da der Kern O^{16}, das Deuteron und das α-Teilchen alle den Isobarenspin Null besitzen, so muß sich auch der Endkern in einem Zustand mit $T = 0$ befinden. Das bedeutet, daß durch die Erhaltung des Isobarenspins in der genannten Reaktion die Anregung des 2,3 MeV-Niveaus des N^{14} verboten ist, denn wie schon gesagt wurde, gehört dieses Niveau zum Ladungstriplett (C^{14}, N^{14*}, O^{14}) und besitzt $T = 1$. Tatsächlich konnte auch bei speziell angestellten Versuchen [36] diese Reaktion nicht beobachtet werden¹).

Die Erhaltung des Isobarenspins kann sich auch durch eine kleine Breite bestimmter angeregter Kernniveaus bemerkbar machen. So muß bei den Resonanzreaktionen (p, α) an Kernen mit $T_3 = {}^1/_2$, $T = {}^1/_2$ der Zwischenkern $T = 0$ oder $T = 1$ besitzen [28]. Die Endprodukte bestehen bei solchen Reaktionen jedoch meist aus ladungssymmetrischen Kernen in energetisch tiefliegenden Zuständen, für die $T = 0$ gilt. Somit ist die Partialbreite des α-Zerfalls im zweiten Stadium der Reaktion für einige Resonanzniveaus (die $T = 1$ besitzen) ungewöhnlich klein, da der entsprechende Übergang nur auf Kosten einer Störung der Reinheit der Zustände durch die COULOMB-Kräfte möglich ist. Dadurch wird verständlich, daß bei der Reaktion $B^{11} + p \rightarrow C^{12*} \rightarrow Be^8 + \alpha$ die Resonanz bei der Protonenenergie 165 keV für die energiereichste Gruppe von α-Teilchen eine Breite von 0,1 eV und für die gesamte α-Strahlung eine Breite von einigen eV besitzt, obwohl die für den α-Zerfall verfügbare Energie etwa 9 MeV beträgt. Analoge Niveaus, für die kein α-Zerfall beobachtet werden konnte, treten auch beim B^{10} auf [23].

Zwischen den Wahrscheinlichkeiten für Übergänge in Zustände ein und desselben T-Multipletts gibt es Beziehungen. Betrachten wir z. B. die Reaktionen $Be^9(d, p) Be^{10}$ und $Be^9(d, n) B^{10*}$, von denen die erste zum Grundzustand des Be^{10} ($T = 1$, $T_3 = 1$), die zweite zum angeregten Zustand des B^{10*} mit einer Energie von 1,74 MeV führt. Beide Zustände gehören zum gleichen Multiplett. Wir bezeichnen die Ladungsteile der Wellenfunktionen der beiden Kerne mit φ_1^1 und φ_0^1, die Ladungsfunktionen von Neutron und Proton mit $\tau_{1/2}^{1/2}$ und $\tau_{-1/2}^{1/2}$. Da im Anfangszustand

$$T = \frac{1}{2}, \quad T_3 = \frac{1}{2}$$

¹) Das Verbot von Reaktionen der angeführten Art kann nicht nur durch die Annahme der Ladungsunabhängigkeit erklärt werden, sondern schon durch die weniger strenge Forderung der Ladungssymmetrie [27]. Diese besagt, daß die Wechselwirkung bezüglich der Vertauschung aller Neutronen durch Protonen und aller Protonen durch Neutronen invariant sein soll.

war, so muß bei Annahme von Ladungsunabhängigkeit der Endzustand die gleichen Quantenzahlen besitzen. Deshalb kann der Ladungsanteil der Wellenfunktion des Endzustandes nicht einfach $\varphi_1^1 \tau_{-1/2}^{1/2}$ ($Be^{10} + p$) oder $\varphi_0^1 \tau_{1/2}^{1/2}$ ($B^{10*} + n$) sein, sondern muß durch eine solche Superposition dieser Funktionen beschrieben werden, für die

$$T = \frac{1}{2}, \quad T_3 = \frac{1}{2}$$

gilt und die der Ladungsfunktion $X_{1/2}^{1/2}$ des Anfangszustandes gleich ist. Das liefert

$$X_{1/2}^{1/2} = \frac{1}{\sqrt{3}} \left(\sqrt{2}\, \varphi_1^1 \tau_{-1/2}^{1/2} - \varphi_0^1 \tau_{1/2}^{1/2} \right),$$

wobei die Koeffizienten aus den bekannten Formeln für die Vektoraddition der Drehimpulse gewonnen wurden (siehe z. B. [29], Seite 78). Die relative Wahrscheinlichkeit der Übergänge Be^9 (d, p) Be^{10} und Be^9 (d, n) B^{10*} ist gleich dem Verhältnis der Quadrate dieser Koeffizienten, multipliziert mit dem Verhältnis der Phasenräume der entsprechenden Endzustände.

Gehen wir jetzt zur Untersuchung des Einflusses der Auswahlregeln für den Isobarenspin auf die γ-Strahlung und die Kernphotoreaktionen über [25]. Dieser Einfluß muß sich hauptsächlich an Kernen mit $T_3 = 0$ bemerkbar machen, für die nach (4,8) elektrische Dipolübergänge $E\,1$ ohne gleichzeitige Änderung des Isobarenspins verboten sind. Solche Übergänge können nur auf Kosten der Korrektionsglieder zur Dipolstrahlung auftreten und besitzen dann eine Intensität von der Größenordnung einer magnetischen Quadrupolstrahlung $M\,2$. Außerdem können Übergänge infolge der Störung der Reinheit der Zustände durch die COULOMB-Kräfte vorkommen. Das bedeutet, daß in ladungssymmetrischen Kernen die elektrische Dipolstrahlung bei Übergängen zwischen Zuständen mit $T = 1$ viel schwächer sein muß als bei Übergängen zwischen gleichartigen Niveaus benachbarter Isobare. Möglicherweise besitzt die Strahlung, welche dem Übergang vom 8,05 MeV- zum 2,3 MeV-Niveau des N^{14}-Kernes oder vom 6,1 MeV-Niveau des C^{14}-Kernes zum Grundzustand des C^{14}-Kernes entspricht, einen solchen Charakter. Dann muß die Linienbreite beim Übergang zum 2,3 MeV-Niveau des N^{14}-Kernes viel geringer sein als die Linienbreite beim Übergang im C^{14}-Kern (weil eben beim N^{14}-Kern $T_3 = 0$ ist), obwohl beide Übergänge bezüglich Drehimpuls und Parität erlaubt sind.

Ein besonderes Interesse besitzen vom Standpunkt der Auswahlregeln für den Isobarenspin die Übergänge zwischen Niveaus mit $T = 0$, von denen die elektrischen Dipolübergänge verboten sind.

Die γ-Übergänge im O^{16}-Kern wurden in den Arbeiten [30, 25] untersucht. O^{16} besitzt einen Zustand (1–) bei 7,12 MeV, (2+) bei 6,91 MeV, (3–) bei 6,14 MeV und (0+) bei 6,05 MeV, der Grundzustand hat (0+). Anscheinend ist für alle diese Zustände $T = 0$ (der niedrigste Zustand mit $T = 1$, der dem Grundzustand des N^{16} analog ist, muß bei 13 MeV liegen). Somit ist der Zerfall des

7,12 MeV-Niveaus zum Grundzustand durch die Auswahlregeln für den Isobarenspin verboten.[1]) Andererseits ist in energetischer Hinsicht dieser Zerfall der vorteilhafteste. Nach den Angaben der Arbeit [30] verläuft er 120mal öfter als der Zerfall in den Zustand (3—), der nach dem Isobarenspin nicht verboten ist. Dieses Resultat kann erklärt werden [25], indem man von einer Abschätzung der Korrektionsglieder zur Dipolstrahlung ausgeht. Sie sind von der Größenordnung eines $M2$-Übergangs. Man erhält dann für das Verhältnis der Wahrscheinlichkeit der Strahlung beim Übergang zum Grundzustand zur Wahrscheinlichkeit einer $E2$-Strahlung beim Übergang zum (3 —)-Zustand den Wert $7^5 : 100 \approx 170$. Weiterhin müßte man beim Fehlen spezieller Auswahlregeln im selben Kern von O^{16} für den (2 +)-Zustand vorwiegend $E1$-Zerfall zum (3 —)-Niveau erwarten. Der $E2$-Zerfall zum Grundzustand (0 +) verläuft jedoch mindestens 200mal öfter. Das kann als Wirkung der Isobarenspin-Auswahlregeln für die $E1$-Strahlung interpretiert werden.

Der Grundzustand des B^{10} besitzt $T = 0$, der niedrigste Zustand mit $T = 1$ (analog dem Grundzustand des Be^{10}) liegt bei 1,74 MeV. Ein anderer Zustand des B^{10} mit $T = 1$, der dem ersten angeregten Zustand des Be^{10} (3,37 MeV) analog ist, muß in der Nähe von 5 MeV erwartet werden. In diesem Gebiet gibt es eine Dublette bei 5,11 und 5,16 MeV. Die Untersuchung der Reaktion $Li^6 (\alpha, \gamma) B^{10}$ zeigte [30], daß das Niveau 5,16 MeV eine geringe Breite ($\sim 0{,}2$ eV) besitzt. Das 5,11 MeV-Niveau konnte dabei überhaupt nicht beobachtet werden. Man könnte ihm den Wert $T = 1$ zuschreiben und annehmen, daß seine Anregung das Gesetz der Erhaltung des Isobarenspins bei der Reaktion $Li^6 + \alpha$ verletzt. Anscheinend ist dem aber nicht so. Durch den Einfluß der COULOMB-Kräfte wird zum Grundzustand des Li^6 die Beimischung eines Zustandes mit $T = 1$ hervorgerufen [19]. Die Autoren von [30] schätzten die Größe dieser Beimischung ab und fanden, daß sie eine Niveaubreite bedingt, die weit über der von ihnen bestimmten oberen Grenze für die Breite des 5,11 MeV-Niveaus liegt und der gemessenen Breite des 5,16 MeV-Niveaus nahekommt. Deshalb schreiben sie den Wert $T = 1$ dem 5,16 MeV-Niveau zu. Für das 5,11 MeV-Niveau kommen $T = 0$ und $J = 2—$ in Frage. Dann ist der Zerfall zum Grundzustand des B^{10} ($J = 3 +$) als Dipolübergang zwischen Zuständen mit $T = 0$ verboten.

Auch auf die Untersuchung von Kernphotoreaktionen (Absorption von γ-Strahlen und nachfolgende Emission von Teilchen) wurden die Isobarenspin-Auswahlregeln angewandt [25]. Der Einfluß der Auswahlregeln ist am merklichsten bei Kernen vom gerade-gerade-Typ mit $T_3 = 0$ ($A = 4n$), bei denen der Grundzustand $T = 0$ und $J = 0+$ besitzt und der erste Zustand mit $T = 1$ bei einer hohen Energie W_1, liegt. Wir beschränken uns auf die Betrachtung von elektrischen Dipol- ($E1$), elektrischen Quadrupol- ($E2$) und magnetischen Dipolübergängen ($M1$).

---

[1]) Der Übergang $(1 -) \to (0+)$ ist vom Typ $E1$, der nach der Auswahlregel für den Isobarenspin deshalb verboten ist, weil beide Niveaus $T = 0$ besitzen. (*Anm. d. Herausg.*)

Bei einer Energie der Photonen $W < W_1$ führt die Absorption des Photons zu einem Zwischenkern mit $T = 0$. Dabei ist die elektrische Dipolabsorption verboten. Die absorbierte Strahlung kann entweder vom Typ $M1$ sein, sie führt dann zu einem Zwischenkern mit $J = 1+$, oder vom Typ $E2$, was einen Zustand mit $J = 2+$ ergibt. Denselben Charakter wird die Absorption bei beliebiger Energie in den (γ, d)- und (γ, α)-Reaktionen aufweisen, wenn der Endkern in einem Zustand mit $T = 0$ zurückbleibt. Wenn der Endzustand in der (γ, α)-Reaktion der Grundzustand des Kernes ist, so muß die Absorption des γ-Quants vom Typ $E2$ sein und der Zwischenkern $J = 2+$ besitzen.

Eine Absorption, die einen Zwischenkern mit $T = 1$ erzeugt, ist nur bei $W > W_1$ möglich. Sie kann dann von beliebiger Multipolordnung sein. Die Reaktion wird jedoch nur dann durch die Emission eines Deuterons oder α-Teilchens vollendet, wenn der entstehende Zustand des Endkernes $T = 1$ hat. Das ist aber nur möglich, wenn die Energie W hinreichend groß ist.

Die angeführten Überlegungen wären bei exakter Ladungsunabhängigkeit der Wechselwirkung zwischen den Nukleonen streng gültig. Man muß jedoch die Korrektionen berücksichtigen, die durch die COULOMB-Kräfte hervorgerufen werden. Dadurch werden solche Prozesse, die nach den Isobarenspin-Auswahlregeln verboten sind, in einem gewissen Ausmaße wahrscheinlich. Wenn konkurrierende Prozesse, z. B. Protonen- oder auch Neutronenemission fehlen, so kann nach der Absorption, die einen Zustand mit $T = 1$ bildet (z. B. nach Dipolabsorption) manchmal ein α-Teilchen beobachtet werden, das den Kern im Zustand mit $T = 0$ zurückläßt.

Die angeführten Überlegungen wurden auf den Kern von C^{12} angewandt. Bei niedrigen Photonenenergien muß die Absorption den Charakter $E2$ oder $M1$ besitzen. Das erste Niveau mit $T = 1$, das den Grundzuständen des B^{12} und N^{12} analog ist, muß in der Nähe von 15 MeV liegen und durch $J = 1+$ charakterisiert werden. Möglicherweise ist dies das Niveau mit 15,09 MeV. Das Niveau 16,07 MeV mit $J = 2+$ ist analog dem ersten angeregten Zustand des B^{12} mit 0,95 MeV. Diese Angaben bestimmen die Schwellwert-Energien für die $M1$- und $E2$-Absorption mit Übergang zu einem Zwischenkern mit $T = 1$. Für $E1$ muß die Absorptionsschwelle $W_1(E1)$ offensichtlich höher liegen, und zwar dort, wo sich das niedrigste Niveau mit $T = 1$, $J = 1-$ befindet. Wenn die Photonenenergie diesen Wert erreicht, wird die $E1$-Absorption schnell anwachsen und bald überwiegen. Das muß sich in (γ, p)- und (γ, n)-Prozessen bemerkbar machen, während (γ, α)-Prozesse anfangs nur als verbotene Prozesse auf Kosten einer Störung der Reinheit der Zustände vorkommen können. Für die erlaubte (γ, α)-Reaktion, die zum niedrigsten Zustand des Be^8 mit $T = 1$ führt (16,8 MeV), wurde die Schwellwert-Energie zu 26 MeV abgeschätzt.

Die experimentellen Angaben über (γ, n)- und (γ, p)-Reaktionen an C^{12} zeigen ein starkes Anwachsen des effektiven Absorptionsquerschnitts in der Nähe von 20 MeV. Das wird als Beginn der $E1$-Absorption gedeutet, d. h. die Schwellwert-Energie $W_1(E1)$ hat diesen Wert. Die (γ, α)-Reaktionen geben Maxima bei 18 MeV und 29 MeV. Das erste Maximum muß durch $M1$- und

$E2$-Absorption bedingt sein, was auch durch experimentelle Angaben bestätigt wird. Im Gebiet zwischen 20 und 26 MeV liegt für die (γ, n)- und (γ, p)-Reaktionen ein großes Maximum, während der effektive (γ, α)-Wirkungsquerschnitt in diesem Bereich klein ist. Ein solches Ergebnis mußte auch erwartet werden, da die (γ, α)-Reaktionen hier nur als erlaubte $M1$- und $E2$- oder verbotene $E1$-Prozesse verlaufen können. Das vorhin erwähnte Maximum bei 29 MeV ist offensichtlich durch $E1$-Prozesse bedingt. Das wird dadurch bestätigt, daß im Gebiet oberhalb 26 MeV die Reaktion C^{12} (γ, α) Be^8 in 88% der Fälle zu Niveaus des Be^8 in der Nähe von 17 MeV führt, hauptsächlich zum Niveau 16,8 MeV [31]. Dieses 16,8 MeV des Be^8 ist vom energetischen Gesichtspunkt aus den Grundzuständen des Li^8 und B^8 analog und besitzt deshalb im wesentlichen $T = 1$. Es zerfällt zwar unter α-Emission, seine Breite ist jedoch nicht groß ($<0{,}3$ MeV). Auf Grund der Angaben über Winkelverteilung und Winkelkorrelation der α-Teilchen kann man sagen, daß bei der zu diesem Niveau führenden Reaktion C^{12} (γ, α) Be^8 tatsächlich elektrische Dipolabsorption erfolgt und daß das Niveau selbst $J = 2+$ besitzt. Der Übergang zum 3 MeV Niveau mit ebenfalls $J = 2+$ ist energetisch vorteilhafter, besitzt aber nur ein Sechstel der Wahrscheinlichkeit des anderen Übergangs. Das hat seine Ursache anscheinend in den Isobarenspin-Auswahlregeln für die Dipolstrahlung.

Über 26 MeV wächst der effektive Querschnitt der (γ, α)-Reaktion im Vergleich zum Querschnitt bei niedrigeren Energien nur unbedeutend, obwohl erlaubte $E1$-Absorption zum Wirkungsquerschnitt beiträgt. Das kann durch die starke Abnahme der Gesamtabsorption bei Energien über 26 MeV erklärt werden, auf die das Verhalten der effektiven Querschnitte der (γ, n)- und (γ, p)-Reaktionen hinweist. Eine analoge Betrachtung wurde auch für Photoreaktionen an O^{16} durchgeführt.

Für Kerne vom Typ ungerade-ungerade mit $T_3 = 0$ und $E1$-Absorption wurde eine interessante Voraussage über die Konkurrenz der (γ, d)- und (γ, np)-Reaktionen gemacht. Bei solchen Reaktionen muß der Endkern vom Typ gerade-gerade sein und in einem Zustand mit $T = 1$ zurückbleiben. Deshalb ist die Emission eines Deuterons verboten, wenn die γ-Energie nicht dazu ausreicht, daß der Endkern in einem seiner (hochliegenden) Zustände mit $T = 1$ gebildet wird. Andererseits ist die gleichzeitige Emission eines Neutrons und Protons im Zustand mit $T = 1$ (z. B. im virtuellen $^1S_0$-Zustand) erlaubt. Bei den angegebenen Bedingungen muß also ein Überschuß von (γ, np)-Reaktionen gegenüber den (γ, d)-Reaktionen beobachtet werden.

Die Untersuchung des Einflusses der Ladungsunabhängigkeit der Kernkräfte auf Kernreaktionen begann vor nicht allzu langer Zeit. Bereits jetzt ist klar, daß die Methode von großem Interesse für die Interpretation von Prozessen mit leichten Kernen ist. Eine systematische Betrachtung der Reaktionen „unter dem Gesichtspunkt der Quantenzahl T“ ist anscheinend eine Sache der nächsten Zukunft.

Anhang

Wenn die Funktion der Veränderlichen des Isobarenspins χ für ein System von A Teilchen eine Symmetrie besitzt, die durch die Aufspaltung

$$A = n_1 + n_2 \qquad (n_1 \geqslant n_2) \tag{2,14}$$

bestimmt wird, d. h. in n_2 Teilchenpaaren antisymmetrisch und in den übrigen $n_1 - n_2$ Teilchen symmetrisch ist, so ist sie Eigenfunktion des Operators $\hat{\mathbf{T}}^2$ mit dem Eigenwert $T(T+1)$, wobei gilt:

$$T = \frac{n_1 - n_2}{2}.$$

Dies wollen wir beweisen. Nach (1,12) kann der Operator $\hat{\mathbf{T}}^2$ durch Operatoren ausgedrückt werden, welche die Vertauschung zweier Isobarenvariablen hervorrufen:

$$\hat{\mathbf{T}}^2 = A - \frac{A^2}{4} + \sum_{i<k}^{A} \hat{P}^{(\tau)}_{(i,k)}. \tag{1,12}$$

Betrachten wir die Wirkung der Summe von Vertauschungsoperatoren auf die Funktion χ. Da die Funktion in $n_1 - n_2$ Teilchen symmetrisch ist, so gibt ihre Vertauschung $\dfrac{(n_1 - n_2)(n_1 - n_2 - 1)}{2}$ Summanden, die gleich Eins sind. Die Vertauschungen der Teilchen innerhalb der antisymmetrischen Paare liefert in der Summe n_2 Summanden, die gleich -1 sind. Es bleiben noch die Vertauschungen jedes der Teilchen der antisymmetrischen Paare mit allen Teilchen, die nicht zum gegebenen Paar gehören. Wir werden die Vertauschungen jedes der beiden Teilchen eines antisymmetrischen Paares mit einem Teilchen, das nicht zum gegebenen Paar gehört, zusammen betrachten. Es möge z. B.

$$\chi(\widehat{1\ 2}\ 3\ \ldots)$$

eine Funktion der Veränderlichen des Isobarenspins sein, in der die Teilchen „1" und „2" zu einem antisymmetrischen Paar gehören. Dann ist

$$\left(\hat{P}^{(\tau)}_{(1,3)} + \hat{P}^{(\tau)}_{(2,3)}\right) \chi(\widehat{1\ 2}\ 3\ \ldots) = \chi(\widehat{3\ 2}\ 1\ \ldots) + \chi(\widehat{1\ 3}\ 2\ \ldots).$$

Es ist leicht zu prüfen, daß die Funktion

$$\chi(\widehat{1\ 2}\ 3\ \ldots) - \chi(\widehat{3\ 2}\ 1\ \ldots) - \chi(\widehat{1\ 3}\ 2\ \ldots)$$

in allen drei Teilchen antisymmetrisch und wie jede solche Funktion der Isobarenvariablen gleich Null ist. Deshalb gilt

$$\left(\hat{P}^{(\tau)}_{(1,3)} + \hat{P}^{(\tau)}_{(2,3)}\right) \chi(\widehat{1\ 2}\ 3\ \ldots) = \chi(\widehat{1\ 2}\ 3\ \ldots).$$

Man kann somit die betrachteten Vertauschungen paarweise so gruppieren, daß jedes Paar zur Summe in (1,12) den Summanden 1 beiträgt. Die Zahl solcher Vertauschungen ist

$$\frac{(n_1+n_2)(n_1+n_2-1)}{2} - \left[\frac{(n_1-n_2)(n_1-n_2-1)}{2} + n_2\right] = 2(n_1-1)\,n_2.$$

Die Zusammenfassung der Resultate ergibt also: Wird die Summe der Vertauschungsoperatoren auf die Funktion χ angewandt, so führt das zu einer Multiplikation von χ mit der Größe

$$\frac{(n_1-n_2)(n_1-n_2-1)}{2} - n_2 + (n_1-1)n_2.$$

Deshalb ist also

$$\hat{\mathrm{T}}^2\chi = \left\{A - \frac{A^2}{4} + \sum_{i<k}^{A} \hat{P}^{(\tau)}_{(i,k)}\right\}\chi =$$

$$= \left\{n_1 + n_2 - \frac{(n_1+n_2)^2}{4} + \frac{(n_1-n_2)(n_1-n_2-1)}{2} - n_2 + \right.$$

$$\left. + (n_1-1)\,n_2\right\}\chi = \frac{n_1-n_2}{2}\left(\frac{n_1-n_2}{2}+1\right)\chi.$$

Damit erhalten wir bei der vorausgesetzten Vertauschungssymmetrie der Funktion χ tatsächlich

$$\hat{\mathrm{T}}^2\chi = T(T+1)\chi, \quad \text{wobei} \quad T = \frac{n_1-n_2}{2} \text{ ist}.$$

Literatur

[1] YOUNG, L. A., Phys. Rev., **47**, 972 (1935); **48**, 913 (1935).
[2] CASSEN, B., u. CONDON, E. U., Phys. Rev., **50**, 846 (1936).
[3] BREIT, G., u. FEENBERG, E., Phys. Rev., **50**, 850 (1936).
[4] FEENBERG, E. und WIGNER E., Phys. Rev., **51**, 95 (1937).
[5] WIGNER, E., Phys. Rev., **51**, 106 (1937).
[6] HUND, F., ZS. Phys., **105**, 202 (1937).
[7] TUVE, HEYDENBURG u. HAFSTAD, Phys. Rev., **50**, 806 (1936).
[8] BREIT, CONDON u. PRESENT, Phys. Rev., **50**, 825 (1936).
[9] SCHWINGER, J., Phys. Rev., **78**, 135 (1950).
[10] FOWLER, DELSASSO u. LAURITSEN, Phys. Rev., **49**, 561 (1936).
[11] HEISENBERG, W., Z. f. Phys., **77**, 1 (1932).
[12] Зельдович, Я. Б., ДАН, (SELDOVIČ, J. B., Dokl. Akad. Nauk SSSR), **86**, 505 (1952).
[13] WIGNER, E., Proc. Nat. Acad. Sc. USA, **38**, 449 (1952).
[14] Ландау Л. и Лифшиц, Е., Квантовая механика, ч. I, Гостехиздат (LANDAU, L., u. LIFSCHITZ, E., Quantenmechanik, Teil I, Gostechisdat), 1948.
[15] HUND, F., ZS. Phys., **43**, 788 (1927).
[16] FENNBERG, E., u. PHILLIPS, Phys. Rev., **51**, 597 (1937).
[17] SMIRNOW, W. J., Lehrgang d. höheren Mathematik, Teil III, 1, Deutscher Verlag d. Wiss., Berlin 1954.
[18] KURATH, D., Phys. Rev., **88**, 804 (1952).
[19] RADICATI, L. A., Proc. Phys. Soc., A **66**, 139 (1953).
[20] Джелепов, Б. С., ЖЭТФ (DZELEPOV, B. S., J. Exp. Theor. Phys. SSSR), **19**, 360 (1949).
[21] Джелепов, Б. С., Изв. АН, сер. физ. (DZELEPOV, B. S., Izvest. Akad. Nauk SSSR, Ser. Fiz.), **15**, 496 (1951).
[22] Джелепов, Б. С., Изв. АН, сер. физ. (DZELEPOV, B. S., Izvest. Akad. Nauk SSSR, Ser. Fiz.), **17**, 391 (1953). Deutsche Übers.: Phys. Abh. a. d. Sowjetunion, Bd. 6, Kernphysik Folge 1, S. 57, Leipzig 1956.
[23] ADAIR, R. K., Phys. Rev., **87**, 1041 (1952).
[24] RADICATI, L. A., Phys. Rev., **87**, 521 (1952).
[25] GELL-MANN, M., u. TELEGDI, Phys. Rev., **91**, 169 (1953).
[26] WIGNER, E., Phys. Rev., **56**, 519 (1939).
[27] KROLL, N. M., u. FOLDY, L. L., Phys. Rev., **88**, 1177 (1952).
[28] DEVONS, S., Proc. Phys. Soc., A **66**, 665 (1953).
[29] CONDON, E. U., u. SHORTLEY, C. H., The Theory of Atomic Spectra, Cambridge 1953.
[30] JONES, G. A., u. WILKINSON, D. H., Phys. Rev., **90**, 722 (1953).
[31] WILKINS, J. J., u. GOWARD, F. K., Proc. Phys. Soc. A **66**, 661 (1953).
[32] AJZENBERG, F., u. LAURITSEN, T., Revs. Mod. Phys., **24**, 321 (1952).
[33] INGLIS, D. R., Revs. Mod. Phys., **25**, 390 (1953).
[34] LAURITSEN, T., Ann. Rev. of Nuclear Sci., **1**, 67 (1952).
[35] BURCKAM, W. E., Progr. Nucl. Phys., **2**, 174 (1952).
[36] ASHMORE u. RAFFLE, Proc. Phys. Soc., A **64**, 754 (1950); BURROWS et al., Proc. Roy. Soc., A **209**, 478 (1951).

Der Isotopenspin leichter Kerne[1])

von

A. I. Bas und J. A. Smorodinskij

Teil I. THEORIE

I. Der Isotopenspin der Nukleonen

§ 1 Einführung

Es gibt viele Gründe anzunehmen, daß die zwischen den Nukleonen wirkenden Kernkräfte ladungsunabhängig sind. Das bedeutet, daß die Wechselwirkungen in den drei möglichen Nukleonenpaaren: Proton—Proton, Neutron—Neutron und Proton—Neutron, wenn sich die Nukleonen in gleichen Zuständen befinden (in bezug auf die Abhängigkeit der Wellenfunktionen von den Koordinaten und den Spins), identisch sind.

Ungeachtet der weiten Verbreitung, welche die Hypothese der Ladungsunabhängigkeit in der Kernphysik fand, gibt es gegenwärtig keinen direkten Beweis ihrer Richtigkeit.

Die Wechselwirkung zweier Nukleonen wurde nämlich unmittelbar nur durch die Streuung von Neutronen an Protonen und Protonen an Protonen untersucht. Es ist jedoch bekannt, daß im untersuchten Energiebereich (etwa bis 10 MeV) die mit den Kernkräften verbundene Streuung nur in Zuständen mit $l = 0$ (S-Zustände) vor sich geht. Deshalb konnte man aus der Analyse dieser Versuche nur auf die Ähnlichkeit der Wechselwirkungen von Neutron—Proton und Proton—Proton im ^1S-Zustand schließen (wir erinnern daran, daß sich 2 Protonen infolge des PAULI-Prinzips nicht in einem ^3S-Zustand befinden können). Das Mitwirken von Zuständen mit $l > 0$ bei der Streuung ist so unbedeutend, daß man im Bereich kleiner Energien (bis 10 MeV) keine Schlüsse über die Wechselwirkung in diesen Zuständen ziehen kann. Der Bereich großer Energien, dem viele Arbeiten gewidmet sind, stellt eine Aufgabe für sich dar, die insbesondere mit der Ladungsunabhängigkeit der Wechselwirkung von Nukleonen mit π-Mesonen verbunden ist (aber auch mit anderen Mesonen, die möglicherweise eine erhebliche Rolle in der Wechselwirkung zwischen den Nukleonen spielen). Übrigens gibt es auch im Bereich großer Energien keine exakten Beweise der Ladungsunabhängigkeit, obwohl die Gesamtheit der auf diesem Gebiet vorhandenen Experimente dieser Hypothese nicht widerspricht.

---

[1]) А. И. Базь и Я. А. Смородинский, Успехи Физических Наук (Usp. Fiz. Nauk), **55**, 215—264 (1955).

Daher gewinnt die Betrachtung der Struktur der Spektren leichter Kerne vom Gesichtspunkt der Gesetzmäßigkeiten, die aus der Annahme der Hypothese der Ladungsunabhängigkeit folgen, große Bedeutung. Es erweist sich, daß zur Zeit die Struktur der Kernspektren der überzeugendste Beweis für die Richtigkeit dieser Hypothese — mindestens im Bereich nicht allzu großer Energien — ist.

Im vorliegenden Überblick stellen wir uns die Aufgabe, zu zeigen, welche allgemeinen Eigenschaften der Spektren mit der Hypothese der Ladungsunabhängigkeit der Kernkräfte verbunden sind und welche Schlüsse über die Genauigkeit dieser Hypothese gezogen werden können.

Der Überblick besteht aus zwei Teilen. Im ersten Teil werden wir die grundlegenden physikalischen Ideen darlegen, auf denen sich die Theorie des Isotopenspins aufbaut. Dabei werden wir komplizierte mathematische Fragen umgehen und uns auf nicht ganz strenge, aber anschauliche Überlegungen beschränken. Fragen der Theorie wurden unlängst in den Arbeiten von SCHAPIRO [1] und SELZER [2][1]) behandelt, auf die wir die Leser verweisen.

Der zweite Teil enthält die Beschreibung der Niveaus leichter Kerne und ihre Analyse nach dem Isotopenspin. Der größte Teil der Angaben über die Niveaus ist den beiden Arbeiten über leichte Kerne von AJZENBERG und LAURITSEN [3] und von ENDT und KLUYVER [4] entnommen.

§ 2 Die Quantencharakteristiken der Kernniveaus

Bekanntlich wird jedes Niveau eines Quantensystems (und insbesondere eines Kernes) durch einen Satz von Quantenzahlen charakterisiert. Diese Zahlen sind mit den verschiedenen Symmetrieeigenschaften des Systems verbunden. In Abhängigkeit davon, ob die betrachtete Symmetrie genau ist oder nicht, unterscheidet man genaue oder annähernde Quantenzahlen.[2]) Die erstgenannten, z. B. die mit der Energie des Systems und dem Drehimpuls verknüpften, sind für beliebige Prozesse, die im System vor sich gehen, Bewegungsintegrale. Die zweitgenannten sind im allgemeinen keine Bewegungsintegrale. Für sie ist charakteristisch, daß die mit ihrer Nichterhaltung verbundenen Prozesse eine erheblich kleinere Wahrscheinlichkeit haben. Als Beispiel für annähernde Quantenzahlen können die Bahndrehimpulse und Spinquantenzahlen der Atome dienen, deren Erhaltung nur im Rahmen des Schemas der LS-Kopplung gültig ist.

Außer durch die genauen Quantenzahlen der Energie E und des Spins I werden die Niveaus noch durch die Parität P charakterisiert. Diese kennzeichnet die Invarianz der Systemeigenschaften bei Spiegelung aller Koordinaten im Koordinatenanfang. Eine zweimal ausgeführte Spiegelung liefert wieder den Ausgangs-

[1]) Die Arbeit von SELZER ist im vorliegenden Sammelband enthalten. (*Anm. d. Herausg.*)

[2]) Im Deutschen sind auch die Ausdrücke „gute“ und „schlechte“ Quantenzahlen gebräuchlich. (*Anm. d. Herausg.*)

zustand, ist also eine identische Operation. Daraus folgt unmittelbar, daß die Wellenfunktion des Systems bei Inversion (das ist Spiegelung im Koordinatenursprung) entweder das Vorzeichen ändert oder unverändert bleibt. Im ersten Falle sagt man, daß das System „ungerade" ist, im zweiten, daß es „gerade" ist.[1])

Mit *E*, *I* und *P* sind alle genauen Quantenzahlen aufgezählt.

Gehen wir jetzt zu den „ungenauen" Quantenzahlen über. Die Einführung solcher Zahlen ist mit Voraussetzungen über die Eigenschaften des Nukleonensystems verknüpft. Diese Voraussetzungen treffen nicht genau zu und darin ist auch die Ursache der Ungenauigkeit der Quantenzahlen zu suchen. So führt das Schalenmodell im Schema der *jj*-Kopplung zum Auftreten von ungenauen Quantenzahlen nämlich der Drehimpulse und der Paritäten (oder, was das gleiche ist, der Gesamt- und Bahndrehimpulse) der einzelnen Nukleonen im Kern. Die Ungenauigkeit solcher Quantenzahlen ist offensichtlich. Sie wird durch die Vernachlässigung der Wechselwirkung zwischen den Nukleonen hervorgerufen.

Einen solchen ungenauen Charakter trägt auch der Begriff des Isotopenspins.

Das Entstehen dieses Begriffes ist mit der besprochenen Hypothese der Ladungsunabhängigkeit der Kernkräfte verbunden. Diese Hypothese läuft auf die Forderung hinaus, daß die HAMILTON- (oder LAGRANGE-)Funktion des Systems beim Ersetzen eines beliebigen Protons durch ein Neutron, oder umgekehrt eines beliebigen Neutrons durch ein Proton, unverändert bleibt. Das bedeutet insbesondere, daß die HAMILTON-Funktion des Systems bezüglich der gleichzeitigen Vertauschung der Koordinaten und der Spins beliebiger Teilchen symmetrisch sein muß.

Die Invarianz der HAMILTON-Funktion des Systems bezüglich beliebiger Vertauschungen führt dazu, daß die Wellenfunktion des Kernes bestimmten Bedingungen genügen muß. Nur im einfachsten Falle eines Systems zweier Teilchen führen diese Bedingungen zur Forderung der Symmetrie oder Antisymmetrie der Wellenfunktion. Im allgemeinen Falle werden sie komplizierter formuliert. Am kürzesten und anschaulichsten können diese Bedingungen in der Form der Theorie des Isotopenspins beschrieben werden und die Ladungsunabhängigkeit selbst als Gesetz der Erhaltung des Isotopenspins.

§ 3 Der Isotopenspin von Nukleonen und Nukleonensystemen

Im Rahmen der Hypothese der Ladungsunabhängigkeit werden Neutron und Proton als zwei Ladungszustände ein und desselben Teilchens, des Nukleons, betrachtet. Es zeigt sich, daß man mit diesem Bild in sehr kompakter Art alle Folgerungen formulieren kann, die sich aus der Hypothese der Ladungsunabhängigkeit ergeben. Außerdem ist diese Annahme für die Klassifizierung der Zustände eines Systems aus Neutronen und Protonen sehr bequem.

---

[1]) Man bezeichnet die Paritäten auch mit — und +. (*Anm. d. Herausg.*)

Der mathematische Apparat wird folgendermaßen aufgebaut: Das Nukleon wird durch eine zweikomponentige Wellenfunktion in Form einer Matrix mit nur einer Spalte beschrieben. Die Protonen- und Neutronenzustände des Nukleons werden also folgendermaßen dargestellt:

$$\psi_p = \begin{pmatrix}1\\0\end{pmatrix}, \quad \psi_n = \begin{pmatrix}0\\1\end{pmatrix}.$$

Wir führen den Operator τ_1 ein, der das Neutron in ein Proton überführt. Der Definition nach muß τ_1 demnach die Eigenschaft besitzen:

$$\tau_1 \psi_n = \psi_p; \quad \tau_1 \psi_p = 0.$$

Es ist leicht einzusehen, daß man den Operator folgendermaßen darstellen kann:

$$\tau_1 = \begin{pmatrix}0 & 1\\0 & 0\end{pmatrix}.$$

Analog kann der Operator τ_2, der die Eigenschaft

$$\tau_2 \psi_p = \psi_n; \quad \tau_2 \psi_n = 0$$

besitzt, in der Form

$$\tau_2 = \begin{pmatrix}0 & 0\\1 & 0\end{pmatrix}$$

geschrieben werden. Wir führen weiterhin die Operatoren τ_ξ, τ_η, τ_ζ auf Grund der folgenden Gleichungen ein:

$$\tau_\xi = (\tau_1 + \tau_2) = \begin{pmatrix}0 & 1\\1 & 0\end{pmatrix}; \quad \tau_\eta = i(\tau_2 - \tau_1) = \begin{pmatrix}0 & -i\\i & 0\end{pmatrix}; \quad \tau_\zeta = \begin{pmatrix}1 & 0\\0 & -1\end{pmatrix}.$$

Die auf diese Art definierten Operatoren τ_ξ, τ_η, τ_ζ sind mit den aus der Spintheorie bekannten PAULI-Matrizen identisch und besitzen also auch die gleichen formalen Eigenschaften. Es ist leicht zu prüfen, daß der Operator $^1/_2\tau_\zeta$ folgendermaßen auf die Wellenfunktionen des Neutrons und Protons wirkt:

$$^1/_2\tau_\zeta\psi_p = {}^1/_2\psi_p; \quad {}^1/_2\tau_\zeta\psi_n = -{}^1/_2\psi_n.$$

Alle Relationen in der Theorie des Isotopenspins sind formal identisch den analogen Beziehungen in der nichtrelativistischen Spintheorie. Die Rolle des Zustandes mit der Spinprojektion $^1/_2$ spielt der Protonenzustand des Nukleons. Dem Zustand mit der Spinprojektion $-^1/_2$ entspricht der Neutronenzustand. An die Stelle der Projektionen des Spins auf die CARTESIschen Koordinatenachsen treten die Größen $^1/_2\tau_\xi$, $^1/_2\tau_\eta$ und $^1/_2\tau_\zeta$. So kam es zur Benennung der Operatoren $^1/_2\tau_\xi$, $^1/_2\tau_\eta$ und $^1/_2\tau_\zeta$ als „Projektionen des Operators des Isotopenspins", und die zwei Ladungszustände des Nukleons werden als Zustände mit verschiedenen Projektionen des Isotopenspins $^1/_2\tau$ auf die ζ-Achse betrachtet.

Um die Analogie zwischen dem gewöhnlichen und dem Isotopenspin noch weiter zu führen, wird formal ein dreidimensionaler isotopischer Raum eingeführt, in dem man τ_ξ, τ_η und τ_ζ als Komponenten eines Vektoroperators $\boldsymbol{\tau}$ ansehen kann. Der Sinn der Einführung des isotopischen Raumes besteht darin, daß der Operator $^1/_2\boldsymbol{\tau}$ dabei die anschauliche Bedeutung eines Drehimpulsoperators in diesem Raum gewinnt. Das Nukleon muß dabei wie ein Teilchen mit dem Isotopenspin $^1/_2$ betrachtet werden und die Aufgabe der Klassifizierung der Zustände des aus Neutronen und Protonen bestehenden Systems wird auf die bekannte Aufgabe der Klassifizierung der Zustände identischer Teilchen mit dem Spin $^1/_2$ zurückgeführt, die in der Theorie der Elektronenhülle der Atome vorkommt.

Da nach der Hypothese der Ladungsunabhängigkeit die Wechselwirkungen (pp), (pn) und (nn) gleich sind, unterscheiden sich die Neutronen und Protonen im Kern nur infolge des PAULI-Prinzipes voneinander. Dieses verbietet solche Zustände des Systems, bei denen sich zwei Neutronen oder zwei Protonen in ein und demselben Quantenzustand befinden. Andererseits ist die HAMILTON-Funktion des Systems symmetrisch bezüglich der Vertauschung der Spins und der räumlichen Koordinaten zweier beliebiger Teilchen. Wenn man daher die Neutronen und Protonen als verschiedene Zustände eines Teilchens — des Nukleons — betrachtet, dann ist offensichtlich, daß die Ladungsunabhängigkeit zu der Forderung führt, daß die HAMILTON-Funktion des Nukleonensystems in bezug auf Vertauschung aller fünf Koordinaten $(x, y, z, s_z, \tau_\zeta)$ zweier beliebiger Nukleonen invariant sein soll. Hieraus folgt unmittelbar, daß sich die Wellenfunktion eines beliebigen solchen Systems bei der Vertauschung der Koordinaten zweier beliebiger Nukleonen entweder überhaupt nicht verändern soll (symmetrische Wellenfunktion) oder dabei nur das Vorzeichen ändert (antisymmetrische Wellenfunktion). Es ist bekannt, daß die Neutronen und Protonen einzeln dem PAULI-Prinzip gehorchen, d. h., bei Vertauschung der räumlichen Koordinaten und Spins zweier Neutronen oder zweier Protonen ändert die Wellenfunktion des Systems das Vorzeichen. Da τ_ζ bei dieser Vertauschung unverändert bleibt ($^1/_2\tau_\zeta = -^1/_2$ für alle Neutronen und $^1/_2\tau_\zeta = +^1/_2$ für alle Protonen), so kann man diese Vertauschung wie eine Vertauschung aller fünf Koordinaten beider Nukleonen betrachten. Aber wenn die Wellenfunktion bei Vertauschung aller fünf Koordinaten *wenigstens eines* Nukleonenpaares das Vorzeichen ändert, ist leicht zu zeigen, daß sie bezüglich der Vertauschung aller fünf Koordinaten von *beliebigen* Nukleonenpaaren antisymmetrisch sein muß. Diese Behauptung nennt man gewöhnlich verallgemeinertes PAULI-Prinzip.

Somit kann man ein aus Neutronen und Protonen bestehendes System unter der Voraussetzung der Ladungsunabhängigkeit der Kernkräfte als ein System aus identischen Teilchen, den Nukleonen, betrachten, die der FERMI-Statistik gehorchen und die einen Ladungsfreiheitsgrad besitzen.

Es entsteht nun die Frage der Klassifizierung der Energieniveaus eines solchen Systems. Wir führen dazu den Begriff des Isotopenspins des Nukleonensystems ein. Der Isotopenspin eines Nukleonensystems T wird als Summe der einzelnen Isotopenspins definiert,

$$\mathbf{T} = \sum_{i=1}^{A} {}^1/_2 \boldsymbol{\tau}^{(i)},$$

wobei die Summierung über alle Nukleonen durchzuführen ist. Es ist klar, daß der so bestimmte Operator $\mathbf{T}$ ein Vektor im isotopischen Raum ist und wie ${}^1/_2\boldsymbol{\tau}$ alle Eigenschaften eines Drehimpulses besitzt. Das bedeutet unter anderem, daß bei Addition der Isotopenspins von Nukleonen die gewöhnlichen Additionsregeln für Drehimpulse anwendbar sind[1]) und daß zum Beispiel im Falle eines Systems aus zwei Nukleonen T die Werte 0 und 1, im Falle von drei Nukleonen ${}^1/_2$ und ${}^3/_2$, im Fall von vier 0 sowie 1 und 2 usw. annehmen kann. Es ist leicht zu sehen, welche physikalische Bedeutung die Zustände mit verschiedenem Isotopenspin haben. Dazu bemerken wir, daß nach der Definition von $\mathbf{T}$ als eines Vektors, T in jedem Falle nicht kleiner als die Projektion von $\mathbf{T}$ auf die ζ-Achse sein kann: $T \geqslant |T_\zeta|$. Den Ausdruck für T_ζ kann man aber folgendermaßen darstellen:

$$T_\zeta = \sum_{i=1}^{A} {}^1/_2 \tau_\zeta^{(i)} = {}^1/_2 (Z - N),$$

wobei Z die Zahl der Protonen, N die Zahl der Neutronen und $A = N + Z$ die Gesamtzahl der Nukleonen ist, T_ζ ist also gleich der Hälfte des Neutronenüberschusses des Kerns mit umgekehrtem Vorzeichen. (In der Literatur werden oft die alten Vorzeichen von WIGNER benutzt, nach denen ${}^1/_2\tau_\zeta$ des Neutrons gleich $+{}^1/_2$ ist. Bei dieser Normierung ändern sich auch die Vorzeichen in den übrigen Formeln.)

Wenn der Isotopenspin eines beliebigen Zustandes T beträgt, so folgt aus dem Vorhergehenden, daß dieser Zustand nur in solchen Systemen verwirklicht werden kann, für die $|Z - N| \leqslant 2T$ ist. So können zum Beispiel Zustände mit $T = 0$ nur bei $Z = N$ verwirklicht werden, und Zustände mit $T = 1$ nur bei $Z = N$ oder $Z = N \pm 1$.

Wie im Vorstehenden bereits bemerkt wurde, ermöglicht es die Einführung des Isotopenspins, ein System aus Nukleonen mit denselben Methoden zu untersuchen wie ein System aus identischen Teilchen mit dem Spin ${}^1/_2$. Insbesondere kann man ohne große Mühe die Methoden des Aufbaus der Wellenfunktion eines Elektronensystems auf Systeme verallgemeinern, die einen Isotopenspin besitzen. Wir werden uns jedoch damit nicht beschäftigen, da uns die konkrete Berechnung der Charakteristiken der Niveaus, wozu die genaue Form der Wellenfunktionen notwendig ist, nicht interessiert. Für das Ziel unseres Übersichtsartikels genügt die Beschränkung auf das Vektormodell.

---

[1]) In der Quantenmechanik wird gezeigt, daß das Additionsgesetz von Quantenvektoren aus den Kommutationsregeln folgt.

§ 4 Das Gesetz der Erhaltung des Isotopenspins

Wir betrachten ein System aus Z Protonen und N Neutronen, das sich in einem beliebigen stationären Zustand befindet und setzen voraus, daß die Hypothese von der Ladungsunabhängigkeit der Kernkräfte streng erfüllt sei. Wie schon gesagt wurde, bedeutet diese Voraussetzung, daß sich die Eigenschaften des Systems beim Ersetzen eines beliebigen Neutrons durch ein Proton oder umgekehrt nicht verändern. Wechseln wir ein Neutron durch ein Proton aus, so erhalten wir ein neues System, dessen HAMILTON-Funktion genau gleich der alten HAMILTON-Funktion ist. Daher müssen sich die stationären Zustände beider Systeme als Lösung ein und derselben SCHRÖDINGER-Gleichung ergeben:

$$H\psi = E\psi .$$

Der einzige Unterschied entsteht auf Grund des PAULI-Prinzips, das einen Teil der Zustände, die in dem einen System möglich sind, im anderen verbietet. Die Zustände, welche sowohl in dem einen wie im anderen System verwirklicht werden können, werden offensichtlich völlig identische Eigenschaften aufweisen (sie werden gleiche Energie, gleichen Drehimpuls, gleiche Parität usw. besitzen).

Um zu verstehen, was das alles vom Standpunkt des Isotopenspins aus bedeutet, bemerken wir folgendes. Beim Ersetzen eines Neutrons durch ein Proton und umgekehrt eines Protons durch ein Neutron ändert sich die Projektion des Isotopenspins des Systems um Eins. Im ersten Falle gilt $T_\zeta \to T_\zeta + 1$ und wenn das Proton durch ein Neutron ersetzt wird $T_\zeta \to T_\zeta - 1$, d. h. diesem Tausch entspricht eine gewisse Drehung im isotopischen Raum. Folglich kann man den Umstand, daß die HAMILTON-Funktion des Systems bei einem solchen Tausch unveränderlich bleibt, als eine Invarianz der HAMILTON-Funktion des Nukleonensystems bezüglich Drehungen im isotopischen Raum betrachten. Daraus folgt unmittelbar, daß der gesamte Isotopenspin des Systems erhalten bleiben muß. Der Beweis wird ganz analog dem Beweis des Erhaltungsgesetzes für den gewöhnlichen Drehimpuls geführt.[1]) Wir haben so ein sehr wichtiges Gesetz erhalten: Der Isotopenspin eines Nukleonensystems ist unter der Voraussetzung der Ladungsunabhängigkeit der Kernkräfte ein Bewegungsintegral.

Eine Folge dieses Erhaltungsgesetzes ist, daß jeder im quantenmechanischen Sinne stationäre Zustand des Nukleonensystems einen bestimmten Isotopenspin haben muß. Das folgt unmittelbar aus dem allgemeinen Theorem, daß zwei beliebige kommutierende Operatoren ein gemeinsames System von Eigen-

[1]) Wir führten eine anschauliche aber nicht strenge Ableitung des Gesetzes der Erhaltung des Isotopenspins an. Streng kann man sie so durchführen: Die Operatoren τ_1 und τ_2, die das Neutron in ein Proton und das Proton in ein Neutron verwandeln und um so mehr τ_ζ kommutieren unter der Voraussetzung der Ladungsinvarianz mit dem HAMILTON-Operator. Daher kommutieren auch die Operatoren τ_ξ, τ_η, T_ξ, T_η und T_ζ, die Linearkombinationen von $\tau_1^{(i)}$, $\tau_2^{(i)}$ und τ_ζ darstellen, auch mit dem HAMILTON-Operator des Systems. Hieraus folgt sofort, daß T erhalten bleibt.

funktionen besitzen. Durch Anwendung dieses Theorems auf den Fall, daß die kommutierenden Operatoren die Operatoren des Isotopenspins T und des HAMILTON-Operators H eines Systems sind, erhalten wir die vorstehend formulierte Behauptung.

II. Die Auswahlregeln für den Isotopenspin

§ 5 Einführung

Das Gesetz der Erhaltung des Isotopenspins führt zu bestimmten Auswahlregeln bei verschiedenen Kernreaktionen. Man kann zwei Hauptfälle unterscheiden:

1) An der Reaktion nehmen nur Nukleonen teil, von denen bekannt ist, daß ihr isotopischer Gesamtspin erhalten bleibt. In diesem Falle ergibt die Anwendung des Gesetzes der Erhaltung des Isotopenspins unmittelbar, daß der gesamte Kernprozeß so vor sich gehen muß, daß in jedem seiner Stadien der Isotopenspin des Systems gleich dem Anfangswert des Isotopenspins ist.

2) An der Reaktion nehmen nicht nur Nukleonen, sondern auch andere Teilchen (β-Teilchen, Gammaquanten) teil, deren Emission den Isotopenspin des Systems ändert, so daß man das Gesetz der Erhaltung des Isotopenspins nicht unmittelbar anwenden kann. Hierbei zeigt sich jedoch, daß bei gewissen Isotopenspins der Anfangs- und Endzustände des Nukleonensystems Matrixelemente, die der Strahlung oder der Absorption entsprechen, Null werden. Die Bedingungen, bei denen dies geschieht, hängen von der konkreten Form der Wechselwirkung ab und bestimmen die Auswahlregeln für den Isotopenspin.

Betrachten wir die beiden Fälle etwas eingehender.

§ 6 Reaktionen, an denen nur Nukleonen teilnehmen

Bei der Wechselwirkung von schweren Teilchen (Neutronen, Protonen, Deuteronen usw.) mit leichten Kernen kann man die COULOMB-Wechselwirkungen im Vergleich zu den spezifischen Kernkräften vernachlässigen. Man kann daher annehmen, daß in diesen Fällen die Hypothese der Ladungsunabhängigkeit der Kernkräfte mit genügender Genauigkeit angewendet werden kann. Hieraus können eine Reihe interessanter Folgerungen abgeleitet werden:

a) Da der Isotopenspin von Deuteronen und α-Teilchen gleich Null ist, so müssen bei den Reaktionen vom Typ (d, d'), (d, α), (α, d) und (α, α') der Anfangs- und Endzustand des Kernes denselben Isotopenspin haben. Mehr noch, wenn die Reaktion über einen Zwischenkern vor sich geht, kann dieser nur in Zuständen gebildet werden, deren Isotopenspin gleich dem Isotopenspin des Anfangskernes ist. Somit sind die Reaktionen von diesem Typ ein Mittel für die Bestimmung von Isotopenspins der verschiedenen Kernzustände.

Am interessantesten ist der Fall, wenn der Anfangskern einen Isotopenspin gleich Null besitzt, was z. B. für die Grundzustände fast aller leichten Kerne vom Typ $2n$ gilt. Bei Reaktionen von diesem Typ ist somit die Bildung eines Endkernes im Zustand mit $T \neq 0$ nicht möglich. Außerdem können bei diesen Reaktionen nur solche Niveaus des Zwischenkernes auftreten, für die $T = 0$ ist. So konnte z. B. festgestellt werden, daß bei der Reaktion O^{16} (d, α) N^{14} die Gruppe der α-Teilchen, die dem angeregten Zustand von N^{14} mit einer Energie von $E = 2{,}31$ MeV entspricht, bei allen Energien der Deuteronen fehlt. Da der Grundzustand des Kernes O^{16} $T = 0$ hat und keine andere Auswahlregeln (etwa des Drehimpulses oder der Parität) dieses Verbot erklären können, so erhalten wir aus dem Gesetz der Erhaltung des Isotopenspins sofort, daß man dem Niveaus N^{14} mit $E = 2{,}31$ MeV den Isotopenspin $T \geqslant 1$ zuschreiben muß. Und tatsächlich ist aus unabhängigen Überlegungen bekannt [5], daß der Isotopenspin dieses Niveaus $T = 1$ ist.

Wenn der Kern zu Beginn $T = {}^1/_2$ hatte, so werden analog bei den Reaktionen (d, d') usw. beim Zwischenkern nur Niveaus mit $T = {}^1/_2$ auftreten und die Endkerne können nur im Zustand mit $T = {}^1/_2$ gebildet werden.

b) Wenn der Zwischenkern, der sich bei irgendeiner Reaktion bildet, den Isotopenspin T besitzt, so muß der Zerfall dieses Kernes so vor sich gehen, daß die vektorielle Summe der Isotopenspins der Teilchen nach dem Zerfall gleich T ist.

Wenn also der Zwischenkern in einem Zustand mit $T = 1$ gebildet wird, so kann die Emission eines α-Teilchens oder eines Deuterons nur dann erfolgen, wenn der Endkern auch den Zustand $T = 1$ besitzt. So tritt z. B. bei der Reaktion N^{15} (p, α) C^{12} der angeregte Zustand des Zwischenkerns des O^{16} mit einer Energie von $E = 12{,}95$ MeV überhaupt nicht auf. Gleichzeitig ist aus energetischen Überlegungen bekannt, daß der Kern C^{12} bei dieser Reaktion nur in Zuständen mit $T = 0$ gebildet werden kann. (Der niedrigste Zustand mit $T = 1$ hat bei C^{12} die sehr große Anregungsenergie von ~ 15 MeV.) Vergleicht man diese Angaben, so gelangt man zu dem Schluß, daß der Isotopenspin des Niveaus von O^{16} mit $E = 12{,}95$ MeV nicht Null sein kann. Er muß gleich Eins sein, denn größere T sind auf Grund der Energieverhältnisse nicht möglich.

§ 7 Die Auswahlregeln beim β-Zerfall

Bei der Berechnung der Wahrscheinlichkeit des β-Zerfalls stößt man zwangsläufig auf die Berechnung der Matrixelemente von Operatoren, die von den Isotopenspins der Nukleonen abhängen. Es stellt sich heraus, daß man viele Eigenschaften solcher Matrixelemente in allgemeiner Form erhalten kann. Hierzu wird die Tatsache benutzt, daß die Operatoren des Isotopenspins formalmathematisch die gleichen Eigenschaften haben wie die Operatoren des gewöhnlichen Drehimpulses. Ihre Komponenten gehorchen insbesonders den gleichen Kommutationsregeln wie die Komponenten des Drehimpulses. Bekanntlich ermöglichen es diese Kommutationsregeln, eine Reihe allgemeiner Formeln für die Matrixelemente von verschiedenen Kombinationen der Komponenten des Drehimpulses zu erhalten. Da diese Formeln also nur auf den

Kommutationsregeln basieren, gelten sie auch voll und ganz für die analogen Matrixelemente von Operatoren des Isotopenspins.

Wir geben zunächst eine Zusammenstellung der auf diese Weise erhaltenen Auswahlregeln für einige Operatoren, die bei der Berechnung der Wahrscheinlichkeiten der β- und γ-Übergänge auftreten.

a) Wenn der Operator F in bezug auf Drehungen im isotopischen Raum invariant ist (das kommt vor, wenn z. B. F vom Isotopenspin der Nukleonen überhaupt nicht abhängt), so genügen die Matrixelemente von F zwischen Zuständen mit den Isotopenspins T, T' und ihren Projektionen T_ζ, T'_ζ der Bedingung:

$$(T T_\zeta | F | T' T'_\zeta) \neq 0$$

nur dann, wenn

$$T = T'; \; T_\zeta = T'_\zeta.$$

b) Wenn der Operator P_ζ bei Drehungen im isotopischen Raum wie die ζ-Komponente eines Vektors transformiert wird (das einfachste Beispiel eines solchen Operators ist der T_ζ-Operator, die ζ-Projektion des Isotopenspins des Kerns), so gilt die Auswahlregel

$$(T T_\zeta | P_\zeta | T' T'_\zeta) \neq 0$$

nur dann, wenn entweder

$$T - T' = \pm 1; \; T_\zeta = T'_\zeta$$

oder wenn

$$T = T'; \quad T_\zeta = T'_\zeta \neq 0.$$

c) Wenn der Operator P_1 bei Drehungen im isotopischen Raum wie $P_1 = (T_\xi + i T_\eta)$ transformiert wird, so gilt die Auswahlregel für die Matrixelemente von P_1

$$(T T_\zeta | P_1 | T' T'_\zeta) \neq 0$$

nur dann, wenn

$$T - T' = 0, \pm 1; \; T_\zeta = T'_\zeta + 1.$$

d) Wenn der Operator P_2 bei Drehungen im isotopischen Raum wie $P_2 = (T_\xi - i T_\eta)$ transformiert wird, so gilt

$$(T T_\zeta | P_2 | T' T'_\zeta) \neq 0$$

nur dann, wenn

$$T - T' = 0, \; \pm 1; \; T_\zeta = T'_\zeta - 1.$$

Betrachten wir jetzt den β-Zerfall. Beim β-Zerfall wechselt ein Nukleon seinen Ladungszustand. Beim β^--Zerfall geht das Neutron in ein Proton, und beim β^+-Zerfall das Proton in ein Neutron über. Dementsprechend hat der den β-Zerfall beschreibende Operator die Form:

$$\mathfrak{M}_1 = \sum_i B_i(x, y, z, s_z)\, \tau_1^{(i)} \; (\beta^-\text{-Zerfall}),$$

$$\mathfrak{M}_2 = \sum_i B_i(x, y, z, s_z)\, \tau_2^{(i)} \; (\beta^+\text{-Zerfall}),$$

wobei $\tau_1^{(i)}$ und $\tau_2^{(i)}$ die Operatoren für die Umwandlung des Neutrons in ein Proton oder umgekehrt eines Protons in ein Neutron sind und die Operatoren B_i von den Koordinaten des Isotopenspins nicht abhängen. In den Standardbezeichnungen der Theorie des β-Zerfalls ist $B_i = 1$ für die skalare und vektorielle Variante, $B_i = \sigma_i$ für die Tensor- und Pseudovektor-Variante und $B_i = \beta_i \gamma_5$ für die pseudoskalare Variante. Die Summierung wird über alle Nukleonen des Kernes durchgeführt. Aus den Ausdrücken für $\mathfrak{M}_1$ und $\mathfrak{M}_2$ ist zu ersehen, daß sie bei Drehung im isotopischen Raum wie $(\tau_\xi + i\tau_\eta)$ bzw. $(\tau_\xi - i\tau_\eta)$ transformiert werden. Daher können wir sofort schließen, daß der β-Zerfall nur zwischen solchen Zuständen möglich ist, deren Isotopenspins T und T' sich um nicht mehr als Eins unterscheiden: $T - T' = 0, \pm 1$. Dabei ist $\Delta T = 0$ im Falle der FERMIschen Auswahlregeln und $\Delta T = 0, \pm 1$ im Falle der GAMOW-TELLERschen Auswahlregeln. Tatsächlich, die FERMIschen Matrixelemente (skalare und vektorielle Variante der Theorie des β-Zerfalls) führen im nichtrelativistischen Falle beim β^--Prozeß zu den Matrixelementen des Operators

$$\sum_i \tau_1^{(i)} = T_\xi + i T_\eta \quad \text{oder beim } \beta^+\text{-Zerfall zu} \quad \sum_i \tau_2^{(i)} = T_\xi - i T_\eta ,$$

welcher mit T^2 kommutiert. Deshalb bleibt bei einem solchen Übergang T erhalten.

Bei den GAMOW-TELLERschen Matrixelementen (Tensor- und pseudovektorielle Variante), die zu den Matrixelementen des Operators $\sum_i \sigma_i \tau_1^{(i)}$ (oder $\sum_i \sigma_i \tau_2^{(i)}$) führen, entstehen keine zusätzlichen Beschränkungen, und die gewöhnliche Auswahlregel für Operatoren dieses Typs: $\Delta T = 0, \pm 1$ wird erfüllt.

§ 8 Die Auswahlregeln bei γ-Strahlung

Analog zu den Auswahlregeln beim β-Zerfall kann man auch Auswahlregeln für γ-Übergänge erhalten [6]. Der Übergangsoperator (der HAMILTON-Operator der Wechselwirkung der Nukleonen mit dem elektromagnetischen Feld) sieht in diesem Falle folgendermaßen aus (wir vernachlässigen die sehr schwache Wechselwirkung, die mit den magnetischen Momenten des Neutrons und des Protons zusammenhängt):

$$H = \sum_i \frac{e}{c} \cdot \frac{1}{2} \left(1 + \tau_\zeta^{(i)}\right) \mathbf{v}_i \mathbf{A}(\mathbf{r}_i),$$

wobei $\mathbf{v}_i$, $\mathbf{r}_i$[1]) die Geschwindigkeit und die Koordinate des i-ten Nukleons und $\mathbf{A}$ das Vektorpotential des elektromagnetischen Feldes ist. Die Summierung wird über alle Nukleonen vorgenommen. In dieser Formel, in die alle Nukleonen

[1]) In der russischsprachigen Literatur werden Vektoren fett gedruckt. Das wurde in der Übersetzung beibehalten. In der deutschsprachigen Literatur sind für Vektoren Frakturbuchstaben üblich. (*Anm. d. Herausg.*)

völlig symmetrisch eingehen, wird automatisch berücksichtigt, daß auf Grund des Fehlens der Ladung das Neutron nicht in Wechselwirkung mit dem elektromagnetischen Feld steht. Dies wird durch Einführung des Operators $\frac{1}{2}\left(1 + \tau_\zeta^{(i)}\right)$ erreicht, der bei der Wirkung auf die Wellenfunktion des Nukleons gleich Null oder Eins ist, je nachdem in welchem Ladungszustand sich das Nukleon befindet (Null im Falle des Neutrons und Eins im Falle des Protons). Den Operator H kann man als Summe zweier Teile ausdrücken:

$$H = H_0 + H_1,$$

wobei

$$H_0 = \sum_i \frac{e}{2c} \mathbf{v}_i \mathbf{A}(\mathbf{r}_i); \quad H_1 = \sum_i \frac{e}{2c} \mathbf{v}_i \mathbf{A}(\mathbf{r}_i) \cdot \tau_\zeta^{(i)}.$$

H_0 ist unabhängig vom Isotopenspin der Nukleonen und daher ein Skalar im Isotopenraum. Hieraus folgt die Auswahlregel für diejenigen γ-Strahlungen, die mit diesem Teil des HAMILTON-Operators der Wechselwirkung zusammenhängen. Diese Auswahlregel lautet: $\Delta T = 0$. Der zweite Summand, H_1, wird bei Drehungen im isotopischen Raum wie die ζ-Komponente eines Vektors transformiert. Daher haben für die mit diesem Teil des Wechselwirkungsoperators zusammenhängenden Strahlungen folgende Auswahlregeln Gültigkeit:

$$\begin{aligned} \Delta T &= 0, \pm 1 \quad \text{bei} \quad T_\zeta \neq 0, \\ \Delta T &= \pm 1 \quad \text{bei} \quad T_\zeta = 0, \end{aligned}$$

d. h. im Falle von Kernen mit $T_\zeta = 0$ (also für $N = Z$) kann H_1 nur Übergänge zwischen Niveaus mit verschiedenen Isotopenspins hervorrufen. Anderseits ist zu sehen, daß H_0 nicht zu elektrischen Dipolübergängen ($E1$) führt, da dieser Teil des HAMILTON-Operators seiner Form nach mit dem HAMILTON-Operator eines Systems gleicher Teilchen mit der Ladung $\frac{e}{2}$ übereinstimmt und ein solches System bekanntlich keine elektrische Dipolstrahlung aussenden kann. Hieraus folgt eine wichtige Regel: *Bei Kernen mit $N = Z$ sind Dipolübergänge zwischen Niveaus mit gleichem Isotopenspin nicht möglich.*

Diese Schlußfolgerung wird vom Experiment bestätigt. Man hat tatsächlich festgestellt, daß bei Kernen mit $T_\zeta = 0$ (z. B. B^{10}, N^{14}) die $E1$-Übergänge zwischen Niveaus mit gleichen Isotopenspins verboten sind, während man bei den benachbarten Kernen mit $T_\zeta \neq 0$ (Be^{10}, C^{14}) keinerlei Verbot bezüglich T beobachtete. Man muß jedoch bemerken, daß die Verbote der $E1$-Übergänge nach dem Isotopenspin nicht absolut streng sind. Sie verringern die Übergangswahrscheinlichkeit um einige Größenordnungen, verbieten aber die Übergänge nicht völlig. Dafür gibt es zwei Gründe. Erstens führt die Berücksichtigung der Spinwechselwirkungen zur Möglichkeit der $E1$-Übergänge und zweitens hat jeder Kernzustand Beimischungen von Zuständen mit anderen Isotopenspins, so daß der $E1$-Übergang wegen des Vorhandenseins dieser Zusätze vor sich gehen kann.

Alle Schlußfolgerungen dieses Abschnitts sind in gleichem Maße sowohl auf die Prozesse der γ-Strahlung beim Kernübergang zu einem niedrigeren Niveau, als auch auf γ-Absorptionsprozesse mit nachfolgendem Zerfall des Kernes anwendbar. Bei den Reaktionen des letztgenannten Typs treten dabei eine Reihe charakteristischer Besonderheiten auf. Betrachten wir z. B. Kerne vom Typ $4n$. Bei diesen Kernen besitzt der Grundzustand den Isotopenspin $T = 0$, und der erste Zustand mit $T = 1$ findet sich erst bei einer Anregungsenergie von etwa 12 bis 15 MeV. Das führt zur Existenz einer Schwelle für den Einfang von elektrischer Dipolstrahlung und deshalb wird der intensive Einfang von γ-Quanten und der nachfolgende Zerfall des Kernes erst bei γ-Energien möglich, die größer als ~ 15 MeV sind. In gewissen Fällen liegt die Schwelle aber noch höher. Hierfür als Beispiel die Reaktion $C^{12}(\gamma, \alpha)\,Be^8$. Der erste angeregte Zustand des Kernes C^{12} mit $T = 1$ liegt bei der Energie $E = 15{,}1$ MeV. Energetisch wäre der Zerfall des Kernes von diesem Niveau in ein α-Teilchen und in Be^8 im Grundzustand möglich. Be^8 hat jedoch im Grundzustand $T = 0$ und daher ist dieser Zerfall durch das Gesetz der Erhaltung des Isotopenspins verboten. Die Reaktion mit Emission eines α-Teilchens ist nur erlaubt, wenn die Energie der γ-Quanten ausreicht, um Be^8 in einem angeregten Zustand mit $T = 1$ zu bilden. Dies entspricht einer Energie der γ-Quanten von $E \sim 26$ MeV. Somit erreicht bei der genannten Reaktion die Schwellenenergie für den $E1$-Einfang die Größe von etwa 26 MeV.

Analoge Verbote treten bei der Bestrahlung von Kernen des Typs $N = Z + 1$; $A = 4n + 3$ mit γ-Quanten nicht allzu großer Energie auf [7]. Da im Grundzustand der Isotopenspin dieser Kerne $T = {}^1/_2$ ist, kann der Kern durch Absorption von γ-Quanten in Zustände mit $T = {}^1/_2$ oder ${}^3/_2$ übergehen. Die angeregten Zustände mit $T = {}^1/_2$ können auf zwei Wegen zerfallen: Sie geben entweder ein Neutron oder einen Tritiumkern ab. Tatsächlich, die beim Zerfall gebildeten Kerne können in Übereinstimmung mit dem Gesetz der Erhaltung des Isotopenspins $T = 0$ oder 1 haben (der Isotopenspin des Tritiums beträgt $T = {}^1/_2$), so daß durch den Isotopenspin keinerlei Verbote entstehen. Wenn der angeregte Zustand des Kernes $T = {}^3/_2$ beträgt, so kann der Endkern einen Isotopenspin gleich 1 oder 2, aber auf keinen Fall den Isotopenspin 0 haben. Daher kann sein Zerfall nur dann vor sich gehen, wenn das Entstehen des Kernes im Zustand mit $T = 1$ energetisch zulässig ist. Dies führt dazu, daß sich die Emission des Tritiums in diesem Falle als unmöglich erweist.

Tatsächlich, nach der Emission eines Neutrons bleibt ein ungerade-ungerade Kern mit $N = Z$ zurück und bei diesen Kernen liegen die Zustände mit $T = 1$ sehr nahe dem Grundzustand. Im Falle der Emission eines Tritiumkernes muß ein gerade-gerade Kern mit $N = Z$ zurückbleiben, bei dem alle niedrig liegenden Zustände $T = 0$ besitzen (der erste Zustand mit $T = 1$ liegt etwa bei 12 bis 15 MeV). Die Energie reicht also zur Bildung eines Restkernes mit $T = 1$ nicht aus. Bei nicht sehr hohen Anregungsenergien eines Anfangskernes ist also bei $T = {}^3/_2$ nur die Emission eines Neutrons und bei $T = {}^1/_2$ die Emission sowohl eines Neutrons als auch eines Tritiumkernes möglich.

Auf diese Weise kann man den Isotopenspin der angeregten Zustände der gerade-ungerade Kerne vom Typ $A = 4n + 3$ bestimmen. Man konnte so feststellen, daß beim Li^7 der erste angeregte Zustand mit $T = {}^3/_2$ bei $E = 9{,}3$ MeV liegt.

III. Die Genauigkeit des Isotopenspins

In den vorhergehenden Kapiteln haben wir diejenigen Eigenschaften der Neutronen und Protonen, die eigentlich die Unterscheidung dieser Teilchen ermöglichen (Masse, Ladung, magnetische Momente), vollkommen vernachlässigt. In Wirklichkeit sind die Neutronen und Protonen nicht ganz gleichartig, insbesondere sind die Neutronen der Wirkung der COULOMB-Kräfte nicht unterworfen, während man bei der Wechselwirkung zweier Protonen außer den Kernkräften zusätzlich noch die Wechselwirkung ihrer Ladungen berücksichtigen muß. Dies führt dazu, daß der HAMILTON-Operator eines Nukleonensystems im allgemeinen nicht ladungsinvariant ist und daß man folglich den Isotopenspin nicht als eine genaue Quantenzahl ansehen kann. Es ist jedoch möglich, bei den leichten Kernen, bei denen die COULOMB-Wechselwirkung im Vergleich zu den Kernkräften klein ist (im weiteren werden wir ein Kriterium für die Kleinheit aufstellen), die ladungsabhängigen Glieder im HAMILTON-Operator als einen kleinen Zusatz zum „ungestörten", ladungsinvarianten HAMILTON-Operator zu betrachten und dann für ihre Berücksichtigung die gewöhnliche Störungstheorie anzuwenden. In dieser Näherung bleibt der Gesamt-Isotopenspin nicht erhalten, so daß die Zustände des Nukleonensystems nun Gemische von Zuständen mit verschiedenen Isotopenspins sind. Solange jedoch die nicht ladungsinvarianten Glieder des HAMILTON-Operators nur als eine kleine Verbesserung angesehen werden können, wird die Hauptrolle in diesem Gemisch ein bestimmter Wert des Isotopenspins spielen, der dem ungestörten Zustand entspricht. Die Beimengungen sind in diesem Falle klein und der Isotopenspin behält weiterhin seine Bedeutung als eine angenäherte Quantenzahl, welche die verschiedenen Zustände des Nukleonensystems charakterisiert.

§ 9 Abtrennung der ladungsabhängigen Glieder

Der genaue HAMILTON-Operator des Kernes kann folgendermaßen geschrieben werden:

$$H = V_0 + \frac{1}{4} \sum_i P_i^2 \left(\frac{1 + \tau_\zeta^{(i)}}{m_p} + \frac{1 - \tau_\zeta^{(i)}}{m_n} \right) +$$

$$+ \sum_{i>k} \frac{e^2}{4 r_{ik}} \left(1 + \tau_\zeta^{(i)}\right)\left(1 + \tau_\zeta^{(k)}\right),$$

wobei V_0 die Kernwechselwirkung der Nukleonen ausdrückt. Sie wird als ladungsinvariant angenommen. Zweites und drittes Glied entsprechen der kinetischen Energie der Nukleonen und der Energie der COULOMB-Wechselwirkung. Diesen Ausdruck kann man umschreiben, indem man aus dem Operator der kinetischen Energie den ladungsinvarianten Teil abtrennt. Man erhält:

$$H = V_0 + \sum_i \frac{P_i^2}{4}\left(\frac{1}{m_p} + \frac{1}{m_n}\right) + \frac{m_n - m_p}{m_n} \sum_i \frac{P_i^2}{2m_p} \tau_\zeta^{(i)} + \\ + \sum_{i>k} \frac{e^2}{4r_{ik}} (1 + \tau_\zeta^{(i)})(1 + \tau_\zeta^{(k)}) =$$

$$= H_0 + \frac{m_n - m_p}{m_n} \sum_i \frac{P_i^2}{2m_p} \cdot \tau_\zeta^{(i)} + \sum_{i>k} \frac{e^2}{4r_{ik}} (1 + \tau_\zeta^{(i)})(1 + \tau_\zeta^{(k)})$$

$$= H_0 + v_1 + v_2,$$

wobei H_0 der ladungsinvariante Teil des HAMILTON-Operators ist. v_1 und v_2 stellen den ladungsabhängigen Teil des Operators der kinetischen Energie und des Operators der COULOMB-Energie dar. Es entspricht also H_0 dem „ungestörten" HAMILTON-Operator, während v_1 und v_2 Zusätze sind, durch welche der Isotopenspin bei größeren Kernladungszahlen schließlich seinen Sinn als Quantenzahl verliert. Das bedeutet, daß die Wellenfunktion des Kernes eine Summe von Wellenfunktionen ist, die verschiedenen Werten des Isotopenspins entsprechen. Wir werden annehmen, daß die Hauptrolle irgendein Wert des Isotopenspins spielt und daß die anderen Funktionen nur eine kleine „Beimischung" darstellen. Eine solche Annahme ist berechtigt, da wir uns für die Frage der *Genauigkeit* des Isotopenspins nur im Bereich leichter Kerne interessieren, in dem der ladungsabhängige Teil eine kleine Störung darstellt.

Betrachten wir nunmehr in diesem Sinne ein System von Zuständen mit gegebenem Drehimpuls I, der Parität P und dem Isotopenspin T. Bezeichnen wir weiter die Wellenfunktionen dieser Zustände durch

$$\psi_m \qquad (m = 0, 1, \ldots).$$

Diese Zustände unterscheiden sich durch den Isotopenspin und möglicherweise noch durch irgendwelche andere Quantenzahlen[1]) und sind Eigenfunktionen des ungestörten Operators H_0. Der Zustand möge im wesentlichen durch die Wellenfunktion ψ_0 charakterisiert sein. Dann sieht die genaue Wellenfunktion des Kernes folgendermaßen aus

$$\psi = \psi_0 + \sum \alpha_{0m} \psi_m.$$

[1]) In Systemen mit vielen Teilchen bestimmt die Angabe von I, P, T noch nicht eindeutig den Zustand. Die weitere Klassifizierung hängt im allgemeinen von den konkreten Eigenschaften der Kernkräfte ab.

Die Koeffizienten α_{0m} erhält man nach den bekannten Formeln der Störungstheorie. Uns interessieren nur die Quadrate ihrer Beträge:

$$|\alpha_{0m}|^2 = \left|\frac{(\psi_0|v|\psi_m)}{(E_0 - E_m)}\right|^2,$$

wobei im Zähler das Matrixelement der Störung $v = v_1 + v_2$ steht, das mit Hilfe der Wellenfunktionen des ungestörten Operators H_0 berechnet wird.

Den Grad der „Reinheit" des Zustandes charakterisiert man gewöhnlich mit Hilfe des „Beimischungsanteils" (RADICATI [8, 9])

$$\xi = \sum_{m \neq 0} |\alpha_{0m}|^2.$$

Um diese Größe zu berechnen, muß man die Funktionen ψ_m kennen. Man kann jedoch eine einfache Abschätzung der Summe angeben, wenn die Energiedifferenzen durch eine gewisse mittlere Differenz ΔE ersetzt werden.

Indem die Summierung über $m \neq 0$ durch die Summierung über alle m ersetzt wird, erhält man:

$$\xi = \sum_{m \neq 1} \left|\frac{(\psi_0|v|\psi_m)}{(E_0 - E_m)}\right|^2 < \frac{1}{(\Delta E)^2} \sum_m (\psi_0|v|\psi_m)(\psi_0|v|\psi_m)^* =$$

$$= \frac{1}{(\Delta E)^2} \sum_m (\psi_0|v|\psi_m)(\psi_m|v|\psi_0) = \frac{1}{(\Delta E)^2} (\psi_0|v^2|\psi_0).$$

Bei der Umformung benutzten wir den hermiteschen Charakter der Matrix v und die Regeln der Matrixmultiplikation.

Das Matrixelement $(\psi_0|v^2|\psi_0)$ kann man leicht aus experimentellen Daten abschätzen, da es einfach der Mittelwert des Quadrates des Operators $v = v_1 + v_2$ ist. Man kann sich leicht davon überzeugen, daß das Glied v_1 im Vergleich zu v_2 vernachlässigt werden kann. Aus der Definition der Operatoren v_1 und v_2 kann man nämlich folgende Abschätzungen für ihre Mittelwerte erhalten:

$$\bar{v}_1 = \frac{m_n - m_p}{m_n} \cdot \overline{\sum_i \frac{P_i^2}{2m_p} \tau_\zeta^{(i)}} \approx \frac{m_n - m_p}{m_n} \cdot \varepsilon \cdot T_\zeta,$$

wobei ε die kinetische Energie des Nukleons im Kern ist ($\varepsilon \sim 8$ MeV). Hieraus folgt, daß der Größenordnung nach $\bar{v}_1 \sim 0{,}01$ MeV ist, während

$$\overline{v_2} = \sum_{i>k} \frac{e^2}{4r_{ik}} (1 + \tau_\zeta^{(i)})(1 + \tau_\zeta^{(k)}) \approx \frac{Z(Z-1)}{2} \cdot 0{,}5 \text{ MeV}$$

wird, wobei Z die Kernladung und 0,5 MeV die mittlere Energie der COULOMB-Wechselwirkung zweier Protonen im Kern ist. Somit kommen wir zu dem Schluß, daß man bei der Berechnung von ξ nur die COULOMB-Energie der Protonen zu berücksichtigen braucht, da die Differenz zwischen der Masse des

Protons und Neutrons nur zu einem sehr kleinen Effekt führt. Wir erhalten folgende Abschätzung:

$$\xi < \frac{\bar{v}_2^2}{(\Delta E)^2}.$$

Die Bestimmung von ΔE erfordert die Kenntnis der Lage vieler Niveaus. Zur Orientierung kann man ΔE durch den Abstand bis zum nächsten Niveau mit einem anderen Isotopenspin, aber mit gleichem I und P ersetzen. Hierbei erhalten wir die obere Grenze für ξ.

Eine solche Abschätzung führt zu den Werten $\xi \approx 10^{-3}$ bis 10^{-4} für Be und $\xi \approx 0{,}1$ bis $0{,}5$ für O^{16}. Diese Werte sind offensichtlich zu groß. Die Analyse der experimentellen Angaben über die Verletzung der Auswahlregel führt zu kleineren Werten [8—12]. Anscheinend behält der Isotopenspin der Grundzustände seinen Sinn bis zu $Z \sim 20$. Für angeregte Zustände ist er aber schon bedeutend früher keine Quantenzahl mehr.

Die allgemeine Schlußfolgerung, daß stark angeregte Zustände keinen bestimmten Isotopenspin besitzen, wird von experimentellen Angaben bestätigt [13]. So konnte man aus der Analyse der Meßergebnisse für die Reaktionen N^{15} (p, α) C^{12} (Grundzustand) und N^{15} (p, γ) O^{16} (Grundzustand) feststellen, daß der angeregte Zustand von O^{16} mit einer Energie von 13,09 MeV anscheinend keinen bestimmten Isotopenspin besitzt, sondern ein Gemisch der Zustände mit $T = 0$ und $T = 1$ ist. Diese Schlußfolgerung wird damit begründet, daß von diesem Niveau mit etwa gleicher Wahrscheinlichkeit der Zerfall sowohl in $C^{12} + \alpha$ als auch in $O^{16} + \gamma$ vor sich geht. Entsprechend den Auswahlregeln für den Isotopenspin ist der erstgenannte Zerfall nur dann möglich, wenn das Niveau O^{16} den Isotopenspin $T = 0$ besitzt, der zweite Zerfallsweg erfordert jedoch $T = 1$. Zur Zeit ist noch ein zweites Niveau bekannt, das anscheinend keinen bestimmten Isotopenspin besitzt. Es ist der angeregte Zustand des Kernes B^{10} mit einer Energie von 7,48 MeV. Genauso wie im ersten Falle basiert diese Schlußfolgerung auf der großen Wahrscheinlichkeit des Zerfalls dieses Zustandes sowohl nach dem Schema $B^{10*} \rightarrow \alpha + Li^6$ als auch nach dem Schema $B^{10*} \rightarrow B^{10} + \gamma$.

IV. Gleichartige Niveaus der leichten Kerne

§ 10 Gleichartige Zustände[1])

Wie wir schon mehrmals betonten, ist die COULOMB-Wechselwirkung der Protonen in den leichten Kernen mit $Z \leq 15$ bis 25 klein im Vergleich zu den spezifischen Kernkräften. Hieraus folgt unmittelbar (siehe Kap. I, § 3), daß man

[1]) Siehe auch die Arbeit von B. S. DZELEPOV [14] sowie die vor kurzem erschienene Übersicht von B. S. DZELEPOV [26]. (*Anm. d. Herausg.*: Die zweitgenannte Arbeit [26] ist im vorliegenden Sammelband enthalten.)

bei Vertauschung eines Protons durch ein Neutron oder umgekehrt einen neuen Kern erhält, dessen HAMILTON-Operator sich nur unbedeutend vom HAMILTON-Operator des ersten Kernes unterscheidet. Der einzige wesentliche Unterschied entsteht daraus, daß ein Teil der Zustände, die für einen dieser Kerne möglich sind, durch das PAULI-Prinzip für den anderen verboten ist. Die Zustände jedoch, die für beide Kerne möglich sind, haben die gleichen Eigenschaften und zwar haben diese Zustände, gleichartige Zustände genannt, gleiche Drehimpulse, gleiche Paritäten, gleiche Isotopenspins, gleiche innere Strukturen. Die Energiedifferenz zwischen zwei solchen Zuständen in einem Kern stimmt fast genau mit der Energiedifferenz zwischen den entsprechenden Zuständen des anderen Kernes überein usw. Ein gewisser Unterschied zwischen diesen beiden Kernen entsteht jedoch aus dem Unterschied der COULOMB-Energien. In den meisten Fällen führt dies nur dazu, daß alle Niveaus eines Kernes in bezug auf die entsprechenden Niveaus des anderen Kernes verschoben werden, wobei sich die Energiedifferenzen zwischen zwei entsprechenden Niveaus nur unbedeutend ändern (über einige Ausnahmen von dieser Regel wird später die Rede sein). Zu bemerken ist hier noch, daß es die COULOMB-Verschiebung ermöglicht, sehr einfach die Energie der elektrischen Wechselwirkung der Protonen im Kern zu berechnen. Hierzu muß man in zwei Kernen, die sich durch Vertauschung eines Protons durch ein Neutron unterscheiden, gleichartige Niveaus aufsuchen und deren Energien vergleichen. Eben die Differenz zwischen diesen Energien wird unter Berücksichtigung der Massendifferenz von Neutron und Proton die COULOMB-Energie pro Proton ergeben. Es ist dies offensichtlich die direkteste und einfachste Methode der Bestimmung der COULOMB-Energie von leichten Kernen.

Vom Gesichtspunkt der Eigenschaften, die aus der Hypothese der Ladungsinvarianz folgen, teilen sich die leichten Kerne in zwei Hauptgruppen: in die Gruppe der Kerne vom Typ $2n$, d. h. die gerade-gerade- und ungerade-ungerade Kerne und in die Gruppe der Kerne vom Typ $2n + 1$, d. h. die ungerade-gerade Kerne. Da die erste Gruppe aus Kernen mit einer geraden Anzahl Nukleonen besteht, wird sie dadurch charakterisiert, daß die verschiedenen Zustände der Kerne nur geradzahlige Werte des Isotopenspins haben können, z. B. 0, 1, 2, ...

Das Hauptmerkmal der Energieniveaus der Kerne dieses Typs besteht darin, daß die Zustände mit $T = 0$ energetisch günstiger liegen als die Zustände mit $T = 1$, diese aber ihrerseits energetisch günstiger als die Zustände mit $T = 2$ usw. Dadurch entsteht der Begriff der Kerntriade, d. h. der Dreiergruppe von isobaren Kernen mit verschiedenen Verhältnissen der Neutronen- und Protonenzahlen (z. B. Be^{10}, B^{10} und C^{10}). Zwei Kerne einer solchen Triade haben $T_\zeta = +1$ und $T_\zeta = -1$ (C^{10} und Be^{10}) beim dritten ist $T_\zeta = 0$ (B^{10}). Entsprechend dazu sind bei den ersten beiden Kernen nur die Zustände mit $T = 1, 2, \ldots$ und beim dritten außerdem die Zustände mit $T = 0$ möglich. Somit haben die Zustände mit $T = 0$, die bei den Kernen mit $T_\zeta = 0$ vorkommen, keine Parallele in den anderen Kernen der Triade, während die

Zustände mit $T = 1, 2$ bei allen Gliedern der Triade vorkommen können und jedem solchen Zustand in einem der Kerne gleichartige Zustände in den anderen Gliedern der Triade entsprechen, wobei die Drehimpulse, die Paritäten, die relativen Lagen und andere Charakteristiken der ähnlichen Niveaus bei allen Gliedern der Triade gleich sind.

Die Kerne vom Typ $2n + 1$ bestehen aus einer ungeraden Zahl von Nukleonen, ihre Zustände können nur halbzahlige Werte des Isotopenspins haben $T = {}^1/_2$, ${}^3/_2, \ldots$ Die Zustände mit $T = {}^1/_2$ erweisen sich als energetisch bedeutend günstiger als die Zustände mit $T = {}^3/_2$, infolgedessen haben alle stabilen Kerne dieses Typs mit $|T_\zeta| = {}^1/_2$ im Grundzustand $T = {}^1/_2$. Somit gruppieren sich die Kerne in diesem Falle in Paare von isobaren Kernen mit Projektionen des Isotopenspins $T_\zeta = +{}^1/_2$ und $T_\zeta = -{}^1/_2$ (sogenannte Spiegelkerne erster Ordnung).

Für Triaden von geraden isobaren Kernen und für Paare von ungeraden isobaren Kernen mit $T_\zeta = \pm{}^1/_2$ verwendet man in der Literatur allgemein die Bezeichnung *Ladungsmultipletts.* Wir nennen gleich noch eine Bezeichnung, der man in der Literatur oft begegnet. Es ist der Begriff des *Supermultipletts.* Diese Bezeichnung wird bei der Klassifizierung der Zustände von Kernen unter der Voraussetzung einer reinen LS-Kopplung verwendet. Hierbei wird die Symmetrie des räumlichen Teils der Wellenfunktion des Kernes durch drei Zahlen bestimmt: durch den gewöhnlichen Spin S und den Isotopenspin T des Kernes und durch die zusätzliche Quantenzahl Y, welche die Symmetrie des Produktes der Wellenfunktionen des gewöhnlichen und des Isotopenspins charakterisiert. Von den Zuständen zweier isobarer Kerne, welche die gleichen Werte von S, T und Y haben, sagt man, daß sie demselben Supermultiplett angehören.

§ 11 Methoden zur Bestimmung des Isotopenspins von Kernzuständen

Bei der Bestimmung der Isotopenspins verschiedener Zustände von leichten Kernen verwendet man meist folgende Überlegungen:

a) Die Anwendung der Auswahlregeln für den Isotopenspin ermöglicht in vielen Fällen den Isotopenspin dieses oder jenes Kernzustandes zu bestimmen, wenn der Isotopenspin der Anfangs- oder Endteilchen bekannt ist.

b) Bei der Bestimmung der Isotopenspins gewisser Kerne helfen oft Energiebetrachtungen. Untersuchen wir z. B. das α-Teilchen. Da es aus zwei Neutronen und zwei Protonen besteht ($T_\zeta = 0$), so kann der Grundzustand $T = 0, 1, 2$ haben. Es ist jedoch leicht zu sehen, daß das α-Teilchen im Grundzustand $T = 0$ haben muß, da im gegenteiligen Falle das Bestehen des stabilen Isotops H^4 mit einer Bindungsenergie, die sich nur unbedeutend von der Bindungsenergie der α-Teilchen unterscheidet (kleine COULOMB-Verschiebung) möglich wäre. Experimentell hat man jedoch festgestellt, daß es einen solchen Zustand von H^4 nicht gibt. Das ist das entscheidende Argument dafür, daß im Grundzustand der Isotopenspin der α-Teilchen gleich Null ist.

Auf die gleiche Weise wird bewiesen, daß die Spiegelkerne H^3 und He^3 den Isotopenspin $^1/_2$ haben. Wenn ihr Isotopenspin gleich $^3/_2$ wäre, so beständen stabile Kerne aus drei Neutronen oder drei Protonen, was jedoch nicht beobachtet wird.

Schließlich kann man mit derselben Methode aus dem Fehlen eines stabilen Zustandes beim System aus zwei Neutronen folgern, daß der Isotopenspin des Deuterons gleich Null ist.

Analoge Überlegungen helfen oftmals auch bei der Bestimmung der Isotopenspins verschiedener Zustände etwas schwererer Kerne. Insbesondere sind Überlegungen solcher Art Hauptbeweisgründe dafür, daß die Grundzustände fast aller leichten sowohl gerader-gerader wie auch ungerader-ungerader Kerne $T = 0$ haben. Betrachten wir zur Veranschaulichung den Kern Be^8. Bekanntlich ist die Bindungsenergie des Kernes Be^8 $(T_\zeta = 0)$ um ~ 16 MeV größer als die Bindungsenergie des Kernes Li^8 $(T_\zeta = -1)$, der sich von Be^8 nur durch den Austausch eines Protons durch ein Neutron unterscheidet und sich daher nur in Zuständen mit $T = 1$ befinden kann. Andererseits ist es klar, daß die COULOMB-Energie beim Be^8, das ein Proton mehr hat, größer sein muß. Es ist daher leicht zu folgern, daß der erste Zustand des Be^8, der auch beim Li^8 vorhanden sein kann (Zustand mit $T = 1$), eine Energie von mindestens 16 MeV hat. Hieraus folgt unmittelbar, daß der Grundzustand und alle angeregten Zustände des Kernes Be^8 mit Anregungsenergien kleiner als ~ 16 MeV den Isotopenspin $T = 0$ haben müssen.

c) Der Isotopenspin einiger Zustände kann aus der Struktur des gegebenen Zustandes, d. h. aus dem bekannten Zustand der Nukleonen im Kern abgeleitet werden. Es ist z. B. bekannt, daß die Wellenfunktion der relativen Nukleonenbewegung im Deuteron eine Überlagerung der Zustände $^3S_1$ und $^3D_1$ ist. Diese sind in bezug auf die Vertauschung der Raumkoordinaten und der Nukleonenspins symmetrisch. Da die gesamte Wellenfunktion antisymmetrisch sein muß, haben diese Zustände einen Isotopenspin gleich Null. Somit folgt aus der bekannten Wellenfunktion des Deuterons in Übereinstimmung mit dem vorher erhaltenen Ergebnis, daß beim Deuteron im Grundzustand $T = 0$ ist.

Bekanntlich besitzt das Deuteron außer dem Triplett-Grundzustand auch einen virtuellen Singulettzustand ^1S, der sich bei der Streuung von Neutronen an Protonen zeigt.

Der Zustand ^1S hat $T = 1$ und folglich gibt es einen analogen virtuellen Zustand bei den Systemen aus zwei Neutronen oder zwei Protonen, was man auch im Versuch beobachten kann.

Die Strukturüberlegungen spielen bei der Bestimmung der Isotopenspins verschiedener Kernzustände eine große Rolle, weil sich gemäß dem Schalenmodell die Nukleonen im Kern in Zuständen mit bestimmten Bahndrehimpulsen befinden. Es erweist sich mithin als möglich, die Drehimpulse und Isotopenspins aller Zustände des Systems zu berechnen. Daher gelingt es manchmal, aus der Kenntnis des Drehimpulses dieses oder jenes Kernzustandes Schlüsse über den Isotopenspin zu ziehen (vorausgesetzt, daß überhaupt eine eindeutige Zuordnung zwischen dem Isotopenspin und dem Drehimpuls des Zustandes besteht).

§ 12 Einige Besonderheiten in der Lage der Niveaus

Die Angaben über die Niveaus von leichten Kernen, die im zweiten Teil angeführt sind, ermöglichen es, eine Reihe von Gesetzmäßigkeiten zu finden.

Wir stellen die Energiedifferenzen zwischen den niedrigsten Niveaus mit $T = 0, 1, 2, 3$ für Kerne mit gerader Massenzahl A graphisch dar (Abb. 1). Folgende Besonderheiten der Kurven fallen deutlich auf: Die Punkte, die der Differenz zwischen den niedrigsten Niveaus mit $T = 1$ und $T = 0$ [Differenz (10)] entsprechen, liegen auf zwei Kurven, wie aus der Abb. 1 ersichtlich ist. Die

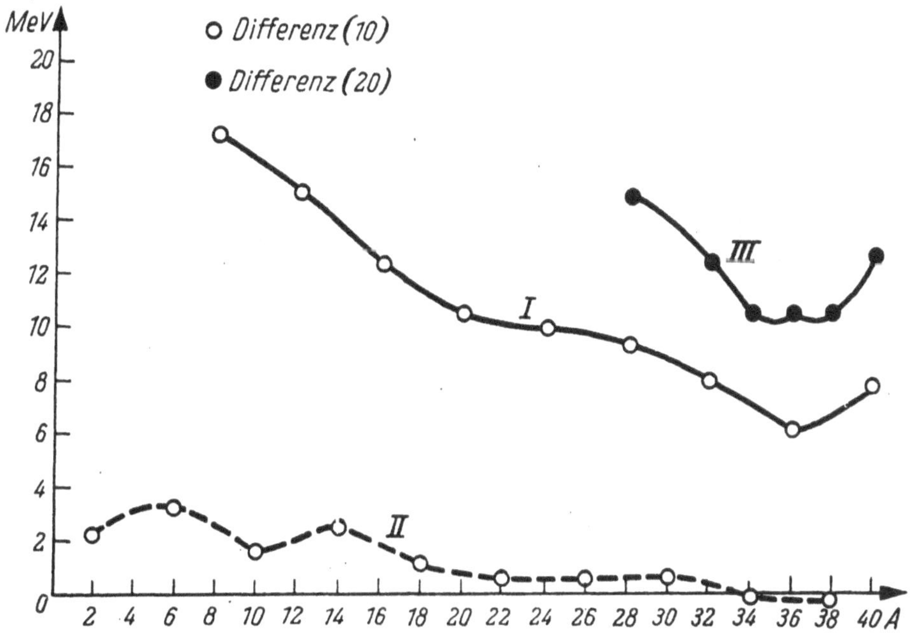

Abb. 1

eine gehört zu den Kernen vom Typ $4n$ (Kurve I) und die andere zu den Kernen vom Typ $4n + 2$ (Kurve II). Die erste Kurve sinkt im Bereich $6 < A < 40$ von 17 MeV beim Be^8 auf 6 MeV beim Ar^{36}, während die zweite Kurve in diesem Bereich nirgends höher liegt als 3,6 MeV (beim Li^6). Analog dazu bilden die Punkte, die der Energiedifferenz zwischen den ersten Niveaus mit $T = 2$ und $T = 1$ entsprechen [Differenz (21)], zwei Kurven, die eine für die Kerne vom Typ $4n$ und die andre für die Kerne vom Typ $4n + 2$ (Abb. 2).

Die erste Kurve ($4n$) liegt nirgends höher als 5,5 MeV (bei Si^{28}), während die zweite Kurve ($4n + 2$) im selben Bereich in dem schmalen Streifen zwischen 8,5 bis 11,0 MeV liegt.

Im Gegensatz zu den Differenzen (10) und (21) sind die Energiedifferenzen zwischen den ersten Niveaus mit $T = 2$ und $T = 0$ sowie mit $T = 3$ und $T = 1$, deren Isotopenspins sich um 2 unterscheiden, die Differenzen (20) und (31), stetige Funktionen der Massenzahl. In diesen Fällen liegen die Kerne $4n$ und $4n + 2$ auf einer einzigen Kurve (Kurven III in den Abb. 1 und 2).

Zeichnet man analoge Kurven für Kerne mit ungeradem A (Abb. 3), so erweist sich, daß alle Punkte ($^3/_2$ $^1/_2$) und ($^5/_2$ $^3/_2$) auf verhältnismäßig glatten Kurven liegen.

Bei der Bestimmung der Isotopenspins von Kernen mit $Z < 10$ verwendet man Überlegungen, die auf der Schalentheorie basieren, die Ergebnisse von

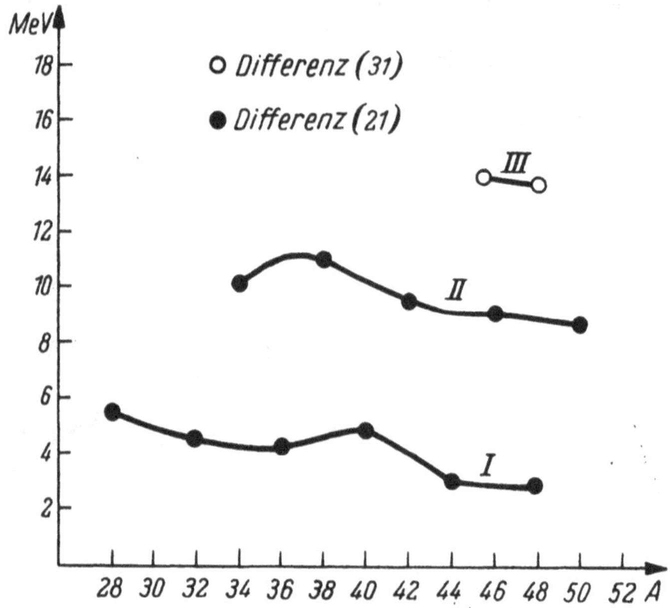

Abb. 2

Kernreaktionen, die Differenzen der Bindungsenergien isobarer Kerne usw. Im Bereich der Kerne mit $10 < Z < 25$ darf man weder die Angaben aus Kernreaktionen noch die Vorstellungen der Schalentheorie benutzen, da das Gesetz der Erhaltung des Isotopenspins anscheinend bereits nicht mehr gilt und da zur Zeit auch das Schema der Schalenauffüllung in diesem Bereich nicht genau bekannt ist. Das Mittel zur Bestimmung der Isotopenspins ist hier hauptsächlich der Vergleich der Niveaus isobarer Kerne. Dabei ist nach der Zuverlässigkeit der Identifizierung der Zustände gemäß dem Isotopenspin zu fragen. Außerdem muß man sich vergewissern, ob für diese Kerne der Begriff des Isotopenspins immer noch seinen Sinn behält. Darüber läßt sich folgendes sagen: Im Bereich der Kerne mit $Z < 10$, in dem die Richtigkeit der Einführung des Isotopenspins als Quantenzahl durch alle experimentellen Angaben durchwegs bestätigt wird, besteht die scharf ausgeprägte Abhängigkeit der Differenz (10) und anderer Differenzen von der Massenzahl A. Die Tatsache, daß bei $Z > 10$ diese Gesetzmäßigkeiten wie vorher weiterbestehen, führt zu der Schlußfolgerung, daß der Isotopenspin auch eine Charakteristik der Zustände solcher schon verhältnismäßig schwerer Kerne ist.

Die vorhin festgestellten Gesetzmäßigkeiten ermöglichen in einer Reihe von Fällen, Folgerungen über die Stabilität oder Instabilität dieses oder jenes Isotops zu ziehen und angenähert seine Bindungsenergie anzugeben. So ist z. B.

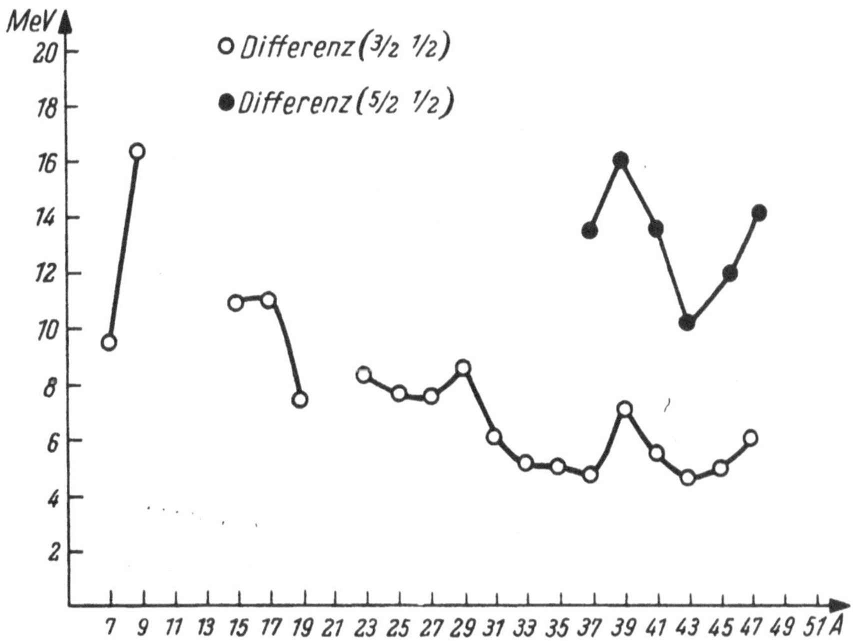

Abb. 3

das Isotop Al^{30}, bei dem $T_\zeta = -2$ ist, bis heute noch nicht bekannt. Wenn man die Kurve III der Abb. 2 extrapoliert, so ist zu sehen, daß der erste Zustand mit $T = 2$, der für Al^{30} Grundzustand sein muß, sich etwa um 15 MeV höher befindet als der erste Zustand mit $T = 1$ (Grundzustand von Si^{30}). Berücksichtigen wir die Differenz der COULOMB-Energien in Si^{30} und Al^{30} (sie beträgt 5 bis 6 MeV), so kommen wir zu dem Schluß, daß die Bindungsenergie von Al^{30} um ~ 9 MeV kleiner sein muß als bei Si^{30}. Untersucht man alle Zerfallsmöglichkeiten dieses Isotops, so ergibt sich als einziger energetisch möglicher Weg der β-Zerfall nach dem Schema $Al^{30} \beta^- \rightarrow Si^{30}$.

Analog dazu kann man zeigen, daß folgende, bis jetzt unbekannte Isotope vorkommen sollten: Na^{26} mit einer Bindungsenergie um ~ 12 MeV kleiner als beim Mg^{26}; Ne^{24} mit einer Bindungsenergie von ~ 4 MeV kleiner als beim Na^{24};

Cl^{40} mit einer Bindungsenergie von 5 bis 6 MeV kleiner als beim Ca^{40} usw. Man kann außerdem annähernd die Bindungsenergie einiger Isotope abschätzen, die zwar hergestellt werden konnten, deren Bindungsenergie aber noch nicht festgestellt wurde. So sollte die Bindungsenergie von K^{44} um 5 MeV kleiner sein als beim Ca^{44}, und die Bindungsenergie von Ar^{42} sollte um 1 bis 2 MeV kleiner sein als die Bindungsenergie von K^{42}. Die Nachprüfung dieser Vorhersagen dürfte interessant sein.[1])

Teil II. DIE NIVEAUS DER LEICHTEN KERNE

In diesem Teil II wird eine kurze Zusammenstellung der Niveaus der leichten Kerne für $A < 50$ gegeben. Die Aufgabe der Abbildungen dieses Überblicks ist es, die relative Lage der Niveaus der Isobaren zu verdeutlichen und eine Vorstellung über die Verteilung der Größe des Isotopenspins bei den Kernen zu geben. Dieser Überblick erschöpft nicht das gesamte bekannte Material[2]) und ist wahrscheinlich nicht frei von einer gewissen Willkür in der Identifizierung.

Die Niveauschemata sind so angeordnet, daß gleichartige Zustände benachbarter Kerne nebeneinander liegen. Dafür wurde in die aus Tabellen bekannte Differenz der Isobarenmassen eine Korrektur für die COULOMB-Energie und für die Massendifferenz von Proton und Neutron eingeführt. Die erhaltene Größe bestimmt dann den Abstand zwischen den Grundzuständen in den Schematas. Auf Grund der Unsicherheit in der Bestimmung der COULOMB-Energie ist diese Zuordnung nicht sehr genau und ein Fehler von einigen hundert keV ist nicht unwahrscheinlich. Es sei darauf hingewiesen, daß auf Grund des Gesagten die Energie der $\beta^{\pm}$-Spektren aus der gegenseitigen Lage der Niveaus benachbarter Kerne nicht ermittelt werden kann.

Aus den Schemata ist zu ersehen, daß die Versuchsergebnisse höchst ungleichmäßig über verschiedene Kerne verteilt sind, und daß für eine genauere Analyse von Kernen mit gleichartigen Niveaus unbedingt weitere Experimente durchgeführt werden müssen.

H^4, He^4 und Li^4

He^4 hat $T_\zeta = 0$. Dementsprechend sind Zustände mit $T = 0, 1, 2$ möglich. Bei H^4 und Li^4 ist T_ζ gleich -1 und $+1$, und diese Kerne können folglich keine Zustände mit $T = 0$ haben. He^4 besitzt außer dem Grundzustand mit $T = 0$ noch zwei angeregte Zustände mit Energien von $\sim 22{,}5$ MeV

[1]) Nach KUNZ-SCHINTLMEISTER, „Tabellen der Atomkerne Teil I“, Akademie-Verlag Berlin 1958, wurde inzwischen festgestellt: Ne^{24} (3,38 m) zerfällt mit 2,45 MeV zu Na^{24} und Cl^{40} (1,4 m) zerfällt mit $\sim$ 7,5 MeV zu Ar^{40}. (*Anm. d. Herausg.*)

[2]) Abgesehen von wenigen Ausnahmen sind die Angaben über die Niveaus den beiden vorstehend angeführten Übersichten [3] und [4] entnommen.

und ~ 23 MeV [15]. Der Isotopenspin dieser Zustände muß als Null angenommen werden, da diese Zustände bei der Reaktion $T(p, \gamma)$ He^4 nicht auftreten. Hieraus folgt, daß die möglichen Grundzustände von H^4 und Li^4 der Energie nach noch höher liegen müssen. Da aber bei Energien größer als 21 MeV energetisch eine Dissoziation in $T + p$ oder $He^3 + p$ möglich ist, so können H^4 und Li^4 nicht längere Zeit existieren.

He^5 und Li^5

He^5 und Li^5 sind instabile Spiegelkerne mit einem gleichartigen Niveausystem. Alle drei bis jetzt bekannten Niveaus haben einen Isotopenspin von

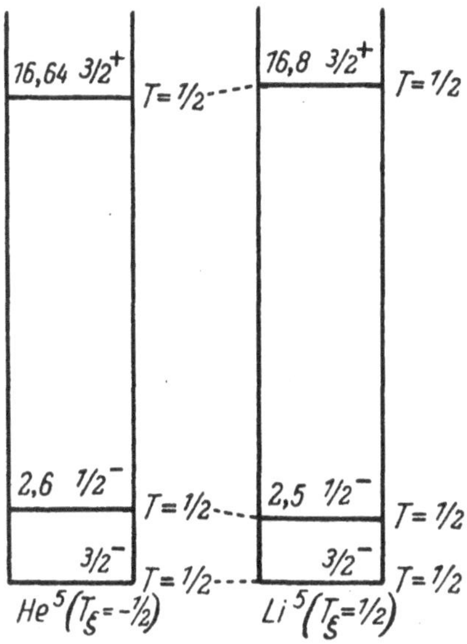

Abb. 4. Die relative Lage der Niveaus der isobaren Kerne in Abb. 4 unterscheidet sich von der experimentell beobachteten durch die Differenz der Coulomb-Energien dieser Kerne und durch die Korrektur, welche die Differenz der Neutronen- und Protonenmasse berücksichtigt. Bei einer Verschiebung entsprechend diesen Differenzen fallen gleichartige Niveaus isobarer Kerne zusammen. Diese Niveaus sind in der Abb. durch punktierte Linien verbunden.

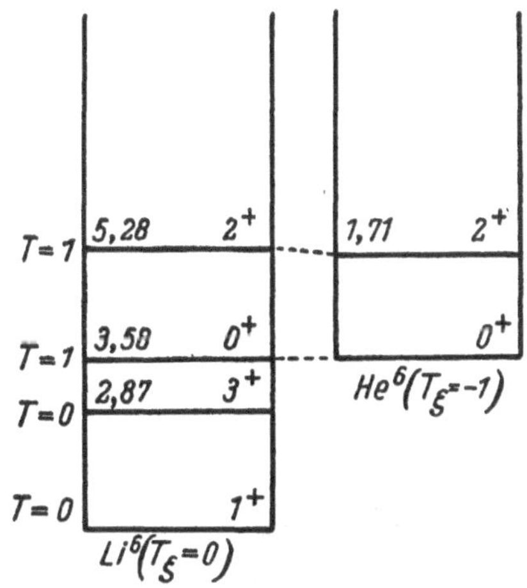

Abb. 5

$T = {}^1/_2$, da die beiden ersten Niveaus von He^5 bei der Reaktion $He^4 + n$ auftreten (erinnern wir uns daran, daß der Isotopenspin der α-Teilchen gleich Null ist, der des Nukleons gleich ${}^1/_2$) und das Niveau mit $E = 16{,}8$ MeV bei der Reaktion $d + T$ angeregt wird.

He^6, Li^6 und Be^6

Beim Li^6 ($T_\zeta = 0$) sind Zustände mit $T = 0, 1, \ldots$ möglich, während beim He^6 ($T_\zeta = -1$) und Be^6 ($T_\zeta = +1$) Zustände mit $T = 0$ nicht realisierbar sind. Somit können außer Niveaus mit $T = 0$ alle anderen Niveaus des Li^6 beim He^6 vorkommen. Hieraus folgt, daß das Niveau von Li^6, das dem Grundzustand von

He^6 entspricht, $T = 1$ haben muß. (Der Grundzustand von He^6 muß $T = 1$ haben, denn wenn er gleich zwei wäre, so müßte es das schwere Wasserstoffisotop H^6 geben, das aber in der Natur nicht vorkommt.) Um dieses Niveau zu bestimmen, beachten wir, daß ohne Berücksichtigung der COULOMB-Energie und der Massendifferenz des Neutrons und des Protons die Differenz der Energien der Grundzustände von He^6 und Li^6 gerade gleich der Energie des ersten Niveaus von Li^6 mit $T = 1$ sein muß. Die mittlere Energie der COULOMB-Wechselwirkung zweier Protonen in leichten Kernen beträgt 0,4 bis 0,5 MeV und die Differenz der Neutronen- und Protonenmasse ist gleich 0,78 MeV. Wenn wir diese Zahlen in die Differenz der Energien der Grundzustände hineinnehmen, so ist zu sehen, daß dem Grundzustand von He^6 das Niveau von Li^6 mit $E = 3{,}58$ MeV entspricht, das folglich $T = 1$ haben muß. Hieraus folgt auch unmittelbar, daß nicht nur der Grundzustand, sondern auch der erste angeregte Zustand von Li^6 $T = 0$ besitzen.

Diese Schlußfolgerung wird durch Beobachtungsergebnisse bei der Reaktion $Be^9\ (p, \alpha)\ Li^6$ bestätigt [16]. Der bei dieser Reaktion gebildete Zwischenzustand von B^{10} mit einer Energie von $E = 8{,}89$ MeV zerfällt nach dem Schema $\alpha + Li^{6*}$. Hierbei wird Li^6 nur in dem Zustand mit der Energie $E = 3{,}58$ MeV gebildet, nicht aber im Grundzustand und im ersten angeregten Zustand. Hieraus folgt, daß der Isotopenspin des zweiten angeregten Zustands von Li^6 ($E = 3{,}58$) $T \neq 0$ ist.

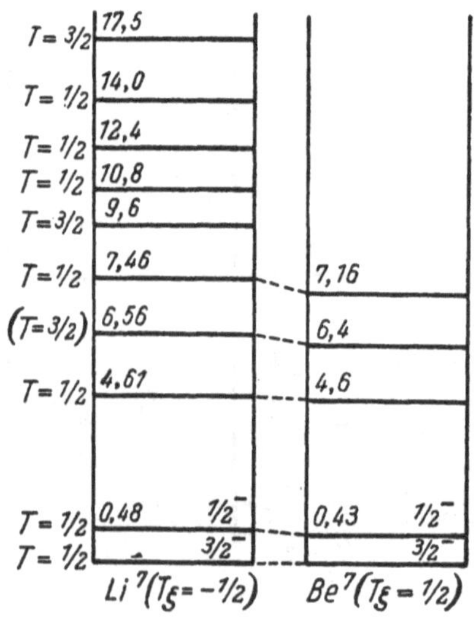

Abb. 6

Ein Analogon des He^6 müßte der Kern Be^6 ($T_\zeta = +1$) sein. Dieser Kern ist jedoch auf Grund der großen COULOMB-Energie (sie ist um etwa 1,5 MeV größer als beim Li^6) instabil gegen Zerfall in $He^4 + 2p$ und kommt daher in der Natur nicht vor.

Li^7 und Be^7

Li^7 und Be^7 ist ein Paar von Spiegelkernen mit völlig gleichartigem Niveausystem. Wir werden daher im weiteren nur über die Niveaus des Li^7 sprechen. Der Grund- und die beiden ersten angeregten Niveaus von Li^7 treten bei der Reaktion $Li^6 + d \rightarrow Li^7 + p$ auf, daher kann man schließen, daß sie $T = {}^1\!/_2$ haben. Das Niveau mit $E = 7{,}5$ MeV tritt bei der Reaktion $Be^9\ (d, \alpha)\ Li^7$ zusammen mit den ersten drei Niveaus von Li^7 auf, bei denen $T = {}^1\!/_2$ ist. Daher ist auch bei diesem Niveau $T = {}^1\!/_2$. Aus der Analyse der (γ, n)- und (γ, t)-Reaktionen folgt (siehe Kap. II, S. 108), daß die Niveaus mit $E = 9{,}6$

und 17,5 MeV $T = {}^3/_2$ und die Niveaus mit $E = 14$; 12,4; 10,8 MeV $T = {}^1/_2$ haben.

Der Isotopenspin des Niveaus mit $E = 6{,}6$ MeV bleibt dabei noch unbekannt. Da dieses Niveau jedoch bei der Reaktion (p, p') auftaucht und nicht bei der Reaktion Be^9 (d, α) Li^7, so kann man annehmen, daß sein Isotopenspin ${}^3/_2$ ist. Diesem Schluß gegenüber muß man sich jedoch vorsichtig verhalten, da er bis jetzt noch nicht an anderen Reaktionen geprüft wurde (z. B. Li^7 (α, α') Li^{7*}).

Li^8, Be^8 [1]) und B^8

Wie schon im vorhergehenden Abschnitt gesagt wurde, folgt aus energetischen Überlegungen, daß alle Niveaus des Be^8 mit $E < 16$ MeV $T = 0$ haben. Bei welcher Energie sich das erste Niveau mit $T = 1$ befindet, ist zur Zeit nicht genau bekannt, man kann jedoch erwarten, daß es bei $E = 17$ MeV liegt. Das folgt aus den Ergebnissen der Reaktion C^{12} (γ, α) Be^8, bei der infolge der Auswahlregeln für den Isotopenspin mit großer Wahrscheinlichkeit nur Zustände von Be^8 mit $T = 1$ entstehen können. Die Untersuchung der Reaktion zeigte nämlich, daß Be^8 hauptsächlich im Zustand mit $E = 16{,}7$ MeV gebildet wird [18].

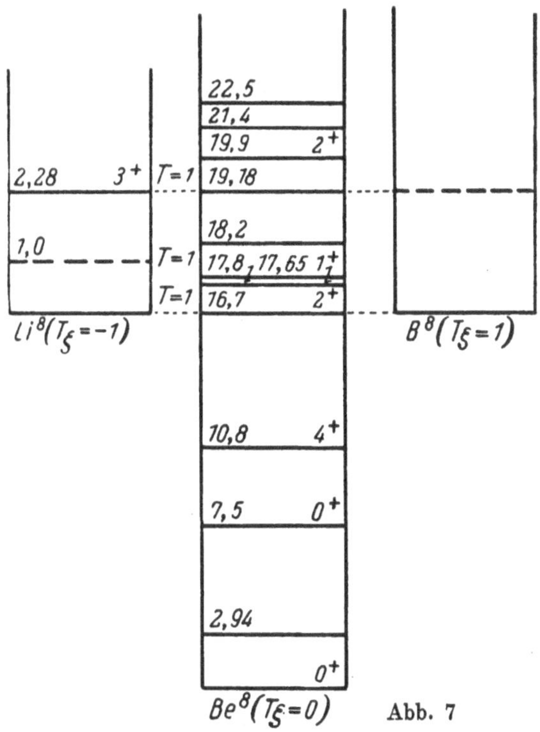

Abb. 7

Der Grundzustand und der erste angeregte Zustand von Li^8 haben $T = 1$. Das folgt beispielsweise daraus, daß beide Zustände bei der Reaktion Li^7 (d, p) Li^8 auftreten.

Das dritte Glied der Triade B^8 besitzt auf Grund der verhältnismäßig großen COULOMB-Energie eine kleine Lebensdauer [2]) und wurde kaum untersucht. Aus der Tatsache, daß die Bindungsenergien des Li^8 und B^8 nach Abzug der COULOMB-Energie und der Differenz der Neutronen- und Protonenmasse fast genau übereinstimmen, folgt jedoch, daß B^8 ein Analogon zu Li^8 ist und daher im Grundzustand und im ersten angeregten Zustand $T = 1$ hat.

[1]) Das Niveauschema des Be^8 ist der Arbeit von BONNER und COOC [17] entnommen.

[2]) Halbwertszeit 0,78 s (*Anm. d. Herausg.*)

Li^9, Be^9 und B^9

Be^9 und B^9 sind Spiegelkerne. Nach Abzug der COULOMB-Energie und der Differenz der Neutronen- und Protonenmassen sind die Bindungsenergien dieser Kerne fast gleich. Diese Tatsache ist sehr wichtig, denn obwohl der Kern B^9 instabil gegen Zerfall in $Be^8 + p$ ist und daher kaum untersucht wurde, können seine angeregten Zustände doch bei einigen Reaktionen auftreten. Der Grundzustand von Be^9 liegt lediglich um 1,6 MeV unter der Zerfallschwelle in $Be^8 + n$, die kleine COULOMB-Verschiebung zwischen den Grundzuständen von Be^9 und B^9 ist daher ausreichend, um den Zerfall $B^9 \rightarrow Be^8 + p$ zu bewirken. Da Be^9 und B^9 Spiegelkerne sind, verhalten sich alle Eigenschaften ihrer tiefliegenden Niveaus gleichartig und es genügt folglich, nur die angeregten Zustände von Be^9 zu untersuchen.

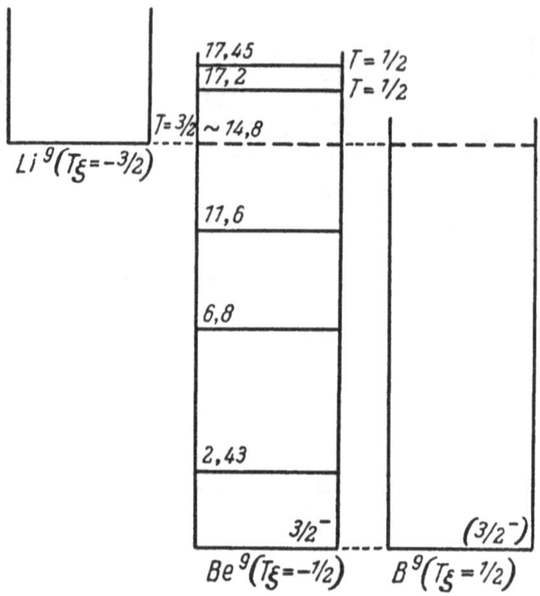

Abb. 8

Der isobare Kern Li^9 ($T_\zeta = -{}^3/_2$) hat eine Bindungsenergie, die um 14,1 MeV kleiner ist als die des Be^9 ($T_\zeta = -{}^1/_2$). Hieraus schließen wir sofort, daß alle Zustände des Be^9 mit $E < 14$ MeV $T = {}^1/_2$ besitzen. Das ist in Übereinstimmung mit allen Reaktionen, die in diesem Energiebereich beobachtet werden konnten. Man kann daraus folgern, daß Be^9 ein Niveau mit $T = {}^3/_2$ irgendwo im Gebiet von $E \sim 15$ MeV haben muß. (Diese Zahl ergibt sich aus der Differenz der Bindungsenergien des Be^9 und Li^9 unter Berücksichtigung der Korrektur für die COULOMB-Wechselwirkung des zusätzlichen Protons in Be^9 und der Differenz der Protonen- und Neutronenmasse.) Dieses Niveau wurde allerdings nicht beobachtet, da es im entsprechenden Energiegebiet keine passenden Reaktionen gibt.

Die Niveaus des Be^9 mit $E = 17{,}2$ und 17,45 MeV haben anscheinend $T = {}^1/_2$, da sie bei der Reaktion $Li^7 + d$ auftreten.

Be^{10}, B^{10}, C^{10}

Der Kern B^{10} ($T_\zeta = 0$) kann sich in Zuständen mit $T = 0, 1, 2, \ldots$ befinden, während die Kerne Be^{10} ($T_\zeta = -1$) und C^{10} ($T_\zeta = +1$) keine Zustände mit $T = 0$ haben können. Vergleicht man die Energien der Grundzustände der

Kerne Be^{10} und B^{10}, so kommt man leicht zu dem Schluß, daß dem Grundzustand des B^{10} $T = 0$ zukommt. Hieraus folgt sofort, daß auch die Zustände des Kernes B^{10} mit $E = 0{,}72$; $2{,}15$ und $3{,}58$ MeV $T = 0$ haben, da sie alle bei der Reaktion $B^{10}\,(d,d')\,B^{10*}$ vorkommen. Der Zustand mit $E = 1{,}74$ tritt bei dieser Reaktion nicht auf und ihm muß $T = 1$ zugeschrieben werden, d.h. dies ist gerade derjenige Zustand, der als Grundzustand von Be^{10} und C^{10} angesehen werden muß. Diese Schlußfolgerung wird durch Energiebetrachtungen völlig bestätigt. Die Bindungsenergie des B^{10} (wenn die COULOMB-Energie und die Differenz der Neutronen- und Protonenmasse berücksichtigt wird) ist nämlich gerade um $\sim 1{,}7$ MeV größer als die Bindungsenergie des Be^{10}.

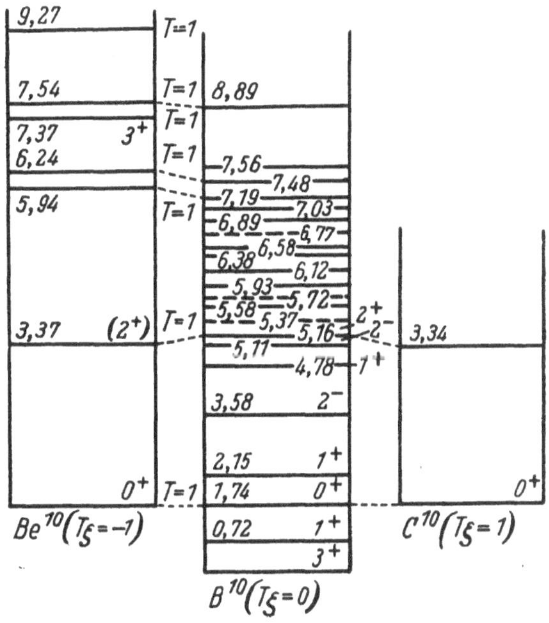

Abb. 9

Wird das Gesetz der Erhaltung des Isotopenspins auf die verschiedenen Reaktionen angewandt, die über angeregte Niveaus des Be^{10} mit Anregungsenergien <10 MeV gehen, so ist leicht einzusehen, daß alle diese Zustände des Be^{10} $T = 1$ haben. Die entsprechenden Zustände muß es auch beim B^{10} geben. Heute ist fast sichergestellt [19, 20], daß dem Niveau des Be^{10} mit $E = 3{,}37$ MeV das Niveau des B^{10} mit $E = 5{,}16$ MeV entspricht, dem Niveau mit $E = 5{,}94$ MeV das Niveau mit $E = 7{,}19$ MeV, dem Niveau mit $E = 6{,}24$ MeV, das Niveau mit $E = 7{,}48$ MeV und dem Niveau mit $E = 7{,}54$ MeV ein Niveau mit $E = 8{,}89$ MeV. Bei dieser Gegenüberstellung wurden die Ergebnisse verschiedener Reaktionen in Verbindung mit den Auswahlregeln für den Isotopenspin benutzt. So muß man z. B. dem Niveau des B^{10} mit $E = 8{,}89$ MeV $T = 1$ zuschreiben, da erstens von diesem Niveau aus der Zerfall in Li^6 in einen Zustand mit $E = 3{,}58$ MeV (in diesem Zustand ist $T = 1$) und in ein α-Teilchen stattfindet und da zweitens von diesem Niveau ein intensiver γ-Übergang in den Grundzustand des B^{10} ($T = 0$) vor sich geht, was nicht geschehen könnte, wenn der Zustand des B^{10} mit $E = 8{,}89$ MeV $T = 0$ hätte.

Der Kern C^{10} ist bei weitem nicht so genau untersucht wie Be^{10}. Aus Energiebetrachtungen wird jedoch klar, daß er ein Analogon zu Be^{10} ist (die Differenz der Bindungsenergien von B^{10} und C^{10} ist unter Berücksichtigung der

Coulomb-Energie und der Differenz der Neutronen- und Protonenmasse, wie auch im Falle des Be^{10}, $\sim 1{,}7$ MeV). Daher muß C^{10} genau dasselbe Niveausystem haben wie Be^{10}.

B^{11} und C^{11}

B^{11} und C^{11} sind Spiegelkerne mit gleichartigem Niveausystem und $T_\zeta = \pm\,^1/_2$. Nach Abzug der Coulomb-Energie und der Differenz der Neutronen- und Protonenmasse sind die Bedingungsenergien von C^{11} und B^{11} gleich. Aus der

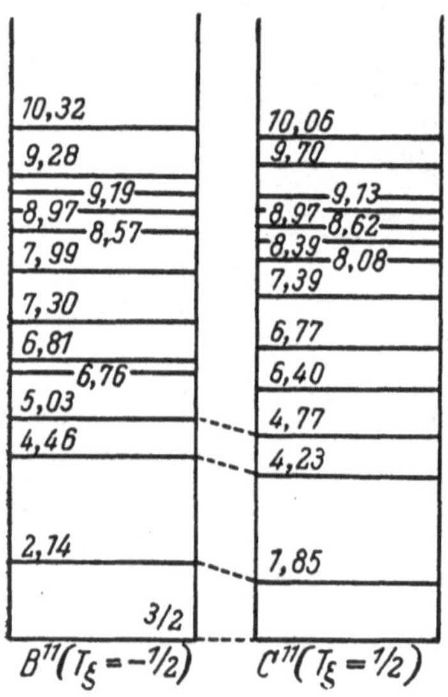

Abb. 10

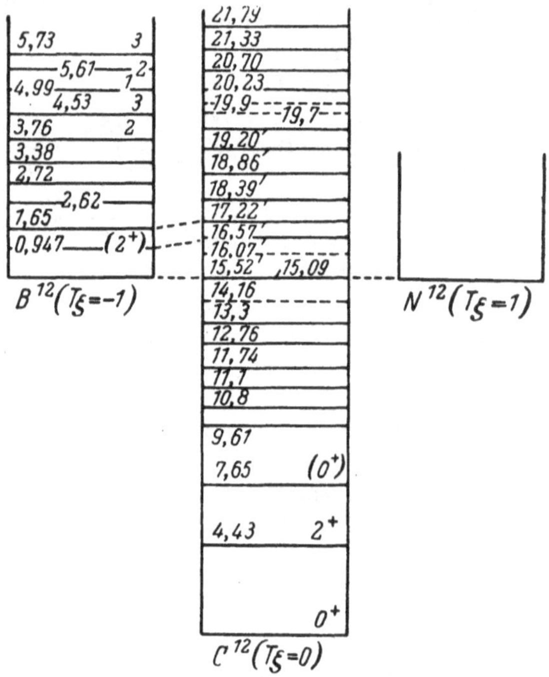

Abb. 11

Reaktion B^{10} (d, p) B^{11} folgt, daß alle Zustände des B^{11} (und folglich auch des C^{11}) mit Anregungsenergien $E < 9$ MeV $T = {}^1/_2$ haben. Es wird daraus auch klar, daß die Kerne Be^{11} und N^{11} nicht stabil sein können. Diese Kerne haben $|T_\zeta| = {}^3/_2$ und folglich müssen die Bindungsenergien dieser Kerne mindestens um ~ 9 MeV kleiner sein als die Bindungsenergien von B^{11} und C^{11}. Bei so kleinen Bindungsenergien können aber die Kerne Be^{11} und N^{11} nicht existieren. Sie zerfallen in $Be^{10} + n$ und $C^{10} + p$.

B^{12}, C^{12} und N^{12}

Die Bindungsenergie des Kerns C^{12} $(T_\zeta = 0)$ ist nach Abzug der Coulomb-Energie und der Differenz der Protonen- und Neutronenmasse etwa um 15 MeV größer als die Bindungsenergie der Kerne B^{12} $(T_\zeta = -1)$ und N^{12} $(T_\zeta = +1)$.

Hieraus folgt, daß alle angeregten Zustände von C^{12} mit $E < 15$ MeV $T = 0$ haben müssen. Dieser Schluß wird durch eine ganze Reihe Reaktionen bestätigt. So geht z. B. die Reaktion des Strahlungseinfangs $C^{12} + \gamma$ bei Energien der γ-Quanten von weniger als 15 MeV praktisch nicht vor sich. (Erinnern wir uns daran, daß $E1$-Übergänge, da C^{12} $T_\zeta = 0$ hat, nur zwischen Niveaus mit verschiedenen Isotopenspins vor sich gehen können.) Zur Zeit ist die Lage des ersten Niveaus von C^{12} mit $T = 1$ noch nicht genau bekannt, man hat jedoch Hinweise [21] dafür, daß dieses Niveau bei $E = 15{,}09$ MeV liegt.[1]) Wenn dies richtig sein sollte, so ist das Niveau von C^{12} mit $E = 15{,}09$ MeV analog den Grundzuständen von B^{12} und N^{12}. Wir haben heute Angaben [23] über noch ein Niveau von C^{12}, und zwar über das Niveau mit $E = 16{,}57$ MeV. Von diesem Niveau, dessen Spin 2+ beträgt, ist die Emission von α-Teilchen möglich, jedoch ist die entsprechende Partialbreite sehr gering ($\Gamma_\alpha \sim 5$ keV, während man bei solchen Energien eine Breite von ~ 1 MeV erwarten kann). Das deutet man als Hinweis darauf, daß der Isotopenspin dieses Zustandes des C^{12} gleich Eins ist. (Die Tatsache, daß die Emission von α-Teilchen trotzdem möglich ist, wird durch Beimischung von Zuständen mit $T = 0$ zu diesem Niveau des C^{12} erklärt.) Wenn diese Deutung richtig sein sollte, so ist das Niveau des C^{12} mit $E = 16{,}57$ MeV ein Analogon zum ersten angeregten Niveau des B^{12} und N^{12}.

Die Kerne B^{12} und N^{12} haben gleiche Energien der Grundzustände (unter Berücksichtigung der COULOMB-Energie und der Differenz der Neutronen- und Protonenmasse) und müssen ein gleichartiges Niveausystem besitzen. Über ihre Niveaus ist bekannt, daß alle mit $E < 6$ MeV $T = 1$ haben. Das folgt daraus, daß alle diese Niveaus bei den Reaktionen Be^9 (α, p) B^{12} und $B^{11} + n$ auftreten.

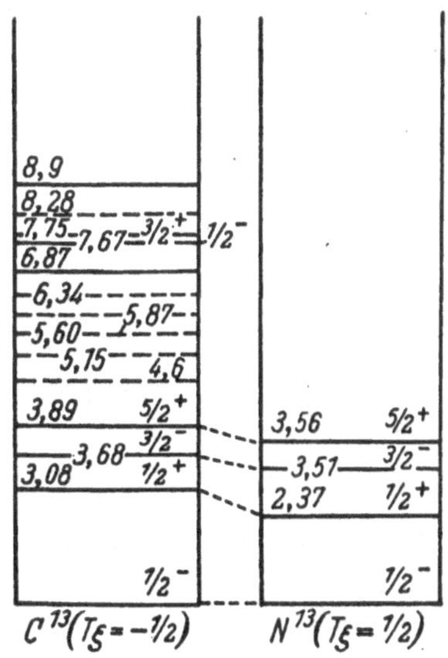

Abb. 12

C^{13} und N^{13}

Die Energien der Grundzustände dieser Kerne mit $T_\zeta = \pm 1/2$ sind nach Abzug der COULOMB-Energie und der Differenz der Neutronen- und Protonenmasse etwa gleich. Auch die Drehimpulse und die Paritäten der niedrigsten angeregten Zustände dieser Kerne stimmen überein. So muß es ja auch sein, da C^{13} und N^{13} Spiegelkerne sind. Das scheint im ersten Augenblick in Widerspruch zu der Tatsache zu stehen, daß das erste angeregte Niveau des N^{13} viel tiefer liegt als

[1]) Diese Erwartung ist dadurch begründet, daß bei der Reaktion O^{16} (γ, α) C^{12} die Kerne des C^{12} in diesem Zustand gebildet werden (siehe die analoge Reaktion C^{12} (γ, α) Be^8 im Abschnitt über Be^8).

das entsprechende Niveau des C^{13} (2,37 MeV im Vergleich zu 3,08 MeV). Den Grund dafür kann man verstehen, da entsprechend dem Schalenmodell C^{13} und N^{13} Systeme sind, die noch ein Neutron bzw. ein Proton über die abgestätigten Schalen des Kernes C^{12} hinaus besitzen. Im Grundzustand befindet sich dieses Nukleon auf der Schale $1p^1/_2$, und dem ersten angeregten Zustand dieser Kerne entspricht der Übergang dieses Nukleons auf eine andere Schale, wahrscheinlich auf $2s^1/_2$.[1]) Bei einem solchen Übergang ändert sich natürlich der mittlere Abstand zwischen dem äußeren Nukleon und den abgesättigten Schalen. Dies führt zu einer Verringerung der COULOMB-Energie im ersten angeregten Zustand des Kernes N^{13} im Vergleich zum Grundzustand, d. h. zur Senkung dieses Niveaus beim N^{13} im Vergleich zum C^{13}, bei dem es diesen Effekt nicht gibt. Hieraus kann man übrigens die Vergrößerung des mittleren Bahnradius des Nukleons beim Übergang $1p^1/_2 \to 2s^1/_2$ abschätzen. Sie beträgt $\frac{\Delta r}{r} \sim 20\%$.

Der Isotopenspin aller Zustände des C^{13} (und daher auch des N^{13}) mit Energien < 9 MeV ist gleich $^1/_2$. Es folgt dies daraus, daß alle diese Niveaus bei den Reaktionen C^{12} (d,p) C^{13} und B^{10} (α, p) C^{13} vorkommen. Die Lage des ersten Niveaus mit $T = {}^3/_2$ ist gegenwärtig noch nicht bekannt.

C^{14}, N^{14} und O^{14}

Der Kern N^{14} ($T_\zeta = 0$) kann sich in Zuständen mit $T = 0, 1, 2, \ldots$ befinden, bei den Kernen C^{14} ($T_\zeta = -1$) und O^{14} ($T_\zeta = +1$) sind Zustände mit $T = 0$ nicht realisierbar. Andererseits ist aus energetischen Gründen klar, daß dem Grundniveau von C^{14} der erste angeregte Zustand des N^{14} mit $E = 2{,}31$ MeV entspricht, so daß der Grundzustand des N^{14} $T = 0$ hat und der erste angeregte Zustand $T = 1$ (der Grundzustand von C^{14} hat $T = 1$, was aus der Reaktion $C^{12}(t, p)$ C^{14} folgt). Dies wird auch dadurch bestätigt [5], daß erstens der Zustand N^{14} mit $E = 2{,}31$ MeV bei der unelastischen Streuung von Deuteronen N^{14} (d,d') N^{14*} nicht auftritt und daß zweitens dieser Zustand bei der Reaktion O^{16} (d, α) N^{14} nicht erscheint (wie wir später sehen werden, hat O^{16} $T = 0$, so daß dieses Ergebnis unmittelbar auf den Isotopenspin $T = 1$ des Zustandes des N^{14} mit $E = 2{,}31$ MeV hinweist). Schließlich spricht zugunsten einer solchen Identifizierung noch die Tatsache, daß der Spin $I = 0+$ dieses Zustandes von N^{14} gleich dem Spin des Grundzustandes von C^{14} ist.

Beim C^{14} ist ein angeregtes Niveau mit $E = 6{,}10$ MeV ($T = 1$) bekannt. Diesem Niveau entspricht anscheinend das Niveau des N^{14} mit $E = 8{,}06$ MeV. Diese Schlußfolgerung beruht darauf, daß erstens von diesem Niveau der $E1$-Übergang in den Grundzustand des N^{14} möglich ist, daß zweitens der Spin dieses Niveaus gleich $1-$ ist wie beim Niveau des C^{14} mit $E = 6{,}10$ MeV und daß schließlich die Energiedifferenz zwischen dem Niveau des N^{14} mit $E = 8{,}06$ MeV und dem ersten Niveau mit $T = 1$ ($E = 2{,}31$ MeV) etwa 6 MeV beträgt. Die angeregten Zustände von N^{14} mit $2{,}31 < E < 8{,}06$ be-

---

[1]) Möglicherweise erfolgt der Übergang auf das Niveau $1d\ ^5/_2$. *(Anm. d. Herausg.)*

sitzen anscheinend $T = 0$, da beim C^{14} bisher noch keine Niveaus festgestellt wurden, die unter 6,10 MeV liegen.

Der Kern O^{14} wurde bedeutend weniger untersucht als C^{14}. Aus den Bindungsenergien dieser Kerne folgt jedoch, daß ihre Grundzustände gleichartig sind.

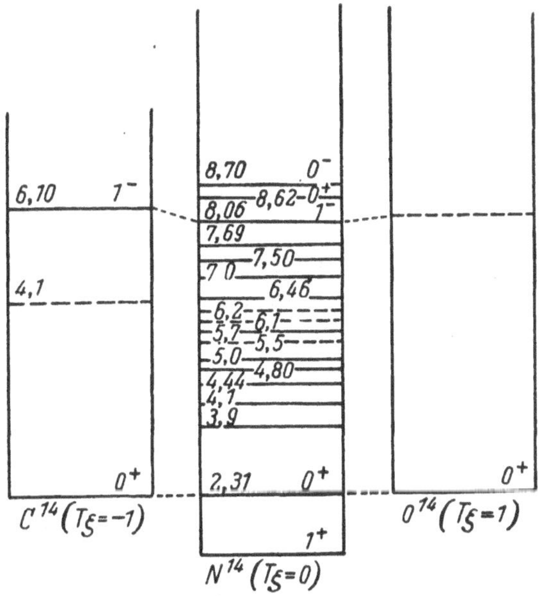

Abb. 13

N^{15} und O^{15}

Diese Kerne sind Spiegelkerne. Sie haben daher ein gleichartiges System der Niveaus. Auch läßt sich die Differenz der Bindungsenergien leicht angeben. Aus der Reaktion N^{14} (d, p) N^{15} folgt, daß alle Niveaus von N^{15} (und folglich auch von O^{15}) mit $E < 9$ MeV $T = {}^1/_2$ besitzen. Die Lage des ersten Niveaus mit $T = {}^3/_2$ ist gegenwärtig nicht genau bekannt, jedoch kann man aus der Tatsache, daß die Bindungsenergie des Kernes C^{15} $(T_\zeta = -{}^3/_2)$ um 8,8 MeV kleiner ist als die Bindungsenergie von N^{15}, schließen, daß das Niveau von N^{15} mit $T = {}^3/_2$ irgendwo bei 11 MeV liegen muß. (N^{15} hat ein Proton mehr als C^{15}, das bedeutet, daß die COULOMB-Energie von N^{15} um ~ 3 MeV größer ist als beim C^{15}, C^{15} hat aber ein Neutron mehr, was seinerseits die Masse dieses Kernes um $\sim 0{,}8$ MeV vergrößert. Hieraus erhalten wir die vorstehend angeführte Abschätzung: $8{,}8 + 3{,}0 - 0{,}8 = 11$ MeV.)

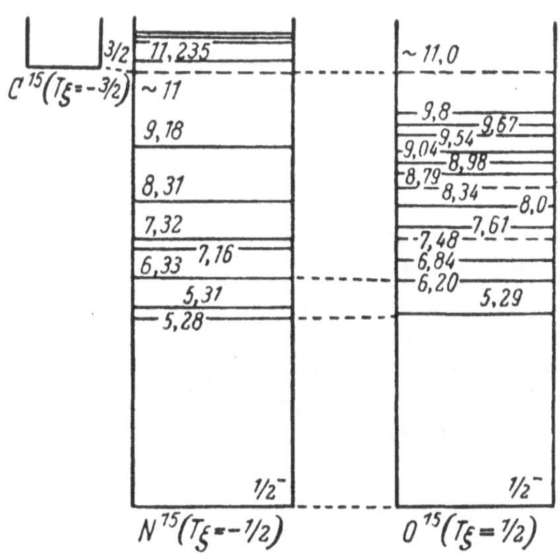

Abb. 14

N^{16}, O^{16}, F^{16}

Der Kern O^{16} $(T_\zeta = 0)$ hat Zustände mit $T = 0, 1, 2, \ldots$, während bei den Kernen N^{16} und F^{16} Zustände mit $T = 0$

nicht realisierbar sind. Die Bindungsenergie des Kernes N^{16} ist um ~ 10 MeV kleiner als die des O^{16}. Daher muß man dem Grundzustand von O^{16} $T = 0$ zuschreiben. Dies ist in Übereinstimmung mit dem Schalenmodell, nach dem beim O^{16} im Grundzustand alle Schalen voll besetzt sind (der Isotopenspin einer gesättigten Schale ist gleich Null). Der erste angeregte Zustand des O^{16} mit $T = 1$ hat eine Energie von $E = 12{,}51$ MeV [23]. Daß dieser Zustand $T = 1$ besitzt, folgt daraus, daß von diesem Zustand der $E1$-Übergang in den Grundzustand zwar möglich, der Zerfall nach dem Schema $O^{16} \rightarrow C^{12} + \alpha$ jedoch verboten ist.

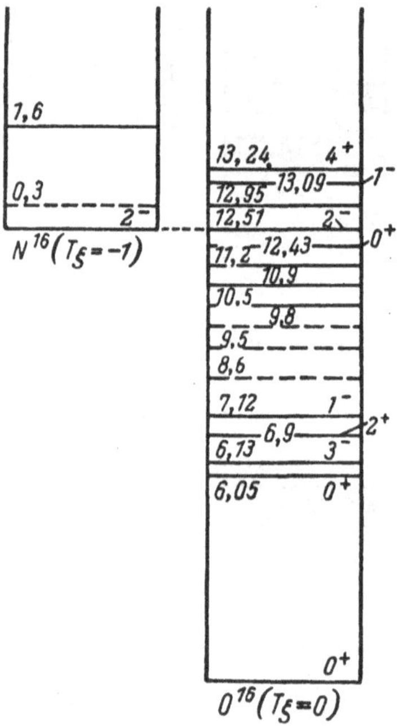

Abb. 15

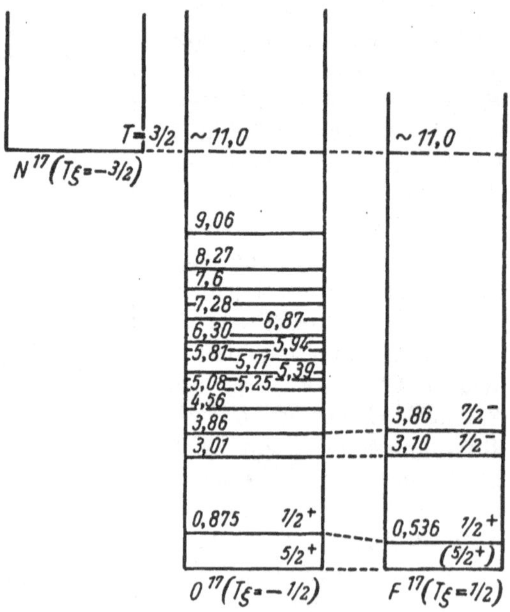

Abb. 16

Außerdem stimmt der Spin dieses Niveaus 2 — mit dem Spin des Grundzustandes von N^{16} überein. Daß bei kleineren Energien O^{16} keine Zustände mit $T = 1$ aufweist, folgt aus dem Vergleich der Bindungsenergien des O^{16} und N^{16}. N^{16} hat einen angeregten Zustand mit der Anregungsenergie 1,6 MeV. Ein entsprechendes Niveau sollte auch O^{16} haben, es wurde jedoch bislang noch nicht identifiziert.

Der Kern F^{16}, der N^{16} ähnlich sein muß, ist auf Grund seiner großen Coulomb-Energie instabil.

N^{17}, O^{17}, F^{17}

O^{17} und F^{17} sind Spiegelkerne mit $|T_\zeta| = 1/2$, N^{17} hat $T_\zeta = -3/2$. Die Grundzustände von O^{17} und F^{17} besitzen nach Abzug der Coulomb-Energie und der Differenz der Neutronen- und Protonenmasse die gleiche Bindungsenergie.

Die Bindungsenergie von N^{17} ist um 8,8 MeV kleiner als die Bindungsenergie von O^{17}. Daher haben die Grundzustände von O^{17} und F^{17} $T = {}^1/_2$. Das erste angeregte Niveau von F^{17} ist im Vergleich zu dem entsprechenden Niveau von O^{17} etwas niedriger. Das kann man ebenso wie im Falle des C^{13} und N^{13} als eine „Ausdehnung" des Kernes bei der Anregung ansehen. Der Isotopenspin des Grundzustandes von N^{17} ist gleich $T = {}^3/_2$. Das entsprechende Niveau von O^{17} muß etwa im Energiebereich von $\sim 11{,}0$ MeV liegen. Alle niedrigeren Niveaus von O^{17} und F^{17} müssen $T = {}^1/_2$ aufweisen.

O^{18}, F^{18}

Bei F^{18} ist $T_\zeta = 0$, bei O^{18} beträgt $T_\zeta = -1$. Entsprechend dazu sind bei F^{18} Zustände mit $T = 0$ möglich, die bei O^{18} nicht verwirklicht werden können.

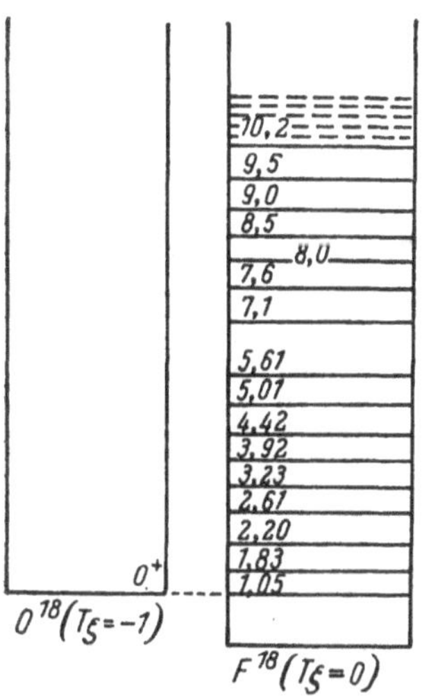

Abb. 17

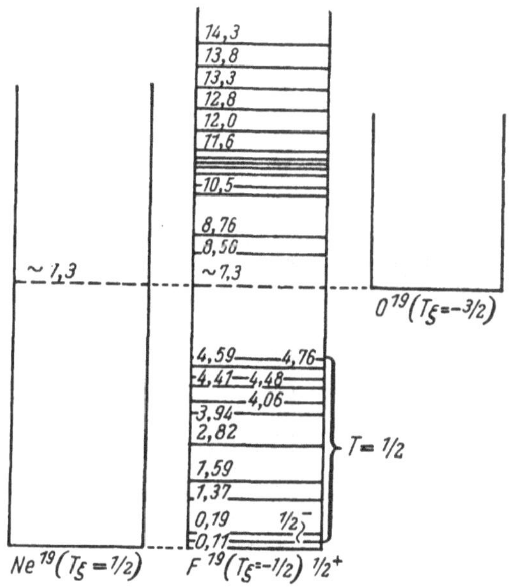

Abb. 18

Der Isotopenspin des Grundzustandes von O^{18} ist gleich 1. Das folgt zum Beispiel daraus, daß entsprechend dem Schalenmodell dieser Kern zwei Neutronen zusätzlich zu den abgesättigten Schalen des O^{16} besitzt und daß einem System aus zwei gleichen Nukleonen $T = 1$ zukommt.

Aus dem Vergleich der Bindungsenergien von F^{18} und O^{18} ist leicht zu ersehen, daß der Grundzustand von F^{18} $T = 0$ hat und daß sich der erste angeregte Zustand mit $T = 1$ bei einer Energie von ~ 1 MeV befinden muß. F^{18} hat tatsächlich ein Niveau bei $E = 1{,}05$ MeV. Dieses Niveau tritt bei der Reaktion Ne^{20} (d, α) F^{18*} auf. Da der Isotopenspin des Ne^{20} $T = 0$ ist, so folgt aus dieser Reaktion, daß der betrachtete Zustand des F^{18} $T = 0$ besitzt. Es ist jedoch möglich, daß auf Grund der großen Menge von Beimischungen in diesem Falle die Auswahlregeln des Isotopenspins verletzt werden, so daß in Wirklichkeit der Isotopenspin des angeregten Zustandes von F^{18} mit $E = 1{,}05$ MeV $T = 1$ beträgt. Man kann auch annehmen, daß zwar dem Niveau des F^{18} mit $E = 1{,}05$ MeV $T = 0$ zukommt, daß sich jedoch in seiner Nähe ein anderes Niveau mit $T = 1$ befindet. Um zwischen diesen beiden Möglichkeiten zu entscheiden, müssen noch Spin und Parität des Niveaus mit $E = 1{,}05$ MeV bestimmt werden.

O^{19}, F^{19}, Ne^{19}

Bei F^{19} und Ne^{19} ist $|T_\zeta| = {}^1/_2$. Aus Energiebetrachtungen folgt, daß die Grundzustände dieser Kerne gleichartig sind. Die Bindungsenergie von O^{19}, bei dem $T_\zeta = -{}^3/_2$ ist, liegt um 4,5 MeV unter der Bindungsenergie des F^{19}. Daraus ist zu schließen, daß in den Grundzuständen von F^{19} und Ne^{19} $T = {}^1/_2$ und beim O^{19} $T = {}^3/_2$ ist. Es folgt dies aus der allgemeinen Regel, daß Zustände mit minimalem Isotopenspin energetisch am vorteilhaftesten sind, sowie aus Strukturbetrachtungen analog denen, die bei der Bestimmung des Isotopenspins von O^{18} und F^{18} gemacht wurden. Aus der Differenz der Bindungsenergien von F^{19} und O^{19} erhalten wir, daß der erste Zustand mit $T = {}^3/_2$ sich beim F^{19} bei der Energie von $\sim 7{,}3$ MeV befinden sollte. Dieses Niveau wurde bis jetzt noch nicht beobachtet.

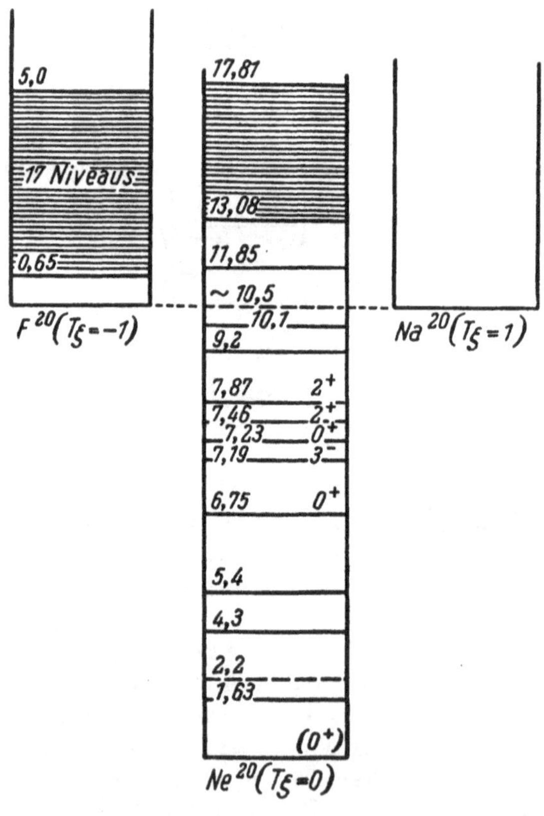

Abb. 19

Im Bereich der Kerne mit $Z > 10$, dem wir uns jetzt zuwenden, verliert das Gesetz der Erhaltung des Isotopenspins anscheinend seinen Sinn. Für die Klassifizierung der Zustände nach dem Isotopenspin kann man hier nur die statischen Eigenschaften der Kerne benutzen (Energie, Betrachtungen, die aus dem Schalenmodell folgen usw.), wie am Ende des Kapitels IV, S. 122 bemerkt wurde. Da in allen Fällen, die wir betrachten werden, die Methode der

Identifizierung dieselbe bleibt, erläutern wir sie eingehend nur am Beispiel des F^{20}, Ne^{20} und Na^{20}, während wir für die anderen Fälle nur die Ergebnisse anführen.

F^{20}, Ne^{20}, Na^{20}

Bei Ne^{20} ist $T_\zeta = 0$, so daß Zustände mit $T = 0, 1, 2, \ldots$ möglich sind; bei F^{20} und Na^{20} ist T_ζ gleich -1 und $+1$, und die Zustände mit $T = 0$ sind daher bei ihnen nicht zu verwirklichen.

Der Kern F^{20} ist um 7 MeV schwerer als der Kern Ne^{20}. Wegen der kleineren COULOMB-Energie sollte jedoch F^{20} um 4,5 MeV leichter sein als Ne^{20}, vorausgesetzt, daß die Grundzustände gleichartig sind. Folglich hat Ne^{20} im Grundzustand einen Isotopenspin, der von dem des F^{20} verschieden ist. Wir schließen, daß Ne^{20} im Grundzustand $T = 0$ besitzt. Im Gegensatz dazu sehen wir beim Vergleich der Massen von F^{20} und Na^{20}, daß sie sich etwa um den Betrag der COULOMB-Energie unterscheiden (nach Abzug der Differenz der Massen zweier Neutronen und Protonen). Das bedeutet, daß beide Kerne gleichartig sind. Man kann leicht sehen, daß für sie $T = 1$ ist.

Wäre z. B. $T = 2$, so müßte es den Kern O^{20} geben ($T_\zeta = -2$, $T = 2$), der wegen der COULOMB-Energie leichter als F^{20} sein sollte. Dann müßte jedoch F^{20} nach dem Schema $F^{20}(\beta^+)O^{20}$ zerfallen, und das Isotop O^{20} wäre stabil (es könnte nur durch einen doppelten β-Zerfall in Ne^{20} übergehen). Daraus

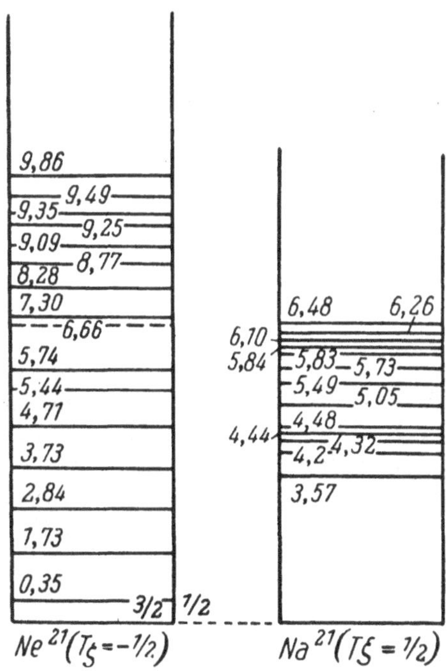

Abb. 20

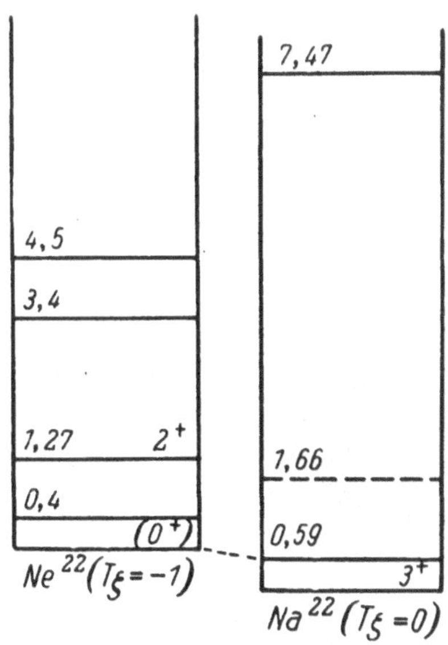

Abb. 21

schließen wir, daß der Wert $T = 2$ (und um so mehr $T > 2$) für den Grundzustand von F^{20} nicht möglich ist. Nachdem der Isotopenspin der Grundzustände von F^{20} und Na^{20} festgestellt ist, erhalten wir sofort, daß sich der erste Zustand des Ne^{20} mit $T = 1$ bei einer Energie von $\sim 10{,}5$ MeV befindet.

Ne^{21}, Na^{21}

Dies sind Spiegelkerne mit $|T_\zeta| = {}^1/_2$. Der Isotopenspin der Grundzustände ist gleich ${}^1/_2$. Die Lage der ersten Niveaus mit $T = {}^3/_2$ ist nicht bekannt.

Ne^{22}, Na^{22}

Bei Na^{22} ist $T_\zeta = 0$, bei Ne^{22} ist $T_\zeta = -1$. Der Grundzustand des Ne^{22} hat $T = 0$, und der erste Zustand mit $T = 1$ (der dem Grundzustand von Ne^{22}

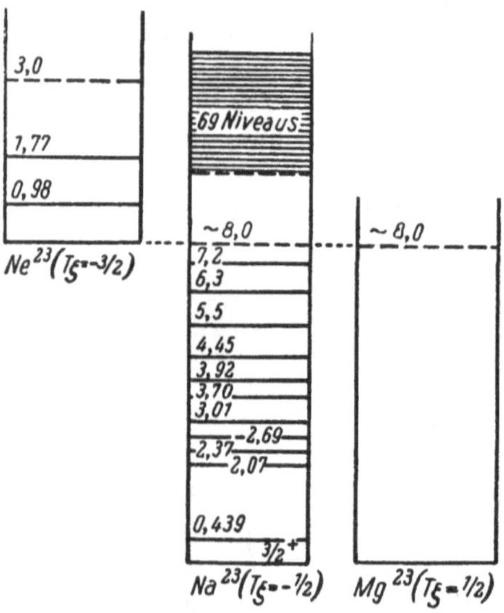

Abb. 22

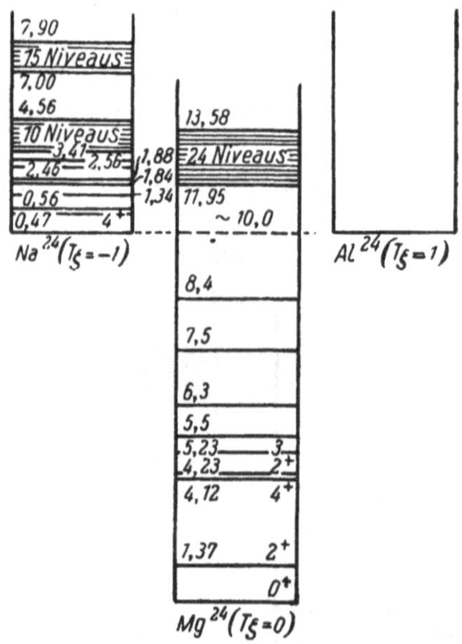

Abb. 23

gleichartig ist) muß sich im Bereich der Energie $\sim 0{,}6$ MeV befinden. In diesem Bereich liegt das Niveau des Na^{22} mit der Energie 0,59 MeV. Wenn dieses Niveau $T = 1$ hat, so muß sein Spin gleich dem Spin des Grundzustandes von Ne^{22} sein, d. h. $I = 0+$. Der Spin des Niveaus wurde noch nicht gemessen. Der angeregte Zustand des Ne^{22} mit einer Anregungsenergie von 1,27 MeV hat ebenso wie der Grundzustand $T = 1$.

Ne^{23}, Na^{23}, Mg^{23}

Na^{23} und Mg^{23} sind Spiegelkerne mit $|T_\zeta| = {}^1/_2$, bei Ne^{23} ist $T_\zeta = -{}^3/_2$. Der Grundzustand und alle angeregten Zustände von Na^{23} und Mg^{23} mit einer

Energie kleiner als 8 MeV haben $T = {}^1/_2$. Der erste Zustand mit $T = {}^3/_2$ (der dem Grundzustand von Ne^{23} gleichartig ist) muß sich bei der Energie von $\sim 8{,}0$ MeV befinden.

Na^{24}, Mg^{24}, Al^{24}

Bei Mg^{24} ist $T_\zeta = 0$, bei Na^{24} und Al^{24} ist $|T_\zeta| = 1$. Der Grundzustand und die ersten angeregten Zustände des Mg^{24} (bis zu ~ 10 MeV) besitzen $T = 0$. Der erste angeregte Zustand des Mg^{24} mit $T = 1$ (der den Grundzuständen von

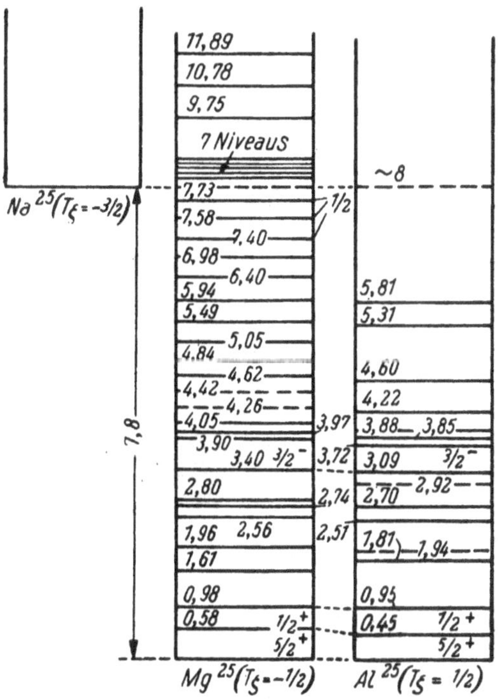

Abb. 24

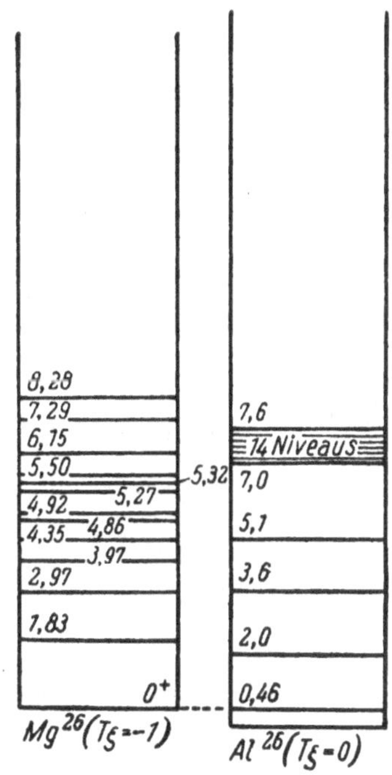

Abb. 25

Na^{24} und Al^{24} gleichartig ist), muß sich bei einer Energie von ~ 10 MeV befinden. Es ist möglich, daß gerade dieser Zustand beim β^+-Zerfall von Al^{24} entsteht. Hierfür spricht der kleine *ft*-Wert dieses Überganges (siehe [4], S. 105).

Na^{25}, Mg^{25}, Al^{25}

Bei Mg^{25} und Al^{25} beträgt $|T_\zeta| = {}^1/_2$ und bei Na^{25} ist $T_\zeta = -{}^3/_2$. Mg^{25} und Al^{25} sind Spiegelkerne mit gleichartigem Niveausystem. Der Grundzustand und die ersten angeregten Zustände dieser Kerne haben $T = {}^1/_2$. Der erste Zustand mit $T = {}^3/_2$ (gleichartig dem Grundzustand von Na^{25}) muß eine Energie von ~ 8 MeV haben.

Mg^{26}, Al^{26}

Bei Al^{26} ist $T_\zeta = 0$, bei Mg^{26} beträgt $T_\zeta = -1$. Der Grundzustand des Al^{26} hat $T = 0$ und der erste Zustand mit $T = 1$ (gleichartig dem Grundzustand von Mg^{26}) sollte sich bei einer Energie von $\sim 0{,}6$ MeV befinden. In diesem Bereich wurde vor kurzem ein Niveau mit der Energie 0,46 MeV beobachtet, das anscheinend $T = 1$ besitzt. Dies wird durch die Ergebnisse der Untersuchung des β-Zerfalls von $Al^{26} \to Mg^{26}$ ($\log ft = 3{,}3$) bestätigt. Der Spin dieses Zustandes muß gleich dem Spin des Grundzustandes von Mg^{26} sein, d. h. es ist $I = 0+$.

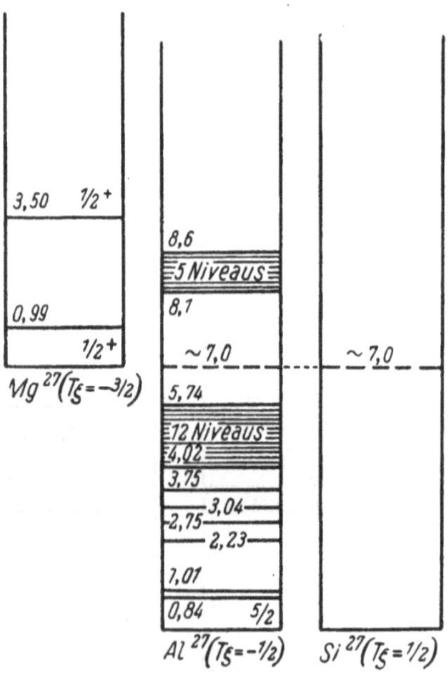

Abb 26.

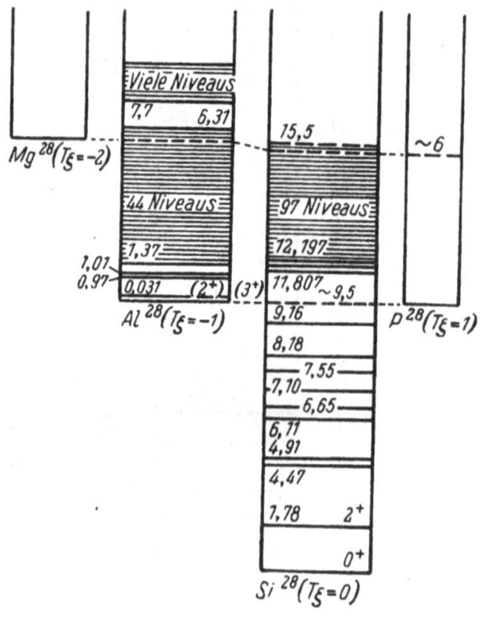

Abb. 27

Mg^{27}, Al^{27}, Si^{27}

Al^{27} und Si^{27} haben $|T_\zeta| = {}^1/_2$ und Mg^{27} besitzt $T_\zeta = -{}^3/_2$. Die Grundzustände und die ersten angeregten Zustände des Al^{27} und Si^{27} sind gleichartig und haben $T = {}^1/_2$. Der erste angeregte Zustand mit $T = {}^3/_2$ (gleichartig dem Grundzustand von Mg^{27}) muß sich bei der Energie von ~ 7 MeV befinden und der Spin dieses Zustandes muß ${}^1/_2+$ sein. Der gleichartige Charakter der Grundzustände des Si^{27} und Al^{27} wird durch den kleinen ft-Wert für den Übergang $Si^{27} \to Al^{27}$ ($\log ft = 3{,}6$) bestätigt.

Mg^{28}, Al^{28}, Si^{28}, P^{28}

Bei Si^{28} ist $T_\zeta = 0$, bei Al^{28} und P^{28} beträgt $|T_\zeta| = 1$ und bei Mg^{28} ist $T_\zeta = -2$. In Übereinstimmung damit können bei Mg^{28} nur Zustände mit $T \geqslant 2$

und bei Al^{28} und P^{28} nur Zustände mit $T \geqslant 1$ auftreten. Der Grundzustand und die ersten angeregten Zustände des Si^{28} haben $T = 0$. Der erste Zustand mit $T = 1$ (gleichartig den Grundzuständen von Al^{28} und P^{28}) muß sich bei einer Energie von $\sim 9{,}0$ MeV befinden. Der Spin des Grundzustandes von Al^{28} ist gleich $2+$ oder $3+$. Folglich muß der entsprechende Zustand des Si^{28}, genau so wie der Grundzustand des P^{28}, einen Spin haben, der gleich $2+$ oder $3+$ ist. Der gleichartige Charakter der Grundzustände von P^{28} und Al^{28} wird durch die Ergebnisse der Untersuchung des β-Zerfalls von $P^{28} \to Si^{28*}$ und $Al^{28} \to Si^{28*}$

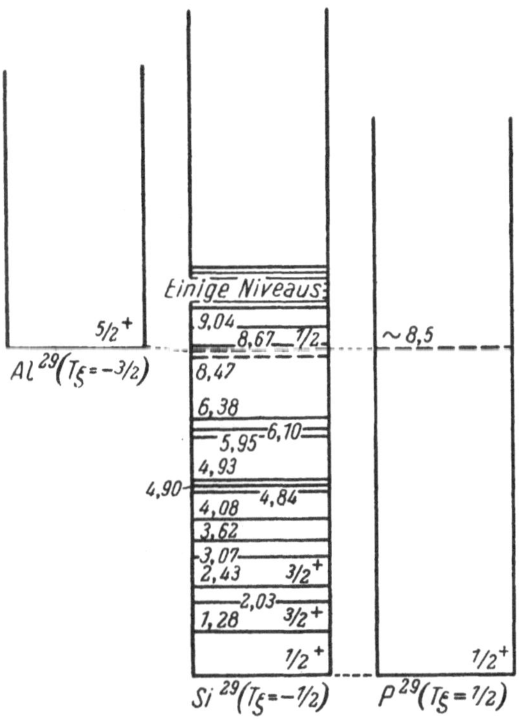

Abb 28

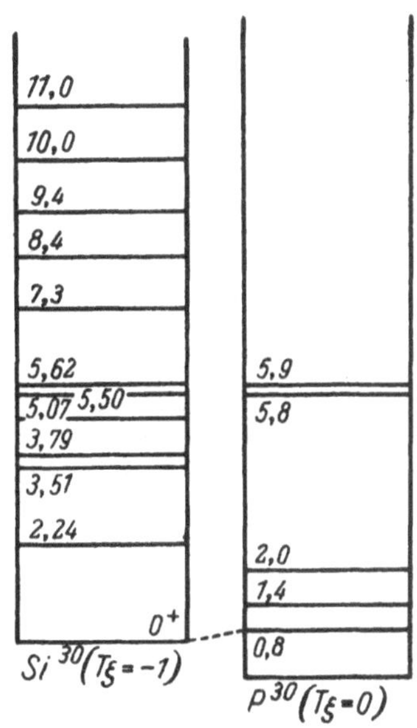

Abb. 29

bestätigt. Beide Übergänge führen zu ein und demselben Niveaus des Si^{28} mit einer Anregungsenergie von 1,78 MeV. Der erste Zustand mit $T = 2$ und $I = 0+$ (gleichartig dem Grundzustand des Mg^{28}) muß sich beim Si^{28} bei einer Energie von ~ 15 MeV und beim Al^{28} und P^{28} bei einer Energie von ~ 6 MeV befinden.

Al^{29}, Si^{29}, P^{29}

Bei Si^{29} und P^{29} ist $|T_\zeta| = {}^1/_2$, bei Al^{29} beträgt $T_\zeta = -{}^3/_2$. Die Grundzustände und die ersten angeregten Zustände von Si^{29} und P^{29} sind gleichartige Zustände mit $T = {}^1/_2$.

Der erste Zustand mit $T = {}^3/_2$ (gleichartig dem Grundzustand von Al^{29}) muß sich bei einer Energie von $\sim 8{,}5$ MeV befinden und dessen Spin muß gleich dem Spin des Grundzustandes von Al^{29} sein, d. h. es ist $I = {}^5/_2+$.

Si^{30}, P^{30}

Bei P^{30} ist $T_\zeta = 0$ und bei Si^{30} ist $T_\zeta = -1$. Der Grundzustand von P^{30} hat $T = 0$ und der Grundzustand von Si^{30} $T = 1$. Der erste Zustand mit

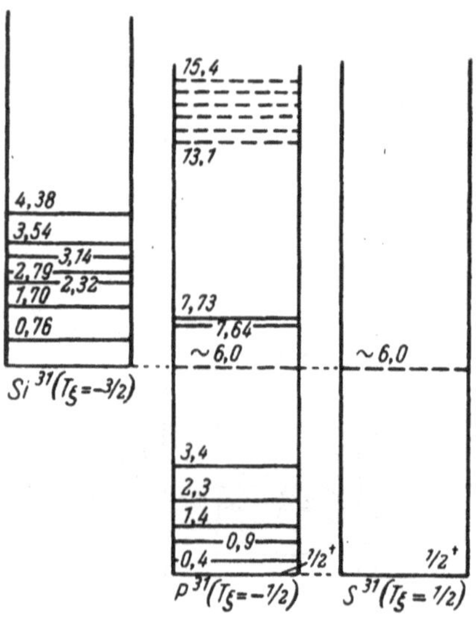

Abb. 30

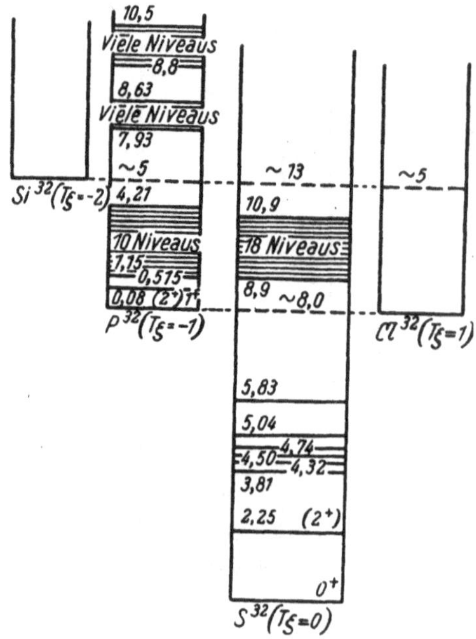

Abb. 31

$T = 1$ beim P^{30}, der dem Grundzustand von Si^{30} gleichartig ist, muß bei einer Energie von $\sim 0{,}6$ MeV liegen.

In diesem Bereich ist ein Niveau mit der Energie 0,8 MeV bekannt. Wenn der Isotopenspin dieses Niveaus gleich Eins ist, so muß sein Spin gleich dem Spin des Grundzustandes von Si^{30} sein, d. h. $I = 0+$.

Si^{31}, P^{31}, S^{31}

Bei P^{31} und S^{31} ist $|T_\zeta| = {}^1/_2$, bei Si^{31} beträgt $T_\zeta = -{}^3/_2$. Der Grundzustand und die ersten angeregten Zustände von P^{31} und S^{31} haben $T = {}^1/_2$. Der gleichartige Charakter ihrer Niveaus wird durch den kleinen ft-Wert des β-Überganges $Si^{31} \rightarrow P^{31}$ ($\log ft = 3{,}6$) bestätigt.[1]) Die ersten Zustände mit $T = {}^3/_2$ (gleichartig dem Grundzustand von Si^{31}) müssen eine Anregungsenergie von ~ 6 MeV

[1]) Der Übergang hat $\log ft = 5{,}33$. (*Anm. d Herausg.*)

und einen Spin haben, der gleich dem Spin des Grundzustandes von Si^{31} ist ($I = {}^1/_2+$ oder ${}^3/_2+$).

Si^{32}, P^{32}, S^{32}, Cl^{32}

Bei S^{32} ist $T_\zeta = 0$, bei P^{32} und Cl^{32} ist $|T_\zeta| = 1$ und bei Si^{32} beträgt $T_\zeta = -2$. Der Grundzustand und die ersten angeregten Zustände des S^{32} haben $T = 0$. Der erste Zustand mit $T = 1$ (gleichartig dem Grundzustand von P^{32} und Cl^{32}) muß sich bei einer Energie von ~ 8 MeV befinden und wie P^{32} den Spin $1+$ haben.

Das erste Niveau mit $T = 2$ (gleichartig dem Grundzustand von Si^{32}) muß sich bei S^{32} bei einer Energie von ~ 13 MeV und beim P^{32} und Cl^{32} bei einer Energie von ~ 5 MeV befinden.

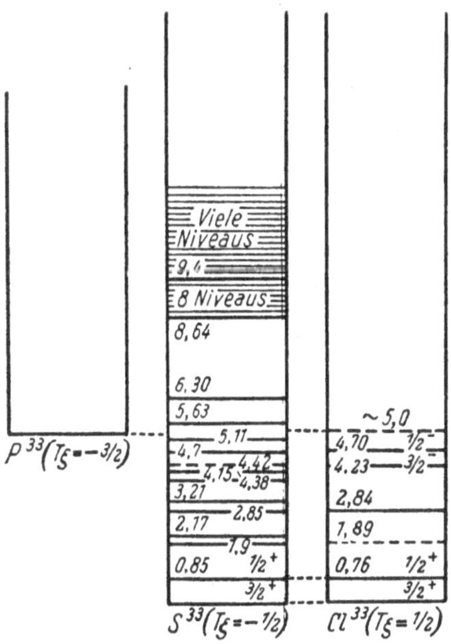

Abb 32

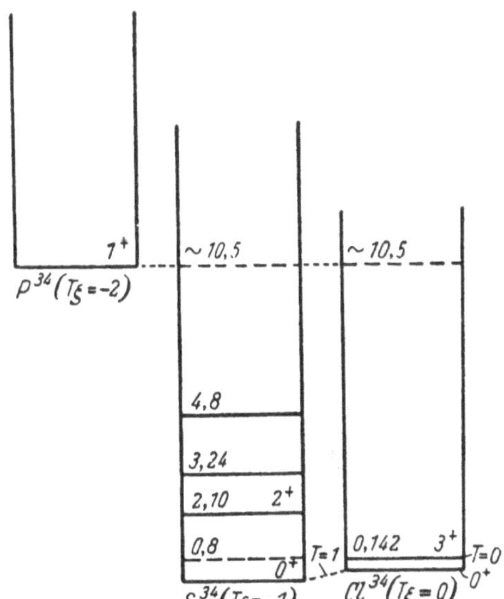

Abb. 33

P^{33}, S^{33}, Cl^{33}

Bei S^{33} und Cl^{33} ist $|T_\zeta| = {}^1/_2$, bei P^{33} beträgt $T_\zeta = -{}^3/_2$. S^{33} und Cl^{33} sind Spiegelkerne mit gleichartigem Niveausystem. Die Grund- und alle niedrigen Zustände haben $T = {}^1/_2$. Der erste Zustand mit $T = {}^3/_2$, der dem Grundzustand von P^{33} entspricht, muß bei ihnen eine Anregungsenergie von $\sim 5{,}0$ MeV haben.

P^{34}, S^{34}, Cl^{34}

Bei Cl^{34} beträgt $T_\zeta = 0$, bei S^{34} beträgt $T_\zeta = -1$ und bei P^{34} ist $T_\zeta = -2$. Der β-Zerfall $Cl^{34} \rightarrow S^{34}$ hat eine große Zerfallswahrscheinlichkeit, sein log *ft* beträgt 3,5. Dies bedeutet, daß die Grundzustände von S^{34} und Cl^{34} gleichartig sind. Daher haben beide $T = 1$. Der erste angeregte Zustand von Cl^{34} (mit einer Energie von 0,14 MeV) besitzt $T = 0$ $(I = 3+)$. Der Grundzustand und der erste angeregte Zustand von S^{34} haben $T = 1$. Entsprechende Niveaus sollte auch Cl^{34} haben, insbesondere sollten es Niveaus mit $T = 1$ bei Energien von etwa 2,2 MeV $(I = 2+)$, 3,4 MeV und 4,9 MeV sein. Diese Niveaus wurden allerdings noch nicht beobachtet. Der erste Zustand des Cl^{34} und S^{34} mit $T = 2$, der dem Grundzustand des P^{34} gleichartig ist, muß eine Anregungsenergie von etwa 10,5 MeV und den Spin $1+$ besitzen.

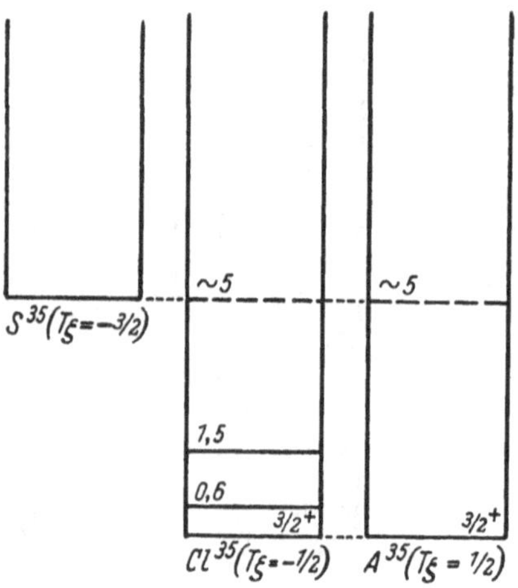

Abb. 34

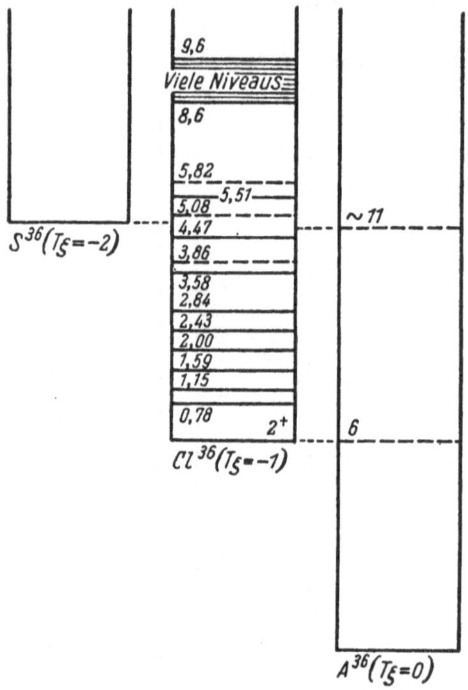

Abb. 35

Der Kern Cl^{34} ist eine Ausnahme von der allgemeinen empirischen Regel, nach der die Grundzustände aller Kerne mit $T_\zeta = 0$ auch $T = 0$ haben [24]. Diese Abweichung von der allgemeinen Regel ist nicht besonders erstaunlich. Cl^{34} ist ein ungerade-ungerade Kern, und wie aus dem gesamten von uns betrachteten Versuchsmaterial zu ersehen ist, besitzt der niedrigste Zustand der ungerade-ungerade Kerne mit $T = 1$ eine Energie, die nur sehr wenig über der Energie des Grundzustandes liegt (z. B. 0,46 MeV beim Al^{26} [26]). Daher kann schon die geringste Störung, die durch die COULOMB-Wechselwirkung hervorgerufen wird, zu einer Veränderung der Reihenfolge der Niveaus führen.

Da mit dem Wachsen der Massenzahl des Kernes der Unterschied zwischen den niedrigsten Niveaus mit $T = 0$ und $T = 1$ bei den ungerade-ungerade

Kernen ständig kleiner wird, kann man selbstverständlich erwarten, daß auch bei schwereren ungerade-ungerade Kernen als Cl^{34} der Grundzustand $T = 1$ und nicht $T = 0$ haben wird.

S^{35}, Cl^{35}, Ar^{35}

Bei Ar^{35} und Cl^{35} beträgt $|T_\zeta| = {}^1/_2$, aber bei S^{35} ist $T_\zeta = -{}^3/_2$. Die Grundzustände von Ar^{35} und Cl^{35} sind gleichartig und haben $T = {}^1/_2$. Der niedrigste Zustand mit $T = {}^3/_2$ (gleichartig zum Grundzustand von S^{35}) muß sich bei einer Energie von ~ 5 MeV befinden und hat den Spin ${}^3/_2$. In der Literatur wird dem Grundzustand von Cl^{35} oft der Wert $T = {}^3/_2$ zugeschrieben. Hierbei stützt man sich auf Angaben über das magnetische Moment des Cl^{35}. Diese Behauptung widerspricht aber der Hypothese der Ladungsunabhängigkeit der Kern-

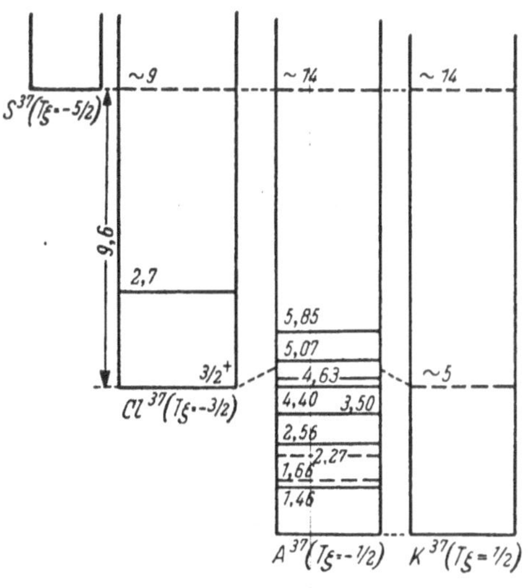

Abb. 36

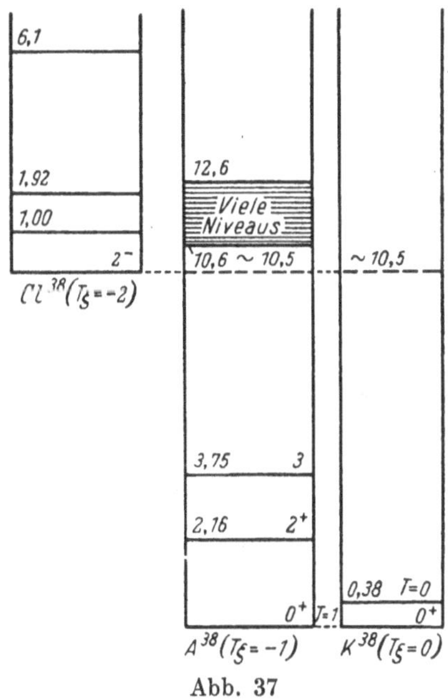

Abb. 37

kräfte, die nach allem, was wir wissen, zumindest angenähert erfüllt ist. Hätten nämlich die Grundzustände von S^{35} und Cl^{35} beide $T = {}^3/_2$, so müßte der Grundzustand von S^{35} niedriger liegen als der Grundzustand von Cl^{35}, und zwar um die Größe des Überschusses an COULOMB-Energie des Cl^{35}, d. h. um etwa 5 MeV. Tatsächlich fallen aber die Massen von S^{35} und Cl^{35} fast zusammen. Es folgt demnach aus unseren Überlegungen, daß der Grundzustand des Cl^{35} in Wirklichkeit $T = {}^1/_2$ hat.

S^{36}, Cl^{36}, Ar^{36}

Bei Ar^{36} beträgt $T_\zeta = 0$, bei Cl^{36} beträgt $T_\zeta = -1$ und bei S^{36} ist $T_\zeta = -2$. Der Grundzustand von Ar^{36} hat $T = 0$, der niedrigste Zustand mit $T = 1$, gleichartig dem Grundzustand von Cl^{36}, besitzt eine Anregungsenergie von

~6,0 MeV und der niedrigste angeregte Zustand mit $T = 2$, gleichartig dem Grundzustand von S^{36}, liegt bei einer Anregungsenergie von ~11 MeV. Der niedrigste Zustand des Cl^{36} mit $T = 2$ befindet sich bei einer Energie von ~5 MeV.

S^{37}, Cl^{37}, Ar^{37}, K^{37}

Bei Ar^{37} und K^{37} ist $|T_\zeta| = {}^1/_2$, bei Cl^{35} beträgt $T_\zeta = -{}^3/_2$ und bei S^{37} ist $T_\zeta = -{}^5/_2$. Die Grundzustände und die niedrigsten angeregten Zustände von Ar^{37} und K^{37} sind gleichartig und haben $T = {}^1/_2$. Den gleichartigen Charakter dieser Zustände bestätigt der kleine *ft*-Wert ($\log ft = 3{,}4$) des β-Überganges $K^{37} \to Ar^{37}$. Der niedrigste Zustand mit $T = {}^3/_2$ (analog zum Grundzustand des Cl^{37}) muß eine Anregungsenergie von ~5 MeV und einen Spin von ${}^3/_2+$ besitzen, während der niedrigste angeregte Zustand mit $T = {}^5/_2$ (analog zum Grundzustand von S^{37}) eine Energie von ~14 MeV haben muß. Der niedrigste Zustand mit $T = {}^5/_2$ muß beim Cl^{37} bei einer Anregungsenergie von ~9 MeV liegen.

Cl^{38}, Ar^{38}, K^{38}

Bei K^{38} beträgt $T_\zeta = 0$, Ar^{38} besitzt $T_\zeta = -1$ und bei Cl^{38} ist $T_\zeta = -2$. Der Grundzustand von K^{38} hat nach letzten experimentellen Angaben anscheinend $T = 1$ und $I = 0+$ und der erste angeregte Zustand ($E = 0{,}38$ MeV) mit I gleich $2+$ oder $3+$ hat $T = 0$. Wenn diese Identifizierung richtig ist, so geht beim K^{38} dasselbe vor sich wie bei Cl^{34}, d. h. die Energie des niedrigsten Zustandes mit $T = 1$ wird kleiner als die Energie des niedrigsten Zustandes mit $T = 0$. Somit sind die Grundzustände von Ar^{38} und K^{38} gleichartig. Bei K^{38} sollten bei Energien von ~2,2 MeV und ~3,8 MeV Zustände mit $T = 1$ und entsprechend $I = 2+$ und $3+$ liegen, die den entsprechenden Zuständen des Ar^{38} analog sind. Der niedrigste Zustand mit $T = 2$, der dem Grundzustand von Cl^{38} gleichartig ist, muß bei Ar^{38} und K^{38} eine Anregungsenergie von etwa 10,5 MeV und ein Spin von $2-$ besitzen.

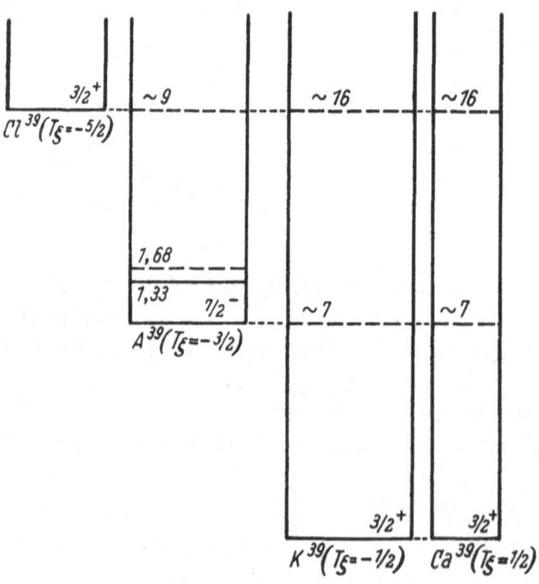

Abb. 38

Cl^{39}, Ar^{39}, K^{39}, Ca^{39}

Bei K^{39} und Ca^{39} ist $|T_\zeta| = {}^1/_2$, Ar^{39} hat $T_\zeta = -{}^3/_2$ und bei Cl^{39} beträgt $T_\zeta = -{}^5/_2$. Die Grundzustände von K^{39} und Ca^{39}

sind gleichartig und haben $T = {}^1/_2$. Der niedrigste Zustand mit $T = {}^3/_2$ (analog dem Grundzustand des Ar^{39}) muß bei diesen Kernen eine Anregungsenergie von ~ 7 MeV und den Spin ${}^7/_2-$ haben. Der niedrigste Zustand mit $T = {}^5/_2$ (analog dem Grundzustand des Cl^{39}) muß sich bei ~ 16 MeV befinden und den Spin ${}^3/_2+$ aufweisen. Der erste Zustand mit $T = {}^5/_2$ des Ar^{39} sollte eine Anregungsenergie von ~ 9 MeV und den Spin ${}^3/_2+$ besitzen.

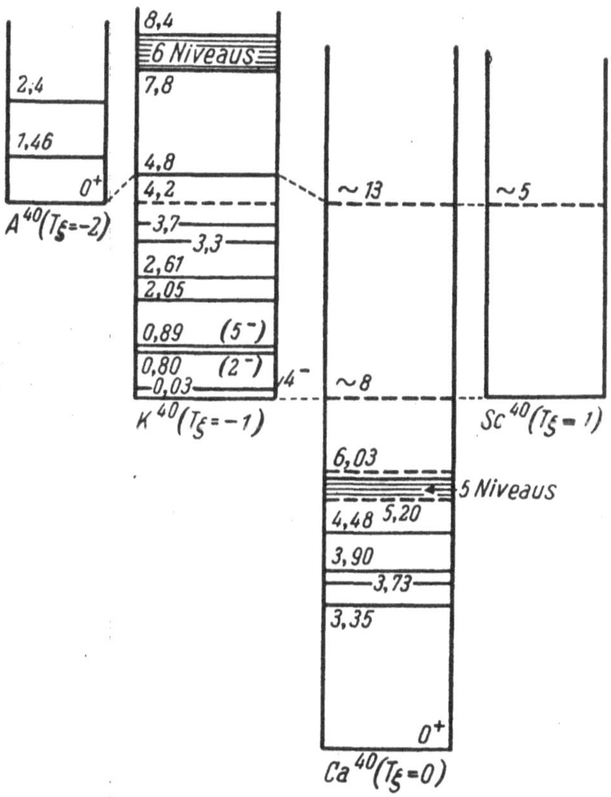

Abb. 39

Ar^{40}, K^{40}, Ca^{40}, Sc^{40}

Bei Ca^{40} beträgt $T_\zeta = 0$, bei K^{40} und Sc^{40} ist $|T_\zeta| = 1$ und bei Ar^{40} ist $T_\zeta = -2$. Der Grund- und die ersten angeregten Zustände des Ca^{40} haben $T = 0$. Der niedrigste Zustand mit $T = 1$ (analog den Grundzuständen von K^{40} und Sc^{40}) muß eine Anregungsenergie von ~ 8 MeV und den Spin $4-$ besitzen. Der niedrigste angeregte Zustand mit $T = 2$ (analog dem Grundzustand des Ar^{40}) muß sich bei einer Energie von $\sim 12{,}9$ MeV befinden und den Spin $0+$ aufweisen. Der niedrigste Zustand mit $T = 2$ muß beim K^{40} und Sc^{40} bei Energien von $\sim 4{,}9$ MeV liegen und den Spin $0+$ haben.

Ar^{41}, K^{41}, Ca^{41}, Sc^{41}

Bei Ca^{41} und Sc^{41} ist $|T_\zeta| = 1/2$, bei K^{41} beträgt $T_\zeta = -3/2$ und bei Ar^{41} ist $T_\zeta = -5/2$. Die Grundzustände von Ca^{41} und Sc^{41} besitzen $T = 1/2$, der niedrigste Zustand mit $T = 3/2$ (analog dem Grundzustand des K^{41}) muß eine Anregungsenergie von $\sim 5{,}0$ MeV und den Spin $3/2+$ haben, der erste Zustand mit $T = 5/2$ (analog dem Grundzustand des Ar^{41}) sollte bei einer Energie von ~ 14 MeV liegen. Der niedrigste Zustand mit $T = 5/2$ muß bei K^{41} eine Anregungsenergie von ~ 9 MeV aufweisen.

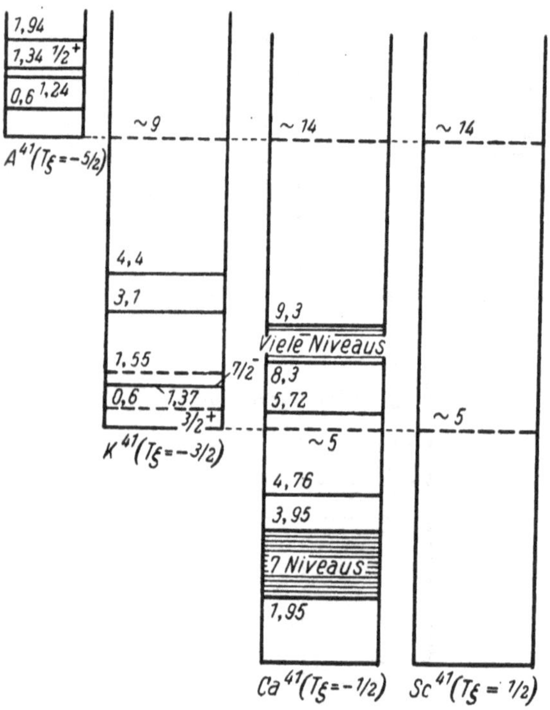

Abb. 40

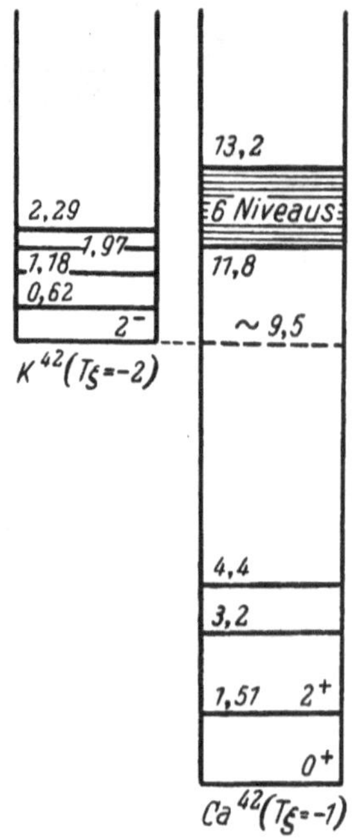

Abb. 41

Ar^{42}, K^{42}, Ca^{42}

Bei Ca^{42} ist $T_\zeta = -1$, bei K^{42} beträgt $T_\zeta = -2$ und Ar^{42} hat $T_\zeta = -3$. Der Grundzustand des Ca^{42} besitzt $T = 1$ und den Spin $0+$. Der erste angeregte Zustand mit $I = 2+$ hat ebenfalls $T = 1$ und erinnert stark an analoge Zustände ($T = 1$, $I = 2+$ und etwa dieselbe Energie) bei den ungerade-ungerade Kernen mit $T_\zeta = 0$ wie Li^6, Ne^{22}, Ar^{38}. Der niedrigste Zustand mit $T = 2$ (gleichartig dem Grundzustand des K^{42}) muß eine Energie von $\sim 9{,}6$ MeV und den Spin $2-$ haben. Der niedrigste Zustand mit $T = 3$ (analog dem Grundzustand des Ar^{42}) muß eine Energie besitzen, die nicht kleiner ist als 15,6 MeV, da die Bindungsenergie des Ar^{42} kleiner ist als die Bindungsenergie des K^{42}.

Das Isotop Sc^{42} ist nicht bekannt. Es ist der erste Fall, bei dem ein Kern mit $T_\zeta = 0$ nicht beobachtet wurde. Hieraus kann man schließen, daß die COULOMB-Energie im Kern bereits so gewachsen ist, daß der direkte Zerfall $Sc^{42} \to Ca^{41} + p$ möglich wird.[1]

K^{43}, Ca^{43}, Sc^{43}

Bei Sc^{43} beträgt $T_\zeta = -1/2$, bei Ca^{43} ist $T_\zeta = -3/2$ und bei K^{43} ist $T_\zeta = -5/2$. Der Grundzustand des Sc^{43} besitzt $T = 1/2$. Der niedrigste Zustand mit $T = 3/2$ (analog dem Grundzustand des Ca^{43}) muß bei einer Energie von 4 bis 5 MeV liegen und den Spin $7/2$ besitzen. Der niedrigste Zustand mit $T = 5/2$ (analog dem Grundzustand des K^{43}) muß beim Ca^{43} eine Energie von 5 bis 6 MeV und beim Sc^{43} eine Energie von ~ 10 MeV aufweisen.

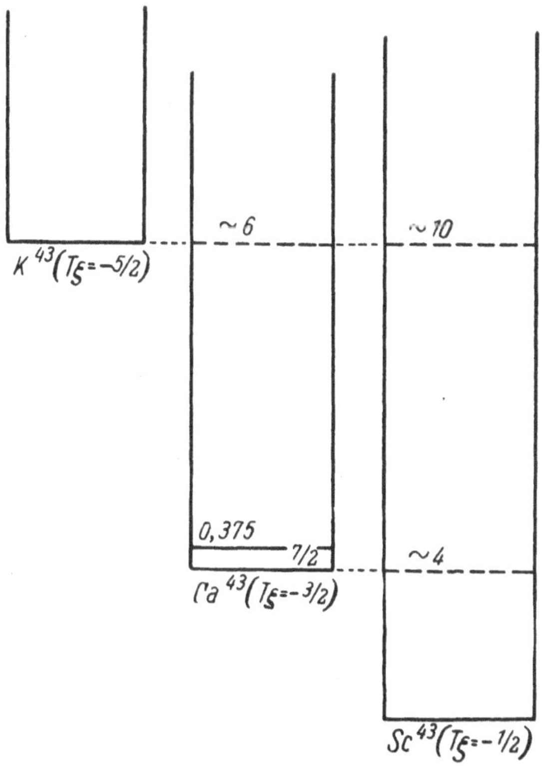

Abb. 42

K^{44}, Ca^{44}, Sc^{44}[2]

Bei Sc^{44} beträgt $T_\zeta = -1$, bei Ca^{44} ist $T_\zeta = -2$, K^{44} hat $T_\zeta = -3$. Der Grundzustand von Sc^{44} besitzt $T = 1$, der niedrigste Zustand mit $T = 2$ (analog dem Grundzustand des Ca^{44}) hat eine Anregungsenergie von ~ 3 MeV, und der niedrigste Zustand mit $T = 3$ (analog dem Grundzustand des K^{44}) liegt bei einer Energie von > 11 MeV.

Ca^{45}, Sc^{45}, Ti^{45}

Bei Ti^{45} ist $T_\zeta = -1/2$, bei Sc^{45} beträgt $T_\zeta = -3/2$, bei Ca^{45} ist $T_\zeta = -5/2$. Der

---

[1] Inzwischen wurde gefunden, daß Sc^{42} mit einer Halbwertzeit von 0,62 sec unter Emission von β-Teilchen mit einer maximalen Energie von 5,7 MeV in Ca^{42} zerfällt. (*Anm. d. Herausg.*)

[2] Die Massendifferenzen und Spins für die folgenden Kerne sind den Zerfallsschemata der Tabellen [25] entnommen.

Grundzustand des Ti^{45} besitzt $T = 1/2$, der niedrigste Zustand mit $T = 3/2$ (analog dem Grundzustand des Sc^{45}) hat eine Anregungsenergie von ~ 5 MeV und der niedrigste Zustand mit $T = 5/2$ (analog dem Grundzustand des Ca^{45}) liegt bei einer Energie von ~ 12 MeV.

Ca^{46}, Sc^{46}, Ti^{46}

Bei Ti^{46} ist $T_\zeta = -1$, Sc^{46} hat $T_\zeta = -2$ und bei Ca^{46} ist $T_\zeta = -3$. Der Grundzustand des Ti^{46} besitzt $T = 1$, der niedrigste Zustand mit $T = 2$ (analog dem Grundzustand des Sc^{46}) hat eine Energie von ~ 9 MeV und der niedrigste Zustand mit $T = 3$ (analog dem Grundzustand des Ca^{46}) besitzt eine Energie von weniger als 16 MeV.

Ca^{47}, Sc^{47}, Ti^{47}, V^{47}

Bei V^{47} beträgt $T_\zeta = -1/2$, bei Ti^{47} ist $T_\zeta = -3/2$, bei Sc^{47} ist $T_\zeta = -5/2$ und Ca^{47} hat $T_\zeta = -7/2$. Der Grundzustand des V^{47} weist $T = 1/2$ auf, der niedrigste Zustand mit $T = 3/2$ (analog dem Grundzustand des Ti^{47}) muß eine Anregungsenergie von ~ 6 MeV haben, der niedrigste Zustand mit $T = 5/2$ (analog dem Grundzustand des Sc^{47}) eine Energie von ~ 14 MeV und der niedrigste Zustand mit $T = 7/2$ (analog dem Grundzustand des Ca^{47}) eine Energie von ~ 23 MeV.

Ca^{48}, Sc^{48}, Ti^{48}, V^{48}

Bei V^{48} beträgt $T_\zeta = -1$, bei Ti^{48} ist $T_\zeta = -2$, bei Sc^{48} ist $T_\zeta = -3$ und Ca^{48} hat $T_\zeta = -4$. Der Grundzustand des V^{48} besitzt $T = 1$, der niedrigste Zustand mit $T = 2$ (analog dem Grundzustand des Ti^{48}) muß bei einer Energie von ~ 3 MeV liegen, der niedrigste Zustand mit $T = 3$ (analog dem Grundzustand des Sc^{48}) hat eine Energie von ~ 14 MeV und schließlich der niedrigste Zustand mit $T = 4$ (analog dem Grundzustand des Ca^{48}) eine Energie von ~ 21 MeV.

Ca^{49}, Sc^{49}, Ti^{49}

Bei Ti^{49} beträgt $T_\zeta = -5/2$, bei Sc^{49} ist $T_\zeta = -7/2$ und bei Ca^{49} ist $T_\zeta = -9/2$. Das niedrigste Niveau mit $T = 7/2$ liegt bei Ti^{49} bei einer Energie von ~ 9 MeV, das niedrigste Niveau mit $T = 9/2$ bei einer Energie von ~ 19 MeV.

Ti^{50}, V^{50}, Cr^{50}

Cr^{50} hat $T_\zeta = -1$, bei V^{50} ist $T_\zeta = -2$ und bei Ti^{50} ist $T_\zeta = -3$. Der Grundzustand von Cr^{50} besitzt $T = 1$, der niedrigste Zustand mit $T = 2$ (analog dem Grundzustand des V^{50}) muß bei einer Energie von 8 bis 9 MeV liegen und der niedrigste Zustand mit $T = 3$ (analog dem Grundzustand des Ti^{50}) bei einer Energie von ~ 13 bis 14 MeV.

Literatur

[1] Шапиро, И. С., УФН (SCHAPIRO, I. S., Usp. Fiz. Nauk SSSR), **53**, 7 (1954).
[2] Зельцер Г. И., УФН (SELZER, G. I., Usp. Fiz. Nauk SSSR), **53**, 455 (1954).¹)
[3] AJZENBERG, F., u. LAURITSEN, T., Revs. Mod. Phys., **24**, 321 (1952).
[4] ENDT, M., u. KLUYVER, J. C., Revs. Mod. Phys., **26**, 95 (1954).
[5] BOCKELMAN, C. K., BROWNE, C. P., BUECHNER, W. W., u. SPERDUTO, A., Phys. Rev., **92**, 664 (1953).
[6] RADICATI, L., Phys. Rev., **87**, 521 (1952).
[7] PAESLEE, C. D., u. TELEGDI, V. L., Phys. Rev., **92**, 126 (1953).
[8] RADICATI, L., Proc. Phys. Soc., A **66**, 139 (1953).
[9] RADICATI, L., Proc. Phys. Soc., A **67**, 39 (1953).
[10] WILKINSON, D., Phil. Mag., **44**, 1019 (1953).
[11] WILKINSON, D., Phil. Mag., **44**, 1322 (1953).
[12] CLEGG, A. B., u. WILKINSON, D. H., Phil. Mag., **44**, 1269 (1953).
[13] WILKINSON, D. H., Phys. Rev., **90**, 721 (1953).
[14] Джелепов, Б. С., Изв. АН, сер. физ. (DZELEPOV, B. S., Izvest. Akad. Nauk SSSR, Ser. Fiz.), **17**, 391 (1953). Deutsche Übers.: Phys. Abh. a. d. Sowjetunion, Bd. **6**, Kernphysik Folge 1, S. 57, Leipzig 1956.
[15] Базь, А. И., и Смородинский, Я. А., ЖЭТФ (BAS, A. I., u. SMORODINSKIJ, J. A., J. Exp. Theor. Fiz. SSSR), **27**, 382 (1954).
[16] MALM, R., u. INGLIS, D. R., Phys. Rev., **95**, 993 (1954).
[17] BONNER, T. W., u. COOC, D. F., Phys. Rev., **96**, 122 (1954).
[18] WILKINS, J. J., u. GOWARD, F. K., Proc. Phys. Soc., A **64**, 1056 (1951).
[19] WILKINSON, D. H., u. JONES, G. A., Phys. Rev., **91**, 1575 (1953).
[20] JONES, G., u. WILKINSON, D. H., Phys. Rev., **90**, 722 (1953).
[21] WILKINSON, D. H., Nature, **172**, 576 (1953).
[22] HSIAO, C. A., u. TELEGDI, V. L., Phys. Rev., **90**, 494 (1953).
[23] GELL-MANN, M., u. TELEGDI, V. L., Phys. Rev., **91**, 169 (1953).
[24] PEASLEE, D. C., Nuovo Cimento, **10**, 1349 (1953).
[25] HOLLANDER, J. M., PERLMAN, I., u. SEABORG, G. T., Revs. Mod. Phys., **25**, 469 (1953).
[26] Джелепов, Б. С., Изв. АН, сер. физ. (DZELEPOV, B. S., Izvest. Akad. Nauk SSSR, Ser. Fiz.), **18**, 523 (1954).¹)

Anmerkung bei der Korrektur: Eine Ergänzung und Weiterführung der vorstehenden Arbeit enthält die Abhandlung А. И. БАЗЬ: О существовании легких ядер с большим избытком нейтронов или протонов, АЭ **6**, 571 (1959), die in deutscher Sprache unter dem Titel: A. I. Baz', „Über die Existenz leichter Kerne mit hohem Neutronen- oder Protonenüberschuß" in Kernenergie **3**, 196—198 (1960) erschienen ist.

¹) Ins Deutsche übersetzt im vorliegenden Sammelband. (*Anm. d. Herausg.*)

Namenverzeichnis

Sachverzeichnis

Berichtigungszettel

S. 155, Zeile 1—4 v. o. links

lies: Isospin, Auswahlregeln für α-Zerfall 15
— für β-Zerfall 15, 16, 91, 109, 111
— für γ-Strahlung 15, 17, 88, 111
von B^{10} 23

5311 SCHINTLMEISTER, Der Isospin von Atomkernen

FSC
www.fsc.org
MIX
Papier | Fördert gute Waldnutzung
FSC® C083411

Zeitfracht Medien GmbH
Ferdinand-Jühlke-Straße 7
99095 Erfurt, Deutschland
produktsicherheit@kolibri360.de